André Thess

Das Entropieprinzip

Weitere empfehlenswerte Titel

Thermodynamik
Frank-Michael Barth, 2012
ISBN 978-3-486-70772-4, e-ISBN 978-3-486-71490-6

Thermodynamik
Herbert Windisch, 5. Auflage, 2014
ISBN 978-3-486-77847-2, e-ISBN 978-3-486-85914-0

Festkörperphysik
Rudolf Gross, Achim Marx, 2. Auflage, 2014
ISBN 978-3-11-035869-8, e-ISBN 978-3-11-035870-4

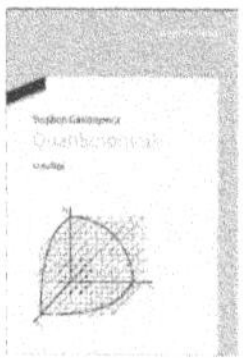

Quantenphysik
Stephen Gasiorowicz, 10. Auflage, 2012
ISBN 978-3-486-70844-8

www.degruyter.com

André Thess

Das Entropieprinzip

Thermodynamik für Unzufriedene

2. Auflage

DE GRUYTER
OLDENBOURG

Autor
Prof. Dr. André Thess
Deutsches Zentrum für Luft- und Raumfahrt e.V.
Institut für Technische Thermodynamik
Pfaffenwaldring 38-40
70569 Stuttgart
andre.thess@dlr.de

ISBN 978-3-486-76045-3
e-ISBN 978-3-486-85864-8

Bibliografische Information der Deutschen Nationalbibliothek
Die Deutsche Nationalbibliothek verzeichnet diese Publikation in der Deutschen Nationalbibliografie; detaillierte bibliografische Daten sind im Internet über http://dnb.dnb.de abrufbar

Library of Congress Cataloging-in-Publication Data
A CIP catalog record for this book has been applied for at the Library of Congress.

Rosenheimer Straße 143, 81671 München, Deutschland
www.degruyter.com
Ein Unternehmen von De Gruyter

Lektorat: Gerhard Pappert
Herstellung: Tina Bonertz
Druck und Bindung: Hubert & Co. GmbH & Co. KG, Göttingen

Gedruckt in Deutschland
Dieses Papier ist alterungsbeständig nach DIN/ISO 9706.

Die Temperatur ist nicht Prolog
sondern Epilog der Thermodynamik.
E. LIEB, J. YNGVASON

Vorwort

Wie kann man die Entropie in der klassischen Thermodynamik mathematisch exakt und zugleich verständlich definieren? Darüber habe ich mir seit meinem Studium oft vergeblich den Kopf zerbrochen. In keinem Lehrbuch fand ich eine befriedigende Antwort. In Lehrbüchern für Physiker las ich oft, man könne Entropie nur im Rahmen der statistischen Physik richtig verstehen. Doch es erschien mir unlogisch, dass ein so allumfassendes Naturgesetz wie der Zweite Hauptsatz der Thermodynamik, der mit der Entropie eng verknüpft ist, von den Einzelheiten des molekularen Aufbaus der uns umgebenden Materie abhängen soll. In Lehrbüchern für Ingenieure wurde die Entropie hingegen meistens auf der Grundlage der Begriffe Temperatur und Wärme definiert. Bei der Definition der Entropie mittels zweier Größen, die sich nur durch die Entropie genau definieren lassen, hatte ich jedoch stets das ungute Gefühl, die Katze würde sich in den eigenen Schwanz beißen. Bald beschlich mich ein böser Verdacht. Stehen wir bei dem Versuch einer exakten Entropiedefinition womöglich auf verlorenem Posten?

Im Frühjahr des Jahres 2000 fiel mir ein Artikel aus der Zeitschrift *Physics Today* mit dem Titel „A Fresh Look at Entropy and the Second Law of Thermodynamics“ (Ein unvoreingenommener Blick auf die Entropie und den Zweiten Hauptsatz der Thermodynamik) von den Physikern Elliott Lieb aus Princeton und Jakob Yngvason aus Wien in die Hände. Ihre Idee, nicht die Begriffe Temperatur und Wärme, sondern das Konzept der adiabatischen Erreichbarkeit bilde die Grundlage der Thermodynamik, begeisterte mich sofort. Zum ersten Mal in meinem Leben wähnte ich mich einem tiefen Verständnis der Entropie nahe. Doch das Studium der vollständigen „Lieb-Yngvason-Theorie“, die in einem Fachartikel der gleichen Autoren mit dem Titel „The Physics and Mathematics of the Second Law of Thermodynamics“ (*Physics Reports*, Band 310, 1999, Seiten 1–96) dargelegt ist, erwies sich für mich auf Grund ihres Umfanges und ihrer mathematischen Komplexität als herkulisches Unterfangen. Als ich indessen am Ziel angekommen war, stand für mich zweifelsfrei fest, dass die Lieb-Yngvason-Theorie die befriedigendste Formulierung der klassischen Thermodynamik darstellt. Obwohl sie mathematisch anspruchsvoll ist, beruht sie auf einer so einfachen und anschaulichen physikalischen Idee, dass jeder Student der Natur- und Ingenieurwissenschaften sie verstehen kann.

Ich entschloss mich, die Überzeugungskraft der Lieb-Yngvason-Theorie an meinen Studenten zu testen. Die Studenten des Maschinenbaus an der Technischen Universität Ilmenau hören bei mir Thermodynamik im Rahmen einer zweisemestrigen Vorlesung im 3. und 4. Semester. Ich führe die Entropie auf die bei Ingenieuren übliche Weise über den universellen Wirkungsgrad des Carnot-Prozesses und die Clausiussche Ungleichung ein. Eine Woche nachdem ich die Entropie in der Kursvorlesung definiert hatte, lud ich die Studenten zu einer freiwilligen neunzigminütigen Abendvorlesung ein und stellte ihnen die Grundideen der Lieb-Yngvason-Theorie vor. Ich hatte fest damit gerechnet, dass mich die etwa sechzig erschienenen Zuhörer angesichts des mathematischen Apparates, mit dem ich sie konfrontierte, mit einem Hagel aus faulen Eiern und matschigen Tomaten überschütten würden. Doch es geschah das Gegenteil. Auf einem Fragebogen gaben mehr als zwei Drittel der Anwesenden an, sie hielten die Entropiedefinition gemäß der Lieb-Yngvason-Theorie für plausibler als die in meiner Kursvorlesung verwendete. Manche fragten mich sogar, ob ich die Lieb-Yngvason-Theorie nicht gleich in der Pflichtvorlesung einbauen könnte.

Die positive Aufnahme der Theorie durch meine Studenten ermunterte mich dazu, mein Vorlesungsmanuskript zu dem vorliegenden Buch auszubauen, um es einem breiteren Leserkreis zugänglich zu machen. Die vorliegende Schrift ist als Ergänzung zu existierenden Lehrbüchern der Thermodynamik gedacht und wendet sich in erster Linie an diejenigen Studenten, die mit den gängigen Entropiedefinitionen unzufrieden sind. Der Inhalt des Buches bildet demgemäß keinen eigenständigen Grundkurs der Thermodynamik. Er eignet sich vielmehr als Weiterbildungslehrgang, dessen Umfang an die Interessen der Studenten und an die zur Verfügung stehende Zeit angepasst werden kann. Die Minimalvariante besteht nach meiner Erfahrung in einer einzigen neunzigminütigen Abendvorlesung in Ergänzung zur regulären Thermodynamikvorlesung für Studenten natur- oder ingenieurwissenschaftlicher Studiengänge. In dieser Zeit kann der Dozent die Grundideen aus Kapitel 1, 2 und 3 darlegen. Besser bewährt hat sich in Ilmenau allerdings eine an zwei aufeinanderfolgenden Abenden mit je neunzig Minuten anberaumte fakultative Veranstaltung, wobei ich in der ersten Vorlesung die Kapitel 1–3 und in der zweiten Vorlesung Kapitel 4 sowie ein oder zwei Beispiele aus Kapitel 5 bespreche.

Ich hoffe, das vorliegende Buch bereitet den Leserinnen und Lesern ebensoviel Freude beim Erschließen des Entropiebegriffs, wie ich bei der Beschäftigung mit der Lieb-Yngvason-Theorie hatte. Um allen Missverständnissen vorzubeugen, sei gesagt, dass ich selbst an der Formulierung der hier besprochenen Theorie keinen Anteil habe. Ich habe meine Aufgabe ausschließlich darin gesehen, die mathematisch anspruchsvolle Lieb-Yngvason-Theorie in eine für Studenten zugängliche Sprache zu übersetzen. Für sämtliche Unzulänglichkeiten und Fehler der vorliegenden Darstellung übernehme ich die Verantwortung.

Es ist mir ein Bedürfnis, mich an dieser Stelle bei Herrn Professor Jakob Yngvason und bei Herrn Professor Elliott Lieb zu bedanken, die mir zahlreiche Fragen zu ihrer Theorie beantworteten und mich ermutigten, dieses Buch zu schreiben. Ich danke weiterhin den Herren Prof. Friedrich Busse, Prof. Gerhard Diener, Prof. Walter John und Prof. Holger Martin für ihre wertvollen inhaltlichen und redaktionellen Hinweise. Mein Dank gilt ferner Herrn Dr. Rainer Feistel, Herrn Prof. Achim Dittmann, Herrn Prof. Andreas Pfennig und Herrn Prof. Roland Span für Ihre Unterstützung bei der Beschaffung thermodynamischer Stoffdaten. Weiterhin möchte ich Frau Cornelia Gießler, Frau Martina Klein und Frau Renate Heß für die Unterstützung bei der Anfertigung von Abbildungen meine Anerkennung aussprechen. Schließlich danke ich dem für mein Buch zuständigen Lektor des Oldenbourg-Wissenschaftsverlags Herrn Anton Schmid, für seine sorgfältige und professionelle Arbeit.

Die Autoren und das Entstehungsdatum der Bibel liegen leider im Dunkel der Vergangenheit. Für die Bibel der Thermodynamik lassen sich diese Daten hingegen genau angeben: Sie wurde von Elliott Lieb und Jakob Yngvason verfasst, trägt den Namen „The Physics and Mathematics of the Second Law of Thermodynamics“ und ist im Jahre 1999 in der Zeitschrift *Physics Reports* erschienen. Möge das vorliegende Buch Sie, liebe Leserinnen und Leser, zum Studium der Thermodynamik-Bibel anregen!

Ilmenau, Juli 2007 André Thess

Vorwort zur zweiten Auflage

Die positive Aufnahme des Buches hat mich dazu veranlasst, eine zweite Auflage vorzubereiten. Sie unterscheidet sich von der ersten Auflage lediglich durch kleinere Ergänzungen und Korrekturen. Für das Aufdecken von Fehlern sowie für zahlreiche Verbesserungshinweise danke ich meinen Studenten, meinem Ilmenauer Kollegen Herrn Prof. Dietmar Schulze sowie einem anonymen emeritierten Physikprofessor herzlich. Weiterhin sei Herrn Leonardo Milla (Project Editor Mathematics/Physics vom de Gruyter Verlag) für die Betreuung der zweiten Ausgabe herzlich gedankt.

Stuttgart, April 2014 André Thess

Inhaltsverzeichnis

1 Einführung

1.1 Warum kommt man nicht ohne Entropie aus?

Warum fließt ein Gletscher? Warum stirbt ein Taucher, wenn er aus großer Tiefe zu schnell auftaucht? Warum zieht Salz das Wasser aus einer Gurke? Warum schäumt warme Cola beim Öffnen einer Flasche? Wieviel Arbeit muss man mindestens aufwenden, um eine Tonne Eis herzustellen? Warum ist die Wärme des Golfstroms nicht zur Energiegewinnung nutzbar? All diese Fragen haben eines gemeinsam: Sie lassen sich ohne den Begriff Entropie nicht oder nur sehr schwer beantworten.

Temperatur, Wärme, Druck und Volumen sind Größen, von denen jeder Mensch eine anschauliche Vorstellung besitzt. Auch die innere Energie U, deren Existenz durch den Ersten Hauptsatz der Thermodynamik postuliert wird, ist ohne weiteres gefühlsmäßig erfassbar. Doch wozu brauchen wir die Entropie? Warum müssen sich Millionen von Studenten auf der ganzen Welt mit ihr herumquälen? Kann man Thermodynamik nicht auch ohne diese unselige Größe betreiben? Reichen die genannten Größen nicht aus, um alle in der Thermodynamik anfallenden Probleme zu lösen? Ein einfaches Beispiel zeigt, dass dies nicht der Fall ist. Fällt ein Stein in einen Brunnen, so erhöht sich die innere Energie des Brunnenwassers um den gleichen Betrag, wie sich die potenzielle Energie des Steins verringert hat. Kann dieser Vorgang auch in umgekehrter Richtung ablaufen? Zwar würde es dem Ersten Hauptsatz der Thermodynamik nicht widersprechen, wenn Brunnenwasser etwas von seiner inneren Energie abstieße, um einen Stein in die Luft zu schleudern. Gleichwohl lehrt uns die Erfahrung, dass ein solcher Prozess unmöglich ist. Unser physikalisches Gespür legt die Vermutung nahe, in dem aus Stein und Brunnenwasser bestehenden System sei nach dem Hinabfallen des Steins etwas unwiederbringlich verlorengegangen. Wir werden im Folgenden sehen, dass sich dieses „etwas" physikalisch scharf abgrenzen, mathematisch exakt definieren und durch die Zustandsgröße Entropie beschreiben lässt.

Die Gedankenkette, die uns zum Begriff der Entropie führt, beginnt mit der Ordnungsrelation

$$\prec \tag{1.1}$$

die als adiabatische Erreichbarkeit bezeichnet wird. Unser Ziel ist es zu verstehen, dass aus der adiabatischen Erreichbarkeit von Gleichgewichtszuständen thermodynamischer Systeme die Existenz einer Zustandsgröße namens Entropie folgt. Um das Ergebnis gleich vorwegzunehmen: Die Entropie S eines Zustandes X ist durch die Beziehung

$$S(X) = max\{\lambda : ((1-\lambda)X_0, \lambda X_1) \prec X\} \tag{1.2}$$

definiert. Diese Definition ist unverständlich, unanschaulich und enthält ungewohnte Symbole. So scheint es auf den ersten Blick. Bei genauerer Kenntnis der Sachlage stellt sich indessen heraus, dass Gleichung (1.2) nicht wesentlich komplizierter ist als die Formel

$$W(X) = min\{\lambda : \lambda Y_0 \prec X\}, \tag{1.3}$$

für den Wert W eines Gegenstandes X im Märchen „Hans im Glück". Wir wenden uns nun der Analyse dieses klassischen Werkes der Gebrüder Grimm zu, um uns mit seiner Hilfe die für das Verständnis der Entropie notwendige mathematische Ausdrucksweise zu erarbeiten.

1.2 Ein didaktisches Beispiel für die logische Struktur des Entropieprinzips

Hans im Glück erhält von seinem Lehrmeister zum Abschied einen Klumpen Gold als Lohn. Auf seiner Wanderung nach Hause tauscht er – stets von seinem Vorteil überzeugt – das Gold gegen ein Pferd, das Pferd gegen eine Kuh, die Kuh gegen ein Schwein, das Schwein gegen eine Gans, und die Gans gegen einen Feldstein. Als er sich schließlich zum Trinken bückt, fällt der Stein in den Brunnen hinab. Mit leeren Händen, doch frei von aller Last, springt er glücklich heim zu seiner Mutter.

Eltern lesen ihren Kindern dieses Märchen gern vor, um ihnen auf unterhaltsame Weise klarzumachen, dass jedes Eigentum einen Wert besitzt, und dass dieser durch achtloses Handeln auf unwiederbringliche Weise zerstört werden kann. Die Eltern könnten ihren Kindern ebensogut die Formel (1.3) vorlesen, doch sie werden in den meisten Fällen aus gutem Grund darauf verzichten. Uns soll die zwischen Entropie S und Wert W bestehende (unvollständige) mathematische und logische Analogie bei der Einsicht helfen, dass die Entropie gar nicht so schwierig zu verstehen ist, wie beim Anblick von Gleichung (1.2) zu befürchten ist. Mit einer ähnlichen Logik wie im vorliegenden Beispiel werden wir nämlich in den Kapiteln 2 und 3 die Entropie konstruieren.

Wir bezeichnen Hans' Eigentum mit dem Symbol X, welches stellvertretend für L (Lohn), P (Pferd), K (Kuh), S (Schwein), G (Gans), F (Feldstein), O (Nichts) steht. Ferner nehmen wir in Ergänzung des Märchenstoffs an, Hans hätte seinen Lohn auch gegen ein Haus H eintauschen und dieses jederzeit gegen die gleiche Menge Lohn zurücktauschen können. Wir definieren nun den Begriff der finanziellen Erreichbarkeit, den wir in Kapitel 2 zum Verständnis der adiabatischen Erreichbarkeit benötigen werden.

Finanzielle Erreichbarkeit: Ein Gegenstand Y ist ausgehend von einem Gegenstand X finanziell erreichbar, geschrieben $X \prec Y$ (sprich: „X liegt vor Y") wenn X auf einem Markt gegen Y eingetauscht werden kann.

Für unser Beispiel gilt offensichtlich $L \prec P$, $P \prec K$, $K \prec S$, $S \prec G$, $G \prec F$, $F \prec O$. Da Hans den Tausch Lohn gegen Haus laut Voraussetzung jederzeit rückgängig machen kann, gilt ferner sowohl $L \prec H$ als auch $H \prec L$. Zwei Gegenstände, die jeweils gegenseitig finanziell erreichbar sind, bezeichnen wir im Folgenden als finanziell äquivalent und schreiben $L \overset{F}{\sim} H$. Ist Y ausgehend von X erreichbar, aber nicht umgekehrt, so schreiben wir $X \prec\prec Y$. In unserem Beispiel gilt $L \prec\prec P$, $P \prec\prec K$, $K \prec\prec S$ usw. Die Möglichkeit eines spontanen Gewinns, der dem Tausch eines Feldsteins gegen ein Haus entspricht, wollen wir aus unserer Betrachtung ausklammern. Eine wichtige Eigenschaft der Relation $\prec$ sei besonders hervorgehoben. Die Entscheidung ob

$X \prec Y$ zutrifft, ist binär. Das heißt, die Frage „Gilt $X \prec Y$?“ kann entweder mit `JA` oder mit `NEIN` beantwortet werden. Für eine gegebene Menge an Gegenständen lassen sich die Antworten demzufolge in Form einer binären Tabelle zusammenfassen.

Abbildung 1.1a zeigt das Ergebnis, welches wir erhalten würden, wenn wir die finanzielle Erreichbarkeit aller in unserem Beispiel vorkommenden Gegenstände experimentell überprüft hätten. Obwohl das Beispiel nur acht verschiedene Gegenstände umfasst, ist die Tabelle recht groß und unübersichtlich. Kann man den Informationsgehalt dieser Tabelle einfacher darstellen? Dies ist in der Tat möglich, wenn man den Begriff des Wertes einführt. Abbildung 1.1b* zeigt eine von vielen möglichen Varianten, den Gegenständen X Werte $W(X)$ zuzuordnen. Der Informationsgehalt beider Tabellen in Abbildung 1.1 ist der gleiche, doch die zweite ist viel

(a)

	L	P	K	S	G	F	O	H
L	J	J	J	J	J	J	J	J
P	N	J	J	J	J	J	J	N
K	N	N	J	J	J	J	J	N
S	N	N	N	J	J	J	J	N
G	N	N	N	N	J	J	J	N
F	N	N	N	N	N	J	J	N
O	N	N	N	N	N	N	J	N
H	J	J	J	J	J	J	J	J

(b)

Wert
W(L) = 1
W(P) = 0.8
W(K) = 0.7
W(S) = 0.5
W(G) = 0.3
W(F) = 0.2
W(O) = 0
W(H) = 1

Abbildung 1.1 – Hans im Glück und das Wertprinzip: Finanzielle Erreichbarkeit (a) und hypothetischer Wert (b) von Gegenständen im Märchen „Hans im Glück“. Die Abkürzungen bedeuten $L =$ Lohn (Goldklumpen), $P =$ Pferd, $K =$ Kuh, $S =$ Schwein, $G =$ Gans, $F =$ Feldstein, $O =$ Nichts. Zur besseren Illustration wurde zusätzlich ein im Märchen nicht vorkommender Gegenstand $H =$ Haus aufgenommen. In Tabelle (a) stehen `J` und `N` für `JA` beziehungsweise `NEIN` als Antwort auf die Frage, ob ein in den Spalten 1 bis 8 aufgeführter Gegenstand ausgehend von einem in den Zeilen stehenden Gegenstand erreichbar ist. Beispielsweise lautet die Antwort auf die Frage „Gilt $L \prec F$?“ `JA` (Zeile 1, Spalte 6), wohingegen die Frage „Gilt $F \prec L$?“ mit `NEIN` (Zeile 6, Spalte 1) beantwortet werden muss. Die Werte in Tabelle (b) sind in willkürlichen Einheiten angegeben. Die konkreten Zahlenwerte besitzen keinen tieferen Sinn, sondern verkörpern lediglich eine von vielen plausiblen Varianten, bei denen W monoton ist.

*Im vorliegenden Buch wird nicht die deutsche, sondern die englische Schreibweise der Dezimalzahlen verwendet.

übersichtlicher und kompakter. Zusätzlich zur Kompaktheit der Darstellung besitzt der Wert eine Reihe von nützlichen Eigenschaften. Will man feststellen, ob Y ausgehend von X finanziell erreichbar ist, muss man lediglich die Werte $W(X)$ und $W(Y)$ miteinander vergleichen. Ist $W(X) > W(Y)$, dann gilt $X \prec\!\prec Y$, ist $W(X) < W(Y)$, dann folgt $Y \prec\!\prec X$. Findet man schließlich $W(X) = W(Y)$, dann ergibt sich sofort $X \stackrel{F}{\sim} Y$. Die Erkenntnis, dass sich die Relation $\prec$ zwischen verschiedenen Gegenständen durch eine Funktion $W(X)$ vollständig beschreiben – oder „kodieren" – lässt, kann in folgendem Satz mathematisch ausgedrückt werden.

Wertprinzip: Jedem Gegenstand X lässt sich ein Wert $W(X)$ zuordnen. Der Wert ist

- monoton: Aus $X \prec\!\prec Y$ folgt $W(X) > W(Y)$, aus $X \stackrel{F}{\sim} Y$ folgt $W(X) = W(Y)$ und
- additiv: $W((X,Y)) = W(X) + W(Y)$.

Es lässt sich unmittelbar nachprüfen, dass die in Abbildung 1.1b gegebene Wertetabelle diese Eigenschaften besitzt. Die Monotonie stellt sicher, dass zwei Gegenstände genau dann finanziell äquivalent sind, wenn ihre Werte übereinstimmen, und dass eine Folge achtloser Tauschgeschäfte mit $X \prec\!\prec Y$, $Y \prec\!\prec Z$ usw. einem fortwährenden Wertverfall mit $W(X) > W(Y) > W(Z)$ usw. entspricht. Die Eigenschaft der Additivität besagt, dass der Wert eines aus zwei Gegenständen X und Y bestehenden Systems (X,Y) gleich der Summe der Werte der Einzelgegenstände ist. Diese Eigenschaft scheint auf den ersten Blick trivial zu sein. Bei genauerem Nachdenken stellen wir indessen fest, dass sie weitreichende Folgen hat. Die Additivität von W hat zur Konsequenz, dass in einem aus zwei Gegenständen zusammengesetzten System Zustandsänderungen möglich sind, die in einem System welches nur einen Gegenstand umfasst, nicht realisierbar wären. So ist etwa $Y = 2G$ ausgehend von $X = 1G$ finanziell unerreichbar, weil $W(1G) < W(2G)$. Hat man indessen weitere Ressourcen zur Verfügung – etwa zwei Klumpen Gold – dann kann man ausgehend von dem System $(1G, 2L)$ das System $(2G, 1L)$ finanziell erreichen, weil der Wert des ersteren $W(1G, 2L) = 2.3$ größer als der Wert $W(2G, 1L) = 1.6$ des Letzteren ist. Auf Grund der Additivität verknüpft der Wert wie ein unsichtbares Band Gegenstände mit den verschiedensten Eigenschaften.

Nachdem wir die Eigenschaften der Funktion $W(X)$ kennengelernt haben, wollen wir uns nun der Frage nach ihrer Bestimmung zuwenden. Hierzu wählen wir in einem ersten Schritt einen beliebigen Gegenstand Y_0 als Referenzgegenstand, vergleichbar mit einem Urmeter für die Längenmessung. Dies könnte zum Beispiel ein Goldklumpen mit einem Gewicht von 1 kg sein. In einem zweiten Schritt führen wir einen Skalenfaktor λ ein und bezeichnen λY_0 als skalierte Kopie von Y_0. Für unser Beispiel entspricht $\lambda = 0.3$ einer Menge von 300 g Gold. Im dritten und letzten Schritt definieren wir den Wert eines Gegenstandes als den Mindestwert von λ für den die zugehörige Menge Gold λY_0 ausreicht, um den betreffenden Gegenstand finanziell zu erreichen. Der mathematische Ausdruck hierfür lautet

$$W(X) = min\{\lambda : \lambda Y_0 \prec X\}. \tag{1.4}$$

Diese Definition wird wie folgt ausgesprochen: „Der Wert von X ist gleich dem Minimum von λ welches die Eigenschaft besitzt, dass X ausgehend von λY_0 finanziell erreichbar ist." Der so definierte Wert ist dimensionslos. Gilt für einen Gegenstand $\lambda = 2$, so entspricht sein Wert dem von 2 kg Gold. In der Praxis arbeiten wir nicht mit dimensionslosen, sondern mit dimensionsbehafteten Werten. Wir überführen $W(X)$ in eine dimensionsbehaftete Größe, indem wir unserem Referenzgegenstand eine frei wählbare Maßeinheit, beispielsweise 10,000 EUR zuordnen. Wir erhalten dann

$$W_*(X) = W(X) \cdot 10{,}000 EUR \tag{1.5}$$

für den dimensionsbehafteten Wert.

Die Bestimmung des Wertes gemäß Definition (1.4) ist somit auf eine Folge von Experimenten zurückgeführt worden, von denen jedes eine ja-oder-nein-Antwort liefert. In unserem Beispiel könnte man den Wert eines Gegenstandes auf zwei Arten bestimmen, indem man sich nämlich dem gesuchten Minimum von λ entweder von oben oder von unten annähert. Ein verschwenderischer Mensch würde zunächst ungeachtet des Verlustes 1 kg Gold ($\lambda = 1$) gegen eine Gans tauschen und anschließend das Experiment in absteigenden ein-Gramm-Schritten wiederholen, um beim 702. Experiment (Frage: „$0.299 Y_0 \prec X$?“, Antwort: „`Nein!`“) erstmalig erfolglos zu sein. Damit wäre der Wert zu $W = 0.3$ bestimmt. Ein knausriger Mensch würde hingegen mit 1 g Gold ($\lambda = 0.001$) starten und nach 299 erfolglosen ein-Gramm-Schritten den korrekten Wert $W = 0.3$ aus der bejahenden Antwort auf die Frage „$0.3 Y_0 \prec X$?“ ermitteln. Damit haben wir gezeigt, dass der Wert eines Gegenstandes auf streng deterministische Weise bestimmt werden kann. Ausgestattet mit solch profundem Verständnis, können wir die Moral der Geschichte vom Hans im Glück nun in Gestalt des folgenden (nicht ganz ernstzunehmenden) Erfahrungssatzes formulieren.

Wertvernichtungssatz: Bei einem einfältigen Tauschhandel wird der Wert des Eigentums niemals gesteigert, das heißt es gilt immer $\Delta W \leq 0$.

Damit beenden wir die Diskussion unseres didaktischen Beispiels, welches als informelle Einleitung, und nicht etwa als strenge mathematische Theorie, betrachtet werden sollte. Um den Übergang von der schöngeistigen Literatur zur exakten Naturwissenschaft zu ebnen, wollen wir unsere bisherigen Erkenntnisse in kompakter Form zusammenfassen.

1. Gegenstände lassen sich mittels der Ordnungsrelation $\prec$, die als finanzielle Erreichbarkeit bezeichnet wird, sortieren.
2. Der Gegenstand Y ist ausgehend vom Gegenstand X finanziell erreichbar, geschrieben $X \prec Y$, wenn es auf einem Markt möglich ist, X gegen Y einzutauschen.
3. Die Gesamtheit aller Erfahrungen über die finanzielle Erreichbarkeit von Gegenständen lässt sich in Form eines Wertprinzips zusammenfassen.
4. **Wertprinzip:** Jedem Gegenstand X lässt sich ein Wert $W(X)$ zuordnen. Der Wert ist monoton (aus $X \prec\prec Y$ folgt $W(X) > W(Y)$, aus $X \overset{F}{\sim} Y$ folgt $W(X) = W(Y)$) und additiv ($W((X,Y)) = W(X) + W(Y)$).

Bevor wir zum nächsten Abschnitt übergehen, lohnt es sich, einen vorauseilenden Blick auf die Zusammenfassung in Kapitel 6 zu werfen. Dabei kommen wir zu dem Schluss, dass wir mit unserem Einführungsbeispiel das Entropieprinzip schon fast verstanden haben. Was noch vor uns liegt, ist im Wesentlichen Fleißarbeit!

2 Adiabatische Erreichbarkeit

2.1 Thermodynamische Systeme

Gegenstand der Thermodynamik sind Übergänge zwischen Gleichgewichtszuständen thermodynamischer Systeme und die damit verbundenen Energie- und Stoffumwandlungen. Unter einem thermodynamischen System wollen wir eine genau definierte Menge an Substanz verstehen, die skalierbar ist und mit ihrer Umgebung Energie austauschen kann. Beispiele für thermodynamische Systeme sind $1\,kg$ Eis, $500\,g$ Alkohol, $450\,g$ Rotwein oder $1\,mol$ Schwefelsäure. Unter Skalierbarkeit versteht man die Möglichkeit, ein System in mehrere Teile mit gleichartigen Eigenschaften aufzuspalten sowie mehrere gleichartige Systeme zusammenzufügen. $450\,g$ Rotwein lassen sich auf drei Gläser zu je $150\,g$ aufteilen, ohne dass die Eigenschaften des Weins sich ändern. Ein einzelnes Molekül hingegen ist kein thermodynamisches System, weil es nicht skalierbar ist. In der Tat haben zwei halbe Moleküle andere Eigenschaften als das ganze Molekül, zu dem sie sich vereinigen. Unser Universum ist ebenfalls kein thermodynamisches System, denn seine Verdopplung oder Teilung sind keine experimentell zugänglichen und wahrscheinlich keine sinnvollen Operationen. Auch komplexe Systeme wie Mensch und höhere Lebewesen sind nicht skalierbar. Es ist undenkbar, ein menschliches Individuum in 100 funktionierende Mini-Individuen aufzuspalten; ebenso wie es unmöglich ist, eine Million Mäuse zu einer lebenden Mega-Maus zu vereinigen. Wir halten somit fest, dass ein thermodynamisches System weder zu klein, noch zu groß, noch zu komplex sein darf.

2.2 Gleichgewichtszustände

Die klassische Thermodynamik beschränkt sich auf die Untersuchung von Systemen, die sich im thermodynamischen Gleichgewicht befinden. Diese Zustände werden wir im Folgenden als Gleichgewichtszustände oder der Einfachheit halber als *Zustände* bezeichnen.

Gleichgewichtszustand (physikalische Formulierung): Ein thermodynamisches System befindet sich in einem Gleichgewichtszustand, wenn seine Eigenschaften zeitlich stabil sind und es durch eine kleine Zahl physikalischer Größen beschrieben werden kann.

Ein explodierender Dampfkessel verkörpert keinen Gleichgewichtszustand, weil für die Beschreibung der momentanen Bewegung seiner Bruchstücke und der turbulenten Strömung des Wasser-Dampf-Gemisches sehr viele Informationen notwendig sind und weil der Prozess sehr schnell verläuft. Wodka in einem Kühlschrank befindet sich hingegen in guter Näherung in einem Gleichgewichtszustand, der durch Masse, Temperatur, Druck und Alkoholgehalt eindeutig bestimmt ist und zeitlich relativ stabil bleibt.

Die soeben gegebene Definition des Begriffes Gleichgewichtszustand und ihre Erläuterung waren notwendig, um die zu behandelnden Erscheinungen physikalisch klar einzugrenzen. Für die mathematische Formulierung der Thermodynamik sind diese Einlassungen indessen ohne Belang. Vom mathematischen Standpunkt aus betrachtet, sind Gleichgewichtszustände, die wir im Folgenden mit X, Y und Z bezeichnen, Elemente einer abstrakten Menge. Diese Menge nennt man *Zustandsraum*. Beispielsweise sind $X = (1\,kg$ Eis am Schmelzpunkt bei Normaldruck$)$ und $Y = (1\,kg$ Wasser am Siedepunkt bei $10\,bar)$ zwei Elemente des Zustandsraumes von $1\,kg$ Wasser. Die Skalierbarkeit kommt darin zum Ausdruck, dass der mit einem Skalenfaktor $\lambda = 2$ multiplizierte Zustand λX ein Element des Zustandsraumes von $2\,kg$ Wasser darstellt. Ferner können wir einen Zustand X stets in zwei Teile $(\lambda X, (1-\lambda)X)$ mit $0 \leq \lambda \leq 1$ aufspalten und diese wieder vereinigen.

Ob sich ein konkretes System in einem Geichgewichtszustand befindet oder nicht, ist eine Frage, die die Thermodynamik nicht beantworten kann. Ähnlich dazu kann die klassische Mechanik auch keine Antwort auf die Frage geben, ob die Erde eine Punktmasse ist und ob ihr Bewegungszustand durch Punkte P, Q und R im dreidimensionalen Raum vollständig beschrieben wird. Vielmehr muss im konkreten Fall stets durch Vergleich der thermodynamischen Berechnungen mit einem Experiment geprüft werden, inwieweit die Annahme eines Gleichgewichtszustandes gerechtfertigt ist. Ebenso kann man in der Mechanik die Erde dann als Punktmasse behandeln, wenn etwa ihre als Punktmasse berechnete Flugbahn um die Sonne mit der realen Flugbahn übereinstimmt. Bevor wir zur Erläuterung der adiabatischen Erreichbarkeit übergehen, fassen wir die wichtigste mathematische Aussage dieses Abschnittes in einem Merksatz zusammen.

Gleichgewichtszustand (mathematische Formulierung): Die Gleichgewichtszustände X, Y, Z eines thermodynamischen Systems sind Elemente einer abstrakten Menge, die als Zustandsraum bezeichnet wird.

2.3 Die Ordnungsrelation $\prec$

Eine zentrale Rolle auf dem Weg zur Entropie spielt die Ordnungsrelation $\prec$, die als *adiabatische Erreichbarkeit* von Gleichgewichtszuständen bezeichnet wird. Die im Einführungsbeispiel aus didaktischen Gründen mit dem gleichen Symbol bezeichnete finanzielle Erreichbarkeit spielt ab jetzt keine Rolle mehr; das Zeichen $\prec$ wird fortan ausschließlich für die adiabatische Erreichbarkeit verwendet.

Adiabatische Erreichbarkeit (physikalische Formulierung): Der Gleichgewichtszustand Y eines thermodynamischen Systems ist ausgehend vom Gleichgewichtszustand X adiabatisch erreichbar, geschrieben $X \prec Y$ (sprich „X liegt vor Y"), wenn es möglich ist, das System unter Zuhilfenahme einer Apparatur und eines Gewichts so aus dem Zustand X in den Zustand Y zu überführen, dass die Apparatur am Ende der Zustandsänderung in ihren Ausgangszustand zurückkehrt (oder auf mechanischem Weg rückführbar ist), während das Gewicht seine Lage im Schwerefeld geändert haben kann.

Wir wollen den Begriff der adiabatischen Erreichbarkeit an einigen konkreten Beispielen illustrieren. Abbildung 2.1a zeigt ein aus $250\,g$ Wasser bestehendes thermodynamisches System, welches aus dem Gleichgewichtszustand $X =$ (Eis am Schmelzpunkt bei Normaldruck) in den

Gleichgewichtszustand $Y =$ (Wasser am Siedepunkt bei Normaldruck) überführt wird. Der Übergang erfolgt mittels zweier Apparaturen, nämlich eines Mikrowellengerätes und eines Generators. Am Ende der Zustandsänderung kehren beide Apparaturen in ihren Ausgangszustand zurück, während das zum Antrieb des Generators dienende Gewicht seine Lage im Schwerefeld der Erde geändert hat. Damit ist gezeigt, dass $X \prec Y$ gilt. Eine Zustandsänderung, bei der zwischen Anfangs- und Endzustand die Beziehung $X \prec Y$ gilt und deren einzige Wirkung außerhalb des betrachteten Systems das Heben oder Senken eines Gewichts ist, wollen wir im Folgenden als *adiabatische Zustandsänderung* bezeichnen. Eine adiabatische Zustandsänderung ist durch Anfangszustand X, Endzustand Y sowie durch die am System verrichtete Arbeit W eindeutig gekennzeichnet.

Wie verhält es sich mit der Umkehrbarkeit der betrachteten Zustandsänderung? Ist X ausgehend von Y ebenfalls adiabatisch erreichbar? Eine spontane Umkehrung ist offensichtlich ausgeschlossen. Zwar würde es dem Prinzip der Energieerhaltung nicht widersprechen, wenn sich heißes Wasser plötzlich in Eis verwandelt und der Mikrowellenherd die dabei frei werdende Energie als Elektrizität ins Netz einspeist oder einem Motor zwecks Hebung eines Gewichts zuführt. Gleichwohl widerspricht ein solcher Prozess unseren Erfahrungen und würde überdies alle Energieprobleme der Menschheit mit einem Schlag lösen. Denn man könnte durch Abkühlen der Ozeane gigantische Wärmemengen in mechanische Arbeit und Elektroenergie umwandeln. Wir kommen zu dem Schluss, dass ein Übergang von Y nach X nicht mittels einer adiabatischen Zustandsänderung bewerkstelligt werden kann. Mathematisch ausgedrückt, lautet unsere Schlussfolgerung $Y \not\prec X$. Gilt für zwei Zustände $X \prec Y$ und $Y \not\prec X$, so schreiben wir hierfür im Folgenden $X \prec\prec Y$.

Ein kritischer Leser könnte nun einwenden: „Wenn schon eine direkte Umkehrung des Prozesses nicht möglich ist, kann man X ausgehend von Y nicht auf andere Weise adiabatisch erreichen?" Denkbar wäre zum Beispiel, das heiße Wasser durch Kontakt mit flüssigem Stickstoff abzukühlen und es so in den Zustand X zurückzubringen. Doch dann würde sich unsere Apparatur, in diesem Fall der Behälter mit Stickstoff, nicht mehr in seinem Ursprungszustand befinden. Der Stickstoff wäre verdampft. Könnte man nicht eine zweite Apparatur bauen, die nichts anderes bewirkt als gasförmigen Stickstoff in flüssigen Stickstoff zurückzuverwandeln? Und so weiter. So lange man auch grübelt und tüftelt, alle Erfahrungen der Menschheit stimmen in dem Punkt überein, dass es unmöglich ist, X ausgehend von Y adiabatisch zu erreichen. Wir sehen an diesem Beispiel, dass die Ordnungsrelation $\prec$ die mathematische Verkörperung unserer physikalischen Erfahrungen über die Unumkehrbarkeit gewisser Prozesse in Natur und Technik bildet.

Abbildung 2.1b zeigt ein weiteres Beispiel für eine adiabatische Zustandsänderung, bei der ein Behälter mit Eis und ein Behälter mit heißem Wasser durch einen Kupferdraht verbunden sind und sich ihre Temperaturen ausgleichen. An dieser Stelle weisen wir ausdrücklich darauf hin, dass der Begriff der adiabatischen Erreichbarkeit nur für Gleichgewichtszustände definiert ist. Während des Ausgleichsprozesses befindet sich unser System nicht in einem Gleichgewichtszustand und ist damit während dieser Zeit für die Thermodynamik unsichtbar – ähnlich einem Maulwurf, der zwischen seinen kurzen Einständen an der Erdoberfläche in die Unterwelt abtaucht. Die spontane Umkehrung der dargestellten Zustandsänderung widerspricht ebenso wie in Beispiel (a) unseren physikalischen Erfahrungen. Der mathematische Ausdruck hierfür lautet $Y \not\prec X$, woraus wieder $X \prec\prec Y$ folgt.

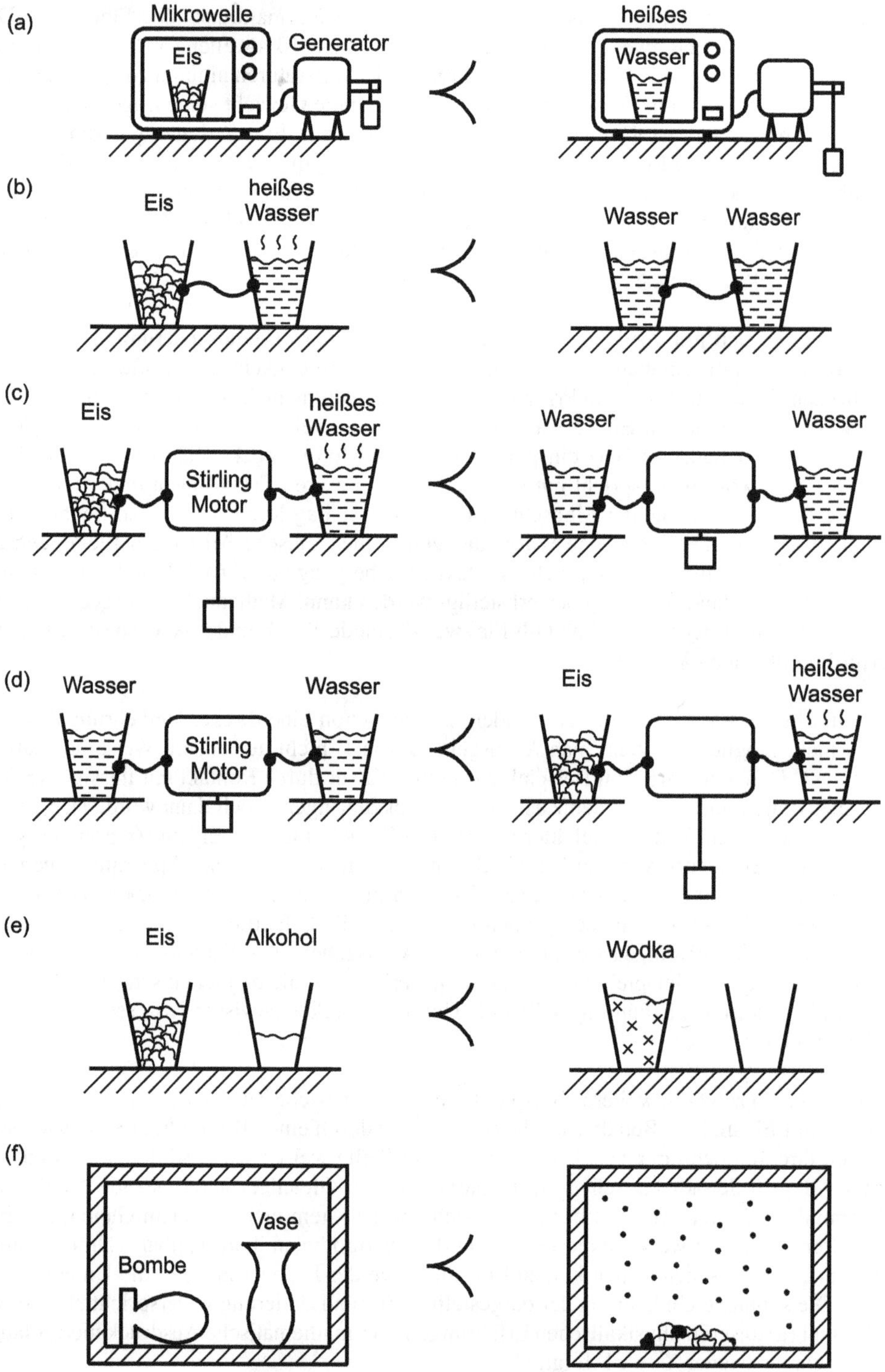
(a)
Mikrowelle
Eis
Generator
heißes
Wasser
(b)
Eis
heißes
Wasser
Wasser
Wasser
(c)
Eis
heißes
Wasser
Stirling
Motor
Wasser
Wasser
(d)
Wasser
Wasser
Stirling
Motor
Eis
heißes
Wasser
(e)
Eis
Alkohol
Wodka
(f)
Vase
Bombe

◀ **Abbildung 2.1 – Beispiele für adiabatische Erreichbarkeit:** Gleichgewichtszustände thermodynamischer Systeme jeweils vor und nach einer adiabatischen Zustandsänderung. Anfangs- und Endzustand werden jeweils mit X bzw. Y bezeichnet. (a) Erwärmung von Eis in einem Mikrowellengerät; es gilt $X \prec Y$, $Y \not\prec X$ und damit $X \prec\prec Y$. (b) Temperaturausgleich durch Wärmeleitung; es gilt ebenfalls $X \prec\prec Y$. (c) Temperaturausgleich mittels einer Wärmekraftmaschine, beispielsweise mittels eines Stirlingmotors, die Arbeit verrichtet, indem sie ein Gewicht hebt; im Allgemeinen gilt $X \prec\prec Y$, im Fall einer idealen Maschine (Näheres siehe Abschnitt 4.5A) gilt jedoch sowohl $X \prec Y$ als auch $Y \prec X$ und somit $X \stackrel{A}{\sim} Y$. (d) Erzeugung eines Temperaturunterschiedes mittels einer Kältemaschine, der durch Absinken eines Gewichts Energie zugeführt wird; im Allgemeinen gilt $X \prec\prec Y$, im Fall einer idealen Maschine (Näheres siehe Abschnitt 4.5B) gilt jedoch wie im Beispiel (c) $X \stackrel{A}{\sim} Y$. (e) Mischungsprozess mit $X \prec\prec Y$. (f) Beispiel für eine sehr schnell ablaufende adiabatische Zustandsänderung; es gilt ebenfalls $X \prec\prec Y$. Während des Überganges von X nach Y befinden sich die Systeme (a)–(f) im Allgemeinen *nicht* in einem Gleichgewichtszustand. Die Umkehrungen der Zustandsänderungen (a), (b), (e), (f) sind niemals, die Umkehrungen von (c) und (d) nur im Fall idealer Maschinen adiabatische Zustandsänderungen.

Bevor wir mit der Erläuterung der Beispiele in Abbildung 2.1 fortfahren, wollen wir kurz auf die Beziehung zwischen dem von Lieb & Yngvason 1999 definierten und hier verwendeten Begriff der adiabatischen Erreichbarkeit einerseits und dem traditionell benutzten Terminus *adiabatischer Prozess* andererseits eingehen. Ein adiabatischer Prozess im herkömmlichen Sinne beschreibt einen Vorgang, bei dem das betrachtete System thermisch isoliert ist und somit keine Wärme mit seiner Umgebung austauscht. Die Begriffe *Temperatur* und *Wärme* lassen sich jedoch, wie wir in Kapitel 3 und 4 sehen werden, erst anhand der Entropie exakt definieren. Aus diesem Grunde ist es ratsam, ihre Verwendung vor einer Definition der Entropie weitestgehend zu vermeiden. Die von uns verwendete Definition der adiabatischen Erreichbarkeit macht hingegen keinerlei Gebrauch von Begriffen wie Temperatur oder Wärme. Nicht einmal Worte wie *heiß* und *kalt* sind für eine eindeutige Festlegung der adiabatischen Erreichbarkeit erforderlich, denn der beispielsweise in Abbildung 2.1b gezeigte Ausgleichsvorgang lässt sich auf rein mechanischem Wege, zum Beispiel durch Messung des Drucks in einem Gasthermometer, oder auf rein elektrischem Wege, zum Beispiel durch Messung der Spannung an einem Thermoelement, charakterisieren. Selbst der Begriff *thermische Isolation* ist entbehrlich, denn es spielt für die adiabatische Erreichbarkeit in Abbildung 2.1a keine Rolle, ob sich der heiße Wasserdampf im Inneren des Mikrowellengerätes befindet oder ob er in die Küche entwichen ist.

Abbildung 2.1c verdeutlicht, dass ein Ausgleichsprozess nicht unbedingt nutzlos sein muss wie in Beispiel (b), sondern dass er zur Verrichtung von Arbeit herangezogen werden kann. Bringen wir das Eis und das heiße Wasser in Kontakt mit einer Wärmekraftmaschine, beispielsweise mit einem Stirlingmotor, so wird Arbeit verrichtet. Diese Arbeit werden wir in den Abschnitten 4.5 und 5.4 genauer beleuchten. Vorab sei nur soviel verraten, dass im Allgemeinen $X \prec\prec Y$ gilt, dass es jedoch einen *idealen Wärmekraftprozess* gibt, vergleichbar mit einer reibungsfreien mechanischen Apparatur, bei dem sowohl $X \prec Y$ als auch $Y \prec X$ gilt. In einem solchen Falle nennen wir die Zustände X und Y adiabatisch äquivalent und schreiben $X \stackrel{A}{\sim} Y$. Es sei angemerkt, dass im Fall des idealen Wärmekraftprozesses die Temperatur des Wassers im Zustand Y_c (Abbildung 2.1c) kleiner ist als im Zustand Y_b und dass $Y_c \prec\prec Y_b$ gilt.

Abbildung 2.1d zeigt, dass adiabatische Erreichbarkeit nicht unbedingt mit dem Abbau von Temperaturdifferenzen verbunden sein muss. Eine Kältemaschine, deren genaue Funktion wir in den Abschnitten 4.5 und 5.5 analysieren werden, kann zwei Wassermengen mit identischen Anfangszuständen in zwei unterschiedliche Endzustände, zum Beispiel Eis und heißes Wasser überführen. Hierzu ist Arbeit erforderlich, die durch das Absenken eines Gewichts im Schwerefeld der Erde symbolisiert wird. Ähnlich wie in Beispiel (c) gilt hier im Allgemeinen $X \prec\prec Y$. Es gibt jedoch einen *idealen Kälteprozess*, bei dem sowohl $X \prec Y$ als auch $Y \prec X$ und somit $X \overset{A}{\sim} Y$ gilt. Auf den ersten Blick scheint es, als könne man unter Verwendung einer Kältemaschine den in Beispiel (b) diskutierten Vorgang auf adiabatische Weise rückgängig machen. Dieses Argument können wir auf der Grundlage unseres jetzigen Wissensstandes nicht widerlegen. Erst nach Einführung der Entropie werden wir beweisen können, dass dies nicht möglich ist.

Abbildung 2.1e macht anhand eines Mischungsprozesses mit $X \prec\prec Y$ deutlich, dass sich die Struktur des Zustandsraumes im Laufe eines Vorganges ändern kann. Der Ausgangszustand umfasst die Vereinigung der Zustandsräume von beispielsweise $100\,g$ Wasser und $50\,g$ Alkohol, während der Endzustand einen neuen Zustandsraum – $150\,g$ Wodka – verkörpert. Die mathematische Schwierigkeit der Behandlung vieler thermodynamischer Aufgaben hängt mit der zuweilen komplizierten Struktur der Zustandsräume zusammen.

Als letztes Beispiel zeigen wir in Abbildung 2.1f, dass der Begriff der adiabatischen Erreichbarkeit auf keinen Fall mit Langsamkeit oder „quasistatischer Prozessführung" gleichzusetzen ist. „Die Explosion einer Bombe in einem geschlossenen Behälter ist eine adiabatische Zustandsänderung" (Lieb & Yngvason 1999). Weitere adiabatische Zustandsänderungen wie die Kompression eines Gases werden wir später noch betrachten. Auf eine Feinheit bei der physikalischen Definition der adiabatischen Erreichbarkeit sei hier noch kurz hingewiesen. Es gibt adiabatische Zustandsänderungen wie zum Beispiel die Kompression eines Gases in einem Zylinder mit Kolben, bei denen die Apparatur – etwa das Zylinder-Kolben-System – nach der Zustandsänderung nicht wieder in den Ausgangszustand zurückkehrt. In einem solchen Fall ist entscheidend, dass sich die Apparatur prinzipiell auf rein mechanischem Wege in ihren Ausgangszustand zurückbringen lässt. Dies wird durch den Zusatz „oder rückführbar ist" in der oben gegebenen physikalischen Definition der adiabatischen Erreichbarkeit ausgedrückt.

Die physikalische Definition des Begriffes adiabatische Erreichbarkeit und die Beispiele in Abbildung 2.1 sind notwendig, um ein klares Bild von den zu untersuchenden Erscheinungen vor Augen zu haben. Für die mathematische Formulierung der Thermodynamik sind diese anschaulichen Bilder ohne Bedeutung. Vom mathematischen Standpunkt aus betrachtet, ist Folgendes entscheidend:

Adiabatische Erreichbarkeit (mathematische Formulierung): Die adiabatische Erreichbarkeit $\prec$ ist eine Ordnungsrelation zwischen den Gleichgewichtszuständen X, Y, Z eines thermodynamischen Systems.

Gleichgewichstzustand und adiabatische Erreichbarkeit sind irreduzible Grundbegriffe der Thermodynamik. Ihr mathematischer Inhalt kann nicht auf noch grundlegendere Konzepte zurückgeführt werden. In analoger Weise sind beispielsweise *Punkt* und *Ereignis* irreduzible Grundbegriffe der Geometrie beziehungsweise der Wahrscheinlichkeitstheorie. *Gleichgewichtszustand* und *adiabatische Erreichbarkeit* bilden somit die Grundpfeiler der Thermodynamik, auf denen die Existenz der Entropie fußt, aus der wiederum die Begriffe Temperatur, Wärme, Irreversibilität und Reversibilität folgen. Oft wird die Thermodynamik in umgekehrter Reihenfolge dargestellt. Doch wir wollen das Pferd nicht vom Schwanz her aufzäumen.

2.4 Ein erster Blick auf die Entropie

Wir werden in Kapitel 3 ausführlich auf die Konstruktion der Entropie eingehen. Doch wir sind schon jetzt in der Lage, anhand eines anschaulichen Beispiels und weniger Formeln zu verstehen, warum es nützlich ist, die Entropie einzuführen.

Wir betrachten zuerst das in Abbildung 2.2 dargestellte System, welches ein Gas in einem thermisch gut isolierten Behälter umfasst. Das Gas ist unser thermodynamisches System, während die anderen Elemente mit Ausnahme der Gewichte die „Apparatur" im Sinne der physikalischen Definition der adiabatischen Erreichbarkeit verkörpern. Zunächst analysieren wir den in Abbildung 2.2a und 2.2b dargestellen Fall, bei dem der Behälter durch einen verschiebbaren Deckel verschlossen ist. Wir überführen das System aus dem in Abbildung 2.2a dargestellten Anfangszustand X in den in Abbildung 2.2b gezeigten Endzustand Y. Dies soll mittels einer

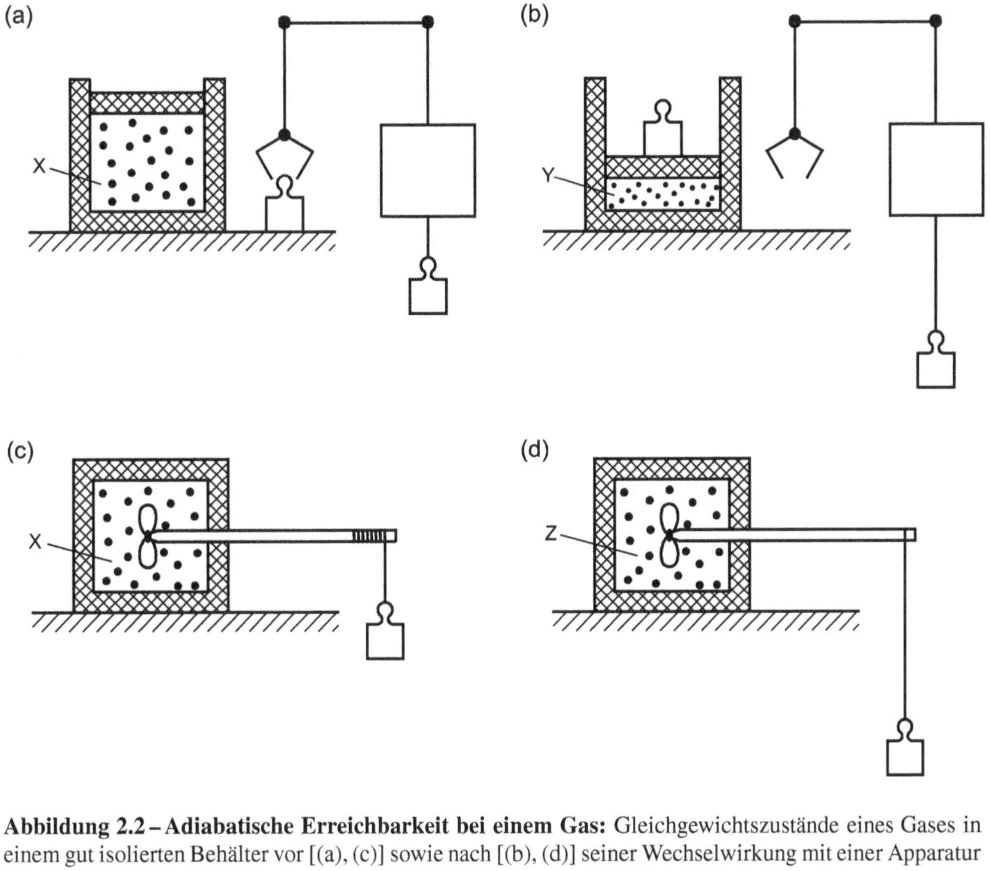

Abbildung 2.2 – Adiabatische Erreichbarkeit bei einem Gas: Gleichgewichtszustände eines Gases in einem gut isolierten Behälter vor [(a), (c)] sowie nach [(b), (d)] seiner Wechselwirkung mit einer Apparatur und einem Gewicht im Schwerefeld der Erde. Die genaue Funktionsweise der in (a) und (b) dargestellten Hebevorrichtung ist ohne Bedeutung. Strenggenommen müsste sie noch ein Hebelchen besitzen, durch dessen Umklappen der Prozess des Aufhebens [von (a) nach (b)] sowie des Absenkens [von (b) nach (a)] ausgelöst werden könnte. Anstatt des Propellers in (c) und (d) könnte man zur Erwärmung des Gases ebensogut eine von einem Generator angetriebene Heizwendel verwenden.

Hebevorrichtung geschehen, die ein Gewicht auf dem Deckel absetzt. Die Funktionsweise dieser Vorrichtung spielt für unsere Betrachtungen keine Rolle. Wir wollen lediglich annehmen, dass sie ihre Energie aus einem Gewicht bezieht, welches sich im Schwerefeld der Erde senken oder heben kann. Am Ende des Prozesses hat sich das Volumen des Gases verringert. Die Temperatur des Gases hat sich durch die Kompression erhöht und behält im idealisierten Fall eines vollständig thermisch isolierten Behälters diesen Wert bis in alle Ewigkeit bei.

Unsere Apparatur, bestehend aus Hebevorrichtung, Behälter und Deckel, befindet sich am Ende der Zustandsänderung zwar nicht in ihrem Ausgangszustand, denn der Deckel hat sich nach unten verschoben. Doch sie lässt sich auf rein mechanischem Wege wieder in ihren Anfangszustand zurückversetzen. Da dies der Fall ist und sich ansonsten nur die Lage der Gewichte geändert hat, erfüllt die betrachtete Zustandsänderung die im vorigen Kapitel gegebene Defintion der adiabatischen Erreichbarkeit. Wir kommen somit zu dem Schluss, dass $X \prec Y$ gilt.

Kann man den Vorgang umkehren? Im Allgemeinen müssen wir diese Frage verneinen. Hierfür sind die Reibung in der Hebevorrichtung, die Reibung zwischen Deckel und Wand sowie die Viskosität des bewegten Gases verantwortlich. Wären wir jedoch in der Lage, sämtliche Reibungseffekte zu exorzieren und würden wir unser Gewicht so langsam absetzen, dass es zu keiner nennenswerten Bewegung im Gas kommt, dann könnten wir uns einer idealisierten Situation annähern, in der auch $Y \prec X$ und somit $X \overset{A}{\sim} Y$ gilt. Würde man das Experiment verfeinern, indem man statt eines großen sechs kleine Gewichte nacheinander auf den Deckel des Behälters legt, käme man zu dem Schluss, dass auch die Zwischenzustände zu X und Y adiabatisch äquivalent sind.

Als nächstes untersuchen wir das in Abbildung 2.2c und 2.2d dargestellte System. Die gleiche Gasmenge, wie soeben betrachtet, sei jetzt in einem Behälter mit konstantem Volumen eingesperrt. In dessen Innerem sei ein Propeller montiert, der von einem Gewicht angetrieben werde. Der in Abbildung 2.2c dargestellte Anfangszustand X sei mit dem Zustand in Abbildung 2.2a identisch. Am Ende der Zustandsänderung befinde sich das System im Zustand Z. Sein Volumen stimme mit dem des Ausgangszustandes überein und seine Energie sei um den gleichen Betrag angewachsen, um den sich die potenzielle Energie des Gewichts verringert hat. Die Apparatur befindet sich deshalb am Ende der Zustandsänderung im selben Zustand wie zu Beginn. (Die Masse des Fadens sei vernachlässigbar.) Somit gilt $X \prec Z$. Der umgekehrte Prozess ist aus den in Zusammenhang mit Abbildung 2.1a erörterten Gründen nicht möglich. Es ist nämlich noch nie beobachtet worden, dass sich ein Gas von selbst abkühlt und einen Propeller in Bewegung versetzt. Somit gilt $Z \not\prec X$ und $X \prec\prec Z$.

Die Ergebnisse der Experimente lassen sich in Abbildung 2.3 zusammenfassen, die das thermodynamische Gegenstück zu Abbildung 1.1 darstellt. Jeder der drei betrachteten Zustände ist ausgehend von sich selbst durch Nichtstun adiabatisch erreichbar. Deshalb steht auf der Diagonalen der Matrix in Abbildung 2.3a jeweils `JA`. Die restlichen vier Antworten, dreimal `JA` und einmal `NEIN`, sind das Resultat unserer Gedankenexperimente.

Für eine vollständige Beschreibung aller möglichen Experimente fehlen uns noch zwei Aussagen über die gegenseitige Erreichbarkeit von Y und Z. Würden wir alle acht* in unserem verfeinerten Gedankenexperiment vorkommenden Zustände in die Betrachtung einbeziehen, dann müssten wir sogar $8 \times 8 = 64$ Gedankenexperimente durchführen, um unser System voll-

*Zusätzlich zu den 3 betrachteten Zuständen kommen 5 Zustände durch die ersten 5 kleinen Gewichte hinzu.

(a)

	X	Y	Z
X	J	J	J
Y	J	J	
Z	N		J

(b)

Entropie
$S(X) = S_0$
$S(Y) = S_0$
$S(Z) = S_1$

Abbildung 2.3 – Von der adiabatischen Erreichbarkeit zur Entropie: Adiabatische Erreichbarkeit (a) und Entropie (b) der in Abbildung 2.2 dargestellten Gleichgewichtszustände. Die Zahlenwerte von S_0 und S_1 sind für das Verständnis der Entropie zunächst ohne Belang. Es muss lediglich $S_0 < S_1$ erfüllt sein.

ständig zu charakterisieren. Dies ist glücklicherweise ebensowenig notwendig, wie sich in Abschnitt 1.2 alle 64 Erreichbarkeitsbeziehungen zwischen den Gegenständen aus dem Märchen „Hans im Glück" zu merken. Dort war es uns durch Einführung des Wertes gelungen, die Zahl der Informationen von 64 auf 8 zu reduzieren. Hier stellen wir uns nun die Frage, ob wir die Gleichgewichtszustände aus Abbildung 2.3a nicht ebenso durch eine Zustandsgröße kodieren können. Ließe sich eine solche Größe finden, so könnte man durch Vergleich ihrer zu zwei Zuständen gehörigen Werte feststellen, welcher der beiden Zustände ausgehend von dem jeweils anderen adiabatisch erreichbar ist. Es gehört zu den wichtigsten Errungenschaften der Naturwissenschaft des 19. Jahrhunderts, die Existenz einer solchen Größe nachgewiesen zu haben. Rudolf Clausius hat diese Größe im Jahre 1865 mit dem Namen Entropie versehen und in die Thermodynamik eingeführt.

Für das in Abbildung 2.2 gegebene Beispiel nehmen wir an, jedem der drei Zustände X, Y und Z sei eine Zustandsgröße *Entropie* zugeordnet, deren Wert wir mit S bezeichnen. Die Entropie soll folgende zwei Bedingungen erfüllen. Erstens sollen zwei adiabatisch äquivalente Zustände die gleiche Entropie besitzen. Zweitens soll von zwei nicht adiabatisch äquivalenten Zuständen derjenige die höhere Entropie aufweisen, der ausgehend von dem jeweils anderen adiabatisch erreichbar ist. (Man beachte den Unterschied im Vorzeichen von Wert- und Entropieänderung. Erreichbarkeit bedeutet im Einführungsbeispiel Wert*verfall*, in der Thermodynamik jedoch Entropie*zuwachs*.)

Da die Zustände X und Y in den Abbildungen 2.2a und 2.2b adiabatisch äquivalent sind, ordnen wir beiden den gleichen Entropiewert $S(X) = S(Y) = S_0$ zu, wie in Abbildung 2.3b verdeutlicht. Der Zahlenwert und die Maßeinheit der Entropie sind für uns vorerst ohne Bedeutung. Da wir weiterhin festgestellt haben, dass X vor Z liegt, ordnen wir dem Zustand Z eine Entropie $S(Z) = S_1$ zu, die größer ist als S_0. Ohne ein einziges weiteres Experiment durchführen zu müssen, können wir nun sofort die beiden leergebliebenen Felder in Abbildung 2.3a ausfüllen. Da $S(Y) < S(Z)$, gilt $Y \prec Z$, genauer gesagt sogar $Y \prec\prec Z$. Deshalb muss in Zeile 3, Spalte 4 ein J und in Zeile 4, Spalte 3 ein `N` stehen. Kämen noch die restlichen sechs Zustände hinzu, die zu X und Y adiabatisch äquivalent sind und somit ebenfalls die Entropie S_0 besitzen, könnten wir auf einen Schlag alle 64 Felder einer zu Abbildung 2.3a analogen Tabelle ausfüllen und hätten uns dabei über 50 Experimente erspart! Es ist bemerkenswert, dass schon allein die Einführung der Größe Entropie solch drastische Erleichterungen bewirkt.

Damit wollen wir die Erläuterung des physikalischen Inhaltes der adiabatischen Erreichbarkeit abschließen. Wir streichen nun für eine Weile die Begiffe Temperatur, Wärme, heiß und kalt aus unserem Gedächtnis und konzentrieren uns auf unsere wichtigste bisherige Erkenntnis. Diese lautet, dass die Gleichgewichtszustände eines thermodynamischen Systems mit Hilfe der Ordnungsrelation $\prec$ nach ihrer adiabatischen Erreichbarkeit sortiert werden können. Die Frage, welche Bedingungen die Relation $\prec$ erfüllen muss, damit eine Entropiefunktion $S(X)$ existiert, bildet den Kern der folgenden Ausführungen.

2.5 Zustandskoordinaten

Dem aufmerksamen Leser wird nicht entgangen sein, dass wir uns bis jetzt keinerlei Gedanken über die genaue mathematische Beschreibung der Gleichgewichtszustände X, Y, Z gemacht haben. Diese Unterlassung erfolgte ganz bewusst und sollte klarmachen, dass die Entropie unabhängig davon existiert, wie wir unseren Zustandsraum parametrisieren. Um jedoch konkrete thermodynamische Berechnungen anstellen zu können, ist es unabdingbar, den Zustandsraum mit *Zustandskoordinaten* zu versehen. In der klassischen Mechanik beschreiben die zeitabhängigen dreidimensionalen Koordinaten des Euklidischen Raumes $\mathbf{x}(t) = [x(t), y(t), z(t)]$ die Lage einer Punktmasse eindeutig und bilden damit die Zustandskoordinaten. In der Thermodynamik erfordert die Festlegung der Zustandskoordinaten etwas tiefer gehende Überlegungen.

Die grundlegende Zustandskoordinate der Thermodynamik ist die innere Energie U. Ihre Existenz beruht auf einer Vielzahl von Erfahrungstatsachen, für deren ausführliche Erörterung wir auf einführende Lehrbücher der Thermodynamik, zum Beispiel Moran & Shapiro (1995) verweisen. Diese Erfahrungen kulminieren im Ersten Hauptsatz der Thermodynamik, den wir nach Lieb & Yngvason (1999) in folgender Weise formulieren:

Erster Hauptsatz der Thermodynamik (physikalische Formulierung): Die bei einer adiabatischen Zustandsänderung verrichtete Arbeit W ist unabhängig davon, auf welche Weise das thermodynamische System vom Anfangs- in den Endzustand übergeht.

Diese Formulierung, die auf Max Planck (Planck 1964) zurückgeht, unterscheidet sich von anderen durch das Fehlen des Begriffes *Wärme*. Schon Planck hatte erkannt, dass Wärme ohne Entropie schwierig zu definieren ist und deshalb bei der Formulierung des Ersten Hauptsatzes wohlweislich vom „mechanischen Äquivalent“ aller dem System zugeführten Energieformen gesprochen – eine Ausdrucksweise, die mit der vorliegenden Formulierung gleichbedeutend ist. Sie hat zur Folge, dass die Größe W als Änderung $U_2 - U_1 = W$ einer Zustandskoordinate U – der inneren Energie – interpretiert werden kann. Vom mathematischen Standpunkt aus gesehen, lässt sich deshalb der Inhalt des Ersten Hauptsatzes auch sehr knapp ausdrücken:

Erster Hauptsatz der Thermodynamik (mathematische Formulierung): U ist eine Zustandskoordinate.

Der Erste Hauptsatz hat in der Geschichte der Thermodynamik eine herausragende Rolle gespielt, doch in der mathematisch exakten Formlierung der Thermodynamik in Gestalt der Lieb-

Yngvason-Theorie reduziert sich seine Bedeutung auf die Festlegung einer Zustandskoordinate U. Diese bezeichnet man auch als *Energiekoordinate*.

Das Urbild eines thermodynamischen Systems ist eine Substanz mit veränderlichem Volumen V, wie beispielsweise $1\,kg$ Wasserdampf. Wie in Abbildung 2.4a dargestellt, wird ihr Zustand $X = (U,V)$ durch die beiden Zustandskoordinaten innere Energie und Volumen eindeutig bestimmt und kann somit als Punkt eines abstrakten zweidimensionalen Vektorraumes interpretiert werden. Systeme mit nur einer Energiekoordinate, wie das vorliegende, werden als *einfache Systeme* bezeichnet. Das Volumen nennt man auch *Arbeitskoordinate*. Die Abbildungen 2.4b, c und d veranschaulichen, wie wichtig die richtige Wahl der Zustandskoordinaten für eine eindeutige Charakterisierung des Systemzustandes ist. Abbildung 2.4b zeigt, dass die Koordinaten Temperatur und Druck nicht geeignet sind, um den Zustand von Wasser am Tri-

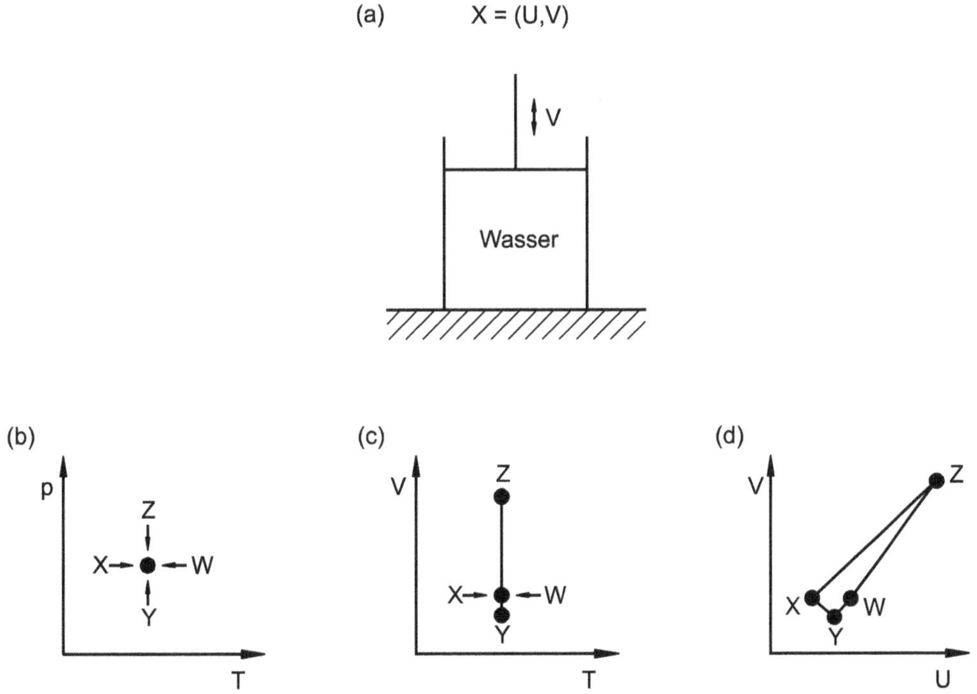

Abbildung 2.4 – Das einfache System – Grundbaustein der Thermodynamik: (a) Einfaches System mit zweidimensionalem Zustandsraum, der durch innere Energie U und Volumen V aufgespannt wird. Die Darstellung des Tripelpunktes von Wasser in der T-p-Ebene (b), T-V-Ebene (c) und in der U-V-Ebene (d) verdeutlicht, dass nur die Zustandskoordinaten $X = (U,V)$ eine eindeutige Beschreibung des Systemzustandes ermöglichen. Die Zustände X (Eis), Y (flüssiges Wasser), Z (Wasserdampf) und W (Mischung aus flüssigem Wasser und Wasserdampf, die das gleiche Volumen wie Eis besitzt) sind in der T-p-Ebene ununterscheidbar. In der T-V-Ebene sind X und W ununterscheidbar. Nur in der U-V-Ebene können auch X und W unterschieden werden. Die genauen Koordinaten der Zustände lauten für $1\,kg$ Wasser $X = (-333.40\,kJ,\ 1.0908 \times 10^{-3}\,m^3)$, $Y = (0,\ 1.0002 \times 10^{-3}\,m^3)$, $Z = (2375.3\,kJ,\ 206.136\,m^3)$ und $W = (1.05\,J,\ 1.0908 \times 10^{-3}\,m^3)$. Der Zustand W umfasst ungefähr $0.44\,\mu g$ Wasserdampf und $(1\,kg - 0.44\,\mu g)$ flüssiges Wasser. Das Dreieck in (d) ist nicht maßstabsgerecht gezeichnet.

pelpunkt eindeutig zu beschreiben. Denn Wasser kann bei $T = 0.01^oC$ und $p = 0.006113\,bar$ im festen, flüssigen und gasförmigen sowie in einer beliebigen Mischung aus diesen drei Zuständen vorliegen. Diese Zustände sind bei der Koordinatenwahl $X = (T, p)$ ununterscheidbar. In Abbildung 2.4c wird aus dem Tripelpunkt eine Tripellinie, doch auch bei der Wahl von Temperatur und Volumen als Koordinaten sind die Zustände X (reines Eis) und W (Mischung) nicht unterscheidbar. Erst mit innerer Energie und Volumen als Zustandskoordinaten wird aus der Tripellinie eine Tripelfläche, die eine eindeutige Unterscheidung von X und W erlaubt.

Das in Abbildung 2.4 dargestellte System kann in zwei besonderen Zuständen vorliegen. Den ersten Sonderfall bildet ein System mit unveränderlicher Volumenkoordinate, welches wir als *Reservoir* bezeichnen. Es besitzt einen eindimensionalen Zustandsraum $X = (U)$, der nur aus innerer Energie besteht. 1 t festes Kupfer stellt in guter Näherung ein Reservoir dar. Den zweiten Sonderfall verkörpert ein *mechanisches System*. Bei ihm sind sämtliche Zustände adiabatisch äquivalent. Ein Gewicht, dessen Höhenlage z im Schwerefeld der Erde veränderlich ist, besitzt die Arbeitskoordinate z, die Energiekoordinate mgz (die der potenziellen Energie entspricht) und wird somit durch den Zustandsvektor $X = (mgz, z)$ beschrieben. Bei einem mechanischen System sind Energie- und Arbeitskoordinate stets auf eindeutige Weise verknüpft.

Abbildung 2.5 zeigt die Zustandskoordinaten für weitere wichtige thermodynamische Systeme. Fasst man zwei einfache Systeme, wie in Abbildung 2.5a dargestellt, gedanklich zu einer Einheit zusammen, so entsteht ein *zusammengesetztes System*, dessen Zustandsraum gleich der Vereinigung der Zustandsräume seiner Bestandteile ist. Verbindet man die beiden Teilsysteme, etwa durch einen Kupferdraht wie in Abbildung 2.5b, so gleichen sich die Temperaturen der Systeme aus. Nach genügend langer Zeit entsteht ein Gleichgewichtszustand. In diesem Zustand sind die inneren Energien U_1 und U_2 nicht mehr unabhängig voneinander veränderbar. Aus dem zusammengesetzten System mit vier Freiheitsgraden ist ein einfaches System mit den drei Freiheitsgraden U, V_1 und V_2 geworden. Die Aufteilung der inneren Energien auf die beiden Teilsysteme lässt sich in der Form $U_1 = \alpha U$, $U_2 = (1-\alpha)U$ mittels eines Verteilungsparameters α beschreiben. Diesen wollen wir als *innere Variable* bezeichnen. Eine innere Variable ist jedoch kein Freiheitsgrad. Man beachte, dass wir den oben verwendeten Begriff Temperatur vorerst nur als sprachliche Kurzform zur Beschreibung eines Ausgleichsprozesses benutzen. Wir hätten statt Temperatur ebensogut auch von der elektrischen Spannung an einem in das System eingetauchten Thermoelement sprechen können.

Bei den in Abbildung 2.5c und d skizzierten Beispielen handelt es sich um einfache Systeme mit einer Arbeitskoordinate, die ebenso wie das Beispiel aus Abbildung 2.5b eine wichtige Besonderheit besitzen. Sie verfügen über innere Variable, wie beispielsweise die Menge der in einem Erfrischungsgetränk gelösten Kohlensäure oder die Menge des aus einem Glas Glühwein verdampften Alkohols. Diese Größen lassen sich nicht von außen beeinflussen, denn sie stellen sich im thermodynamischen Gleichgewicht von selbst auf bestimmte Werte ein. Sie stellen deshalb strenggenommen keine Zustandskoordinaten dar. Doch ist man oft daran interessiert, gerade diese Größen zu berechnen und muss sie deshalb als zusätzliche Koordinaten in den Zustandsraum einbeziehen. Solche Systeme besitzen in der Lebensmittelindustrie und in der chemischen Verfahrenstechnik eine große Bedeutung und verdeutlichen außerdem, dass ein einfaches System im Sinne der Thermodynamik nicht unbedingt einfach im Sinne der Chemie sein muss. Kaffee in einer Thermosflasche (einschließlich der eingeschlossenen Luft) ist ein einfaches thermodynamisches System mit einem zweidimensionalen Zustandsraum bestehend aus innerer Energie und Volumen. Doch Kaffee enthält etwa 200 Aromastoffe, die zum großen Teil im

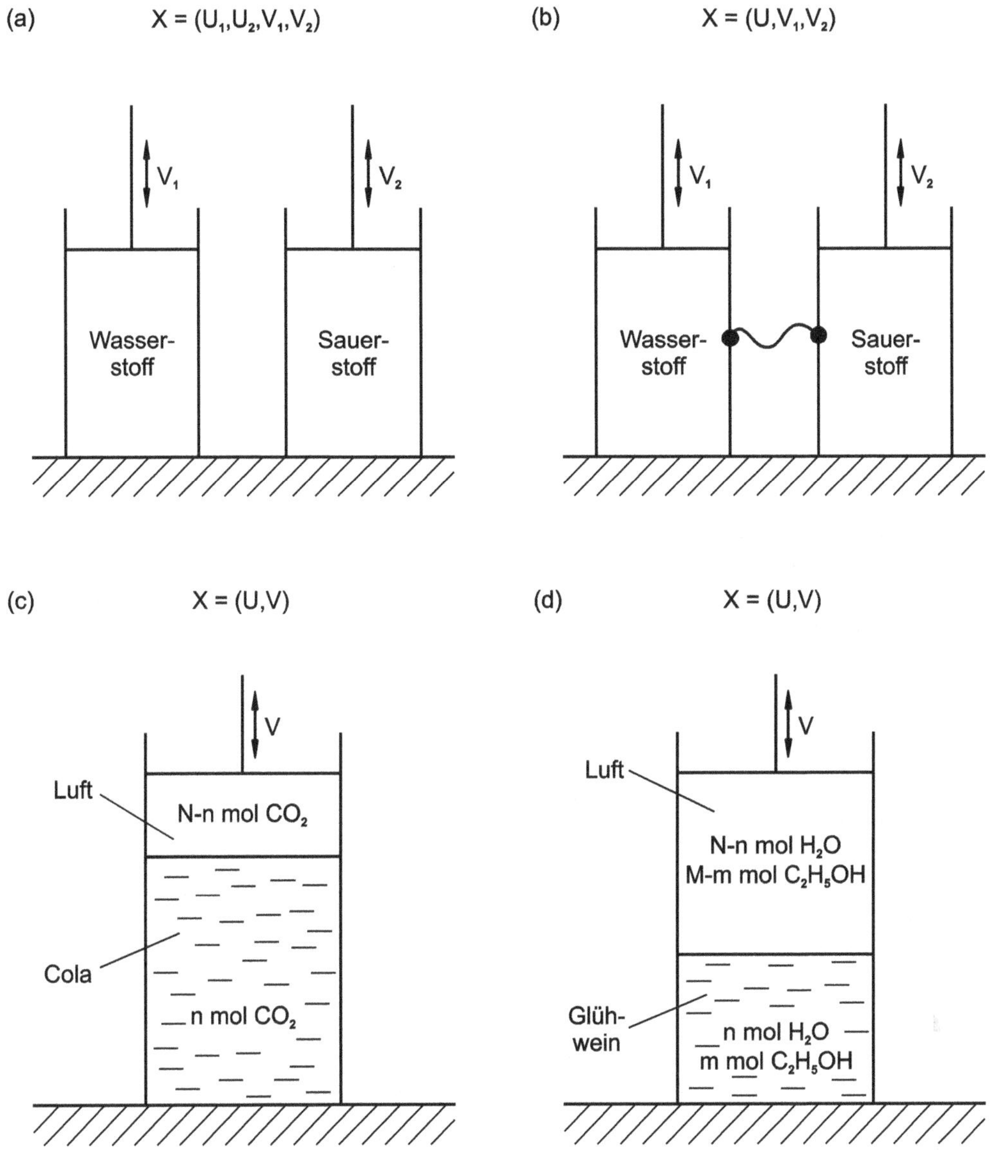

Abbildung 2.5 – Zustandskoordinaten ausgewählter Systeme: (a) Zusammengesetztes System mit zwei Energie- und zwei Arbeitskoordinaten, (b) einfaches System mit zwei Arbeitskoordinaten, welches durch thermische Verbindung der beiden Teilsysteme aus (a) entstanden ist. Die Verteilung der inneren Energien auf die beiden Teilsysteme wird durch die innere Variable α beschrieben, die im Text erwähnt wird. (c) Einfaches System mit einer Arbeitskoordinate und einer inneren Variable, die die Verteilung eines gelösten Gases zwischen zwei Phasen beschreibt, (d) einfaches System mit einer Arbeitskoordinate und zwei inneren Variablen, die die Verteilung von Wasser und Alkohol zwischen zwei Phasen beschreiben.

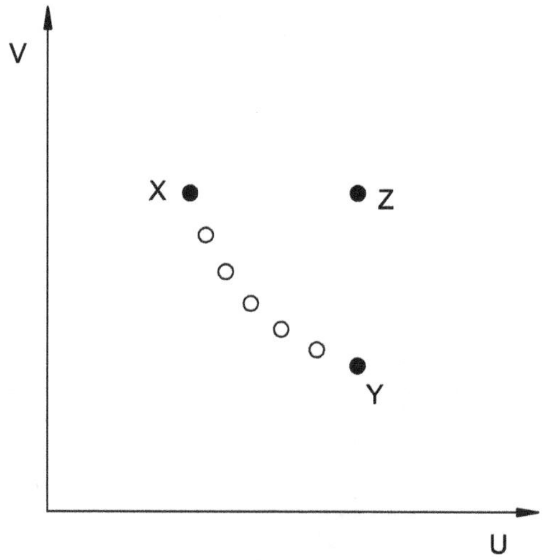

Abbildung 2.6 – Gleichgewichtszustände im Zustandsraum: Darstellung der in Abbildung 2.2 definierten Gleichgewichtszustände X, Y und Z im zweidimensionalen Zustandsraum, bestehend aus innerer Energie und Volumen. Zusätzlich sind diejenigen Zustände als leere Kreise eingezeichnet, die von X und Y aus erreichbar wären, wenn statt eines großen mehrere kleine Gewichte auf dem Deckel des Behälters abgesetzt oder vom Deckel abgenommen werden könnten. Die Zustände Y und Z besitzen die gleiche innere Energie, wenn wir voraussetzen, dass sich die Gewichte in den Zuständen Y und Z gegenüber dem Anfangszustand um den gleichen Betrag abgesenkt haben.

Wasser gelöst sind und zu einem kleinen Teil als Duft in der Luft schweben. Bezieht man diese inneren Variablen in einen erweiterten Zustandsraum in der Form $X = (U, V, n_1, n_2, ..., n_{200})$ ein, so erhält man ein „einfaches" System mit 202 Dimensionen! Wenn n_1 die Stoffmenge des Aromastoffs 1 im Kaffee und N_1 seine Gesamtstoffmenge ist, dann befinden sich in der Luft $N_1 - n_1$ *mol* dieser Substanz.

Die soeben eingeführten Zustandskoordinaten erlauben uns nun, das Ergebnis des in den Abbildungen 2.2 und 2.3 illustrierten Experiments in Abbildung 2.6 im U-V-Raum darzustellen. Die Zustände X und Y sowie die Zwischenzustände sind untereinander alle adiabatisch erreichbar und besitzen aus diesem Grund, wie im vorangegangenen Kapitel erläutert, die gleiche Entropie S_0. Wir können uns deshalb diese Zustände als Orte gleicher Höhe in einem gedachten „Entropiegebirge" $S(U, V)$ auf der „Höhenlinie" S_0 vorstellen. Dieses Gebirge wächst in nordöstlicher Richtung an und besitzt im Punkt Z eine Höhe S_1, die größer ist als S_0. Die Bestimmung der Form und Höhe dieses Gebirges bildet den Kern der Thermodynamik.

2.6 Eigenschaften der adiabatischen Erreichbarkeit

Die mathematische Formulierung einer physikalischen Theorie besteht aus zwei Schritten. Zuerst legt man anhand physikalischer Erfahrungen die mathematischen Bausteine der Theorie fest. Anschließend werden, aufbauend auf experimentellen Beobachtungen, Regeln für den Umgang mit diesen Bausteinen formuliert. Sobald Bausteine und Regeln fest stehen, kann die

Theorie zur Vorhersage angewendet werden. Die Formulierung der Thermodynamik nach Lieb und Yngvason unterscheidet sich von der elementaren Thermodynamik dadurch, dass die Zahl ihrer Bauelemente auf ein Mindestmaß beschränkt ist und ihre Regeln mit äußerster Sorgfalt ausgewählt werden. Dies hat zur Folge, dass die Regeln, die wir im vorliegenden Abschnitt formulieren werden, einen hohen mathematischen Abstraktionsgrad besitzen und teilweise unanschaulich sind. Lesern, die schnell zur Definition der Entropie vordringen wollen und sich nicht für mathematische Grundlagen interessieren, empfehlen wir deshalb, den vorliegenden Abschnitt zu überspringen und mit Kapitel 3 fortzufahren.

Die Bauelemente der Lieb-Yngvason-Theorie sind *Gleichgewichtszustände*, *Zustandskoordinaten* und *adiabatische Erreichbarkeit*. Im vorliegenden Abschnitt wollen wir anhand unserer physikalischen Erfahrungen die Regeln für den Umgang mit diesen Bauelementen formulieren. Dieses Ziel klingt zunächst recht unkonkret. Doch es wird leicht verständlich, wenn wir uns vergegenwärtigen, wie die klassische Mechanik formuliert wird. Die Bauelemente der klassischen Mechanik sind die *Masse* m eines punktförmigen Körpers sowie seine *Trajektorie* $\mathbf{r}(t)$ im dreidimensionalen Raum als Funktion der Zeit t unter dem Einfluss der Kraft $\mathbf{F}(t)$. Die Regel, die diese Elemente miteinander verknüpft, ist das Newtonsche Grundgesetz „Masse mal Beschleunigung ist gleich Kraft“. Seine mathematische Form ist eine gewöhnliche Differenzialgleichung und lautet

$$m\frac{d^2\mathbf{r}}{dt^2} = \mathbf{F}. \tag{2.1}$$

Unsere Aufgabe besteht darin, das thermodynamische Gegenstück zum Newtonschen Grundgesetz zu formulieren. Im Unterschied zur Mechanik erfordert diese Aufgabe in der Thermodynamik etwas aufwändigere mathematische Vorarbeiten. Doch wir sollten uns vor Mathematik nicht scheuen, denn schließlich mussten Newton und Leibniz die Infinitesimalrechnung zur Aufstellung der Bewegungsgesetze der Mechanik auch erst erfinden.

Die Bauelemente und Regeln der Thermodynamik wurden erst relativ spät, und zwar im Jahre 1999, von den Physikern Elliott Lieb und Jakob Yngvason (Lieb & Yngvason 1999) vollständig und mathematisch exakt in Form von 15 Axiomen formuliert. Im Folgenden werden wir die wichtigsten dieser Regeln erläutern. Wir werden dabei feststellen, dass sie trotz ihres abstrakten Wesens tief in unseren physikalischen Erfahrungen verwurzelt sind. Den vollständigen Satz der 15 Axiome werden wir nicht behandeln. Wir geben ihn lediglich als Anregung zum Selbststudium der Originalarbeit von Lieb und Yngvason in Anhang A an.

Die erste Regel, die die Beziehung $\prec$ erfüllen muss, ist die Bedingung der *Reflexivität*. Sie lautet $X \overset{A}{\sim} X$ und besagt, dass jeder Zustand zu sich selbst adiabatisch äquivalent ist. Diese Forderung mutet selbstverständlich an, doch ist sie für die logische Vollständigkeit der Thermodynamik unabdingbar. Ferner muss die adiabatische Erreichbarkeit eine Reihe weiterer Bedingungen erfüllen, von denen die *Vergleichbarkeit*, die *Transitivität*, die *Konsistenz*, die *Stabilität* sowie die *konvexe Kombinierbarkeit* besonders wichtig sind. Mit diesen Eigenschaften wollen wir uns nun näher befassen.

A – Vergleichbarkeit

Abbildung 2.7 zeigt die Ergebnisse zweier fiktiver Versuchsreihen, die wir durch experimentelle Untersuchung der adiabatischen Erreichbarkeit von Zuständen A, B, C usw. eines thermodynamischen Systems gewonnen haben mögen. Abbildung 2.7a und 2.7b unterscheiden sich

(a)

	A	B	C	D	E	F	G	H	I	K
A	J	N	J	J	J	J	J	J	J	J
B	N	J	N	N	N	N	N	N	N	J
C	N	N	J	N	N	N	N	N	N	N
D	N	N	N	J	N	N	N	N	N	N
E	N	N	N	J	J	N	N	N	N	N
F	N	N	N	N	N	J	N	N	N	N
G	N	N	N	N	N	N	J	N	N	N
H	N	N	N	N	N	N	N	J	N	N
I	N	N	N	N	N	N	N	N	J	N
K	N	N	N	N	N	N	N	N	N	J

(b)

	A	B	C	D	E	F	G	H	I	K
A	J	J	J	J	J	J	J	J	J	J
B	N	J	J	J	J	J	J	J	J	J
C	N	N	J	J	N	N	N	N	J	J
D	N	N	J	J	N	N	N	N	J	J
E	N	N	J	J	J	J	N	J	J	J
F	N	N	J	J	J	J	N	J	J	J
G	N	J	J	J	J	J	J	J	J	J
H	N	N	J	J	J	J	N	J	J	J
I	N	N	J	J	N	N	N	N	J	J
K	N	N	J	J	N	N	N	N	J	J

Abbildung 2.7 – Vergleichbarkeit von Gleichgewichtszuständen: Ergebnisse zweier fiktiver Versuchsreihen, in denen die adiabatische Erreichbarkeit von Zuständen überprüft worden sei. Welche der beiden Tabellen verstößt gegen das Vergleichbarkeitsprinzip und lässt sich deshalb nicht durch eine Entropiefunktion beschreiben?

voneinander in einer Hinsicht. In Abbildung 2.7a gibt es Zustandspaare, zum Beispiel A und B, für die weder $A \prec B$ noch $B \prec A$ gilt. Wir bezeichnen solche Zustände als *nicht vergleichbar*. Demgegenüber gilt in Abbildung 2.7b stets entweder $A \prec B$ oder $B \prec A$ oder beides. Wir wollen solche Zustände *vergleichbar* nennen. Eine zentrale Forderung an die adiabatische Erreichbarkeit besteht darin, dass sie das folgende Vergleichbarkeitsprinzip erfüllen muss.

Vergleichbarkeitsprinzip: In einem Zustandsraum sind zwei Zustände X und Y stets vergleichbar, das heißt es gilt entweder $X \prec Y$ oder $Y \prec X$.

Abbildung 2.7a verletzt das Vergleichbarkeitsprinzip, während Abbildung 2.7b es erfüllt. Es ist schwer zu glauben, dass sich hinter diesem Unterschied mehr als eine logische Spitzfindigkeit verbirgt. Doch ein Blick auf Abbildung 2.8 belehrt uns eines Besseren.

Wir ignorieren für einen Moment die Thermodynamik und stellen uns vor, die Abbildungen 2.7 und 2.8 würden die Erreichbarkeit von Standorten eines Skifahrers an einem Abfahrtshang beschreiben. Wir definieren den *Vorwärtssektor* eines Standortes als die Menge aller Punkte, die von diesem aus durch passives Abfahren erreichbar sind. Abbildung 2.8 zeigt uns, dass sich die Vorwärtssektoren der Zustände aus Abbildung 2.7 grundlegend voneinander unterscheiden. Während sich die Vorwärtssektoren in Abbildung 2.8a, die den Angaben aus Abbildung 2.7a entsprechen, schneiden, gibt es zwischen denen aus Abbildung 2.8b keinerlei Berührungspunkte. Ein Skifahrer in Position A kann in Abbildung 2.8a die Position B nicht erreichen. Ebensowenig ist für einen Skifahrer auf B die Position A erreichbar. In Abbildung 2.8b ist B von A aus erreichbar, während A von B aus unerreichbar ist. Der erstgenannte Fall entspricht einem Skifahrer mit Gleitreibung, der letztgenannte einem Skifahrer ohne Gleitreibung. Würden wir fordern, dass die Positionen eines Skifahrers beim Abfahrtslauf dem Vergleichbarkeitsprinzip gehorchen sollen, so wäre dies der Forderung nach reibungsfreiem Gleiten äquivalent. Wir er-

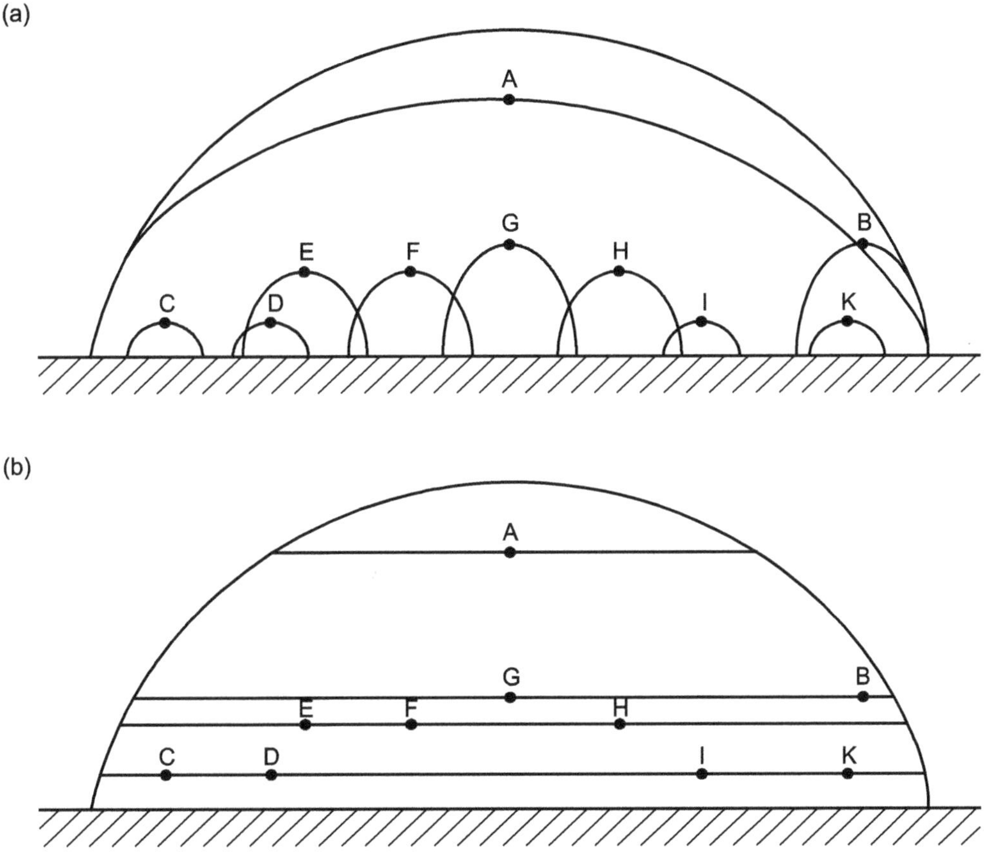

Abbildung 2.8 – Vergleichbarkeit und die Geometrie der Vorwärtssektoren: Versinnbildlicht man die in Abbildung 2.7 verwendeten Zustände durch Orte eines Skisportlers auf einem Abfahrtshang, so entspricht Abbildung 2.7a dem Fall (a) sich schneidender und Abbildung 2.7b dem Fall (b) sich nicht schneidender Vorwärtssektoren. Fall (a) ließe sich folglich nicht durch eine Entropiefunktion darstellen.

kennen anhand dieses bildlichen Vergleiches, dass eine abstrakte Bedingung wie die Erfüllung eines Vergleichbarkeitsprinzips tiefgreifende physikalische Eigenschaften wie die Abwesenheit von Energiedissipation widerspiegeln kann. Damit kehren wir wieder zurück zur Thermodynamik und analysieren die Frage, welche thermodynamischen Erfahrungen das Vergleichbarkeitsprinzip widerspiegelt.

Es sei A in Abbildung 2.9 der Zustand eines Systems, welches aus je $1\,kg$ Wasser mit den Temperaturen $10°C$ und $90°C$ besteht. B beschreibe ein aus $2\,kg$ Wasser mit der Temperatur $49°C$ zusammengesetztes System. Beide Systeme mögen dem gleichen Druck ausgesetzt sein und über eine konstante Wärmekapazität verfügen. Sind die Zustände A und B vergleichbar? Bringen wir die Teilsysteme aus A miteinander in Kontakt, so gehen sie in den Zustand $X =$ $(2\,kg$ Wasser bei $50°C)$ über. Es gilt also $A \prec\prec X$. Führen wir dem Zustand B Energie zu, etwa indem wir das Wasser in einen Mikrowellenherd stellen, so können wir es ebenfalls adiabatisch

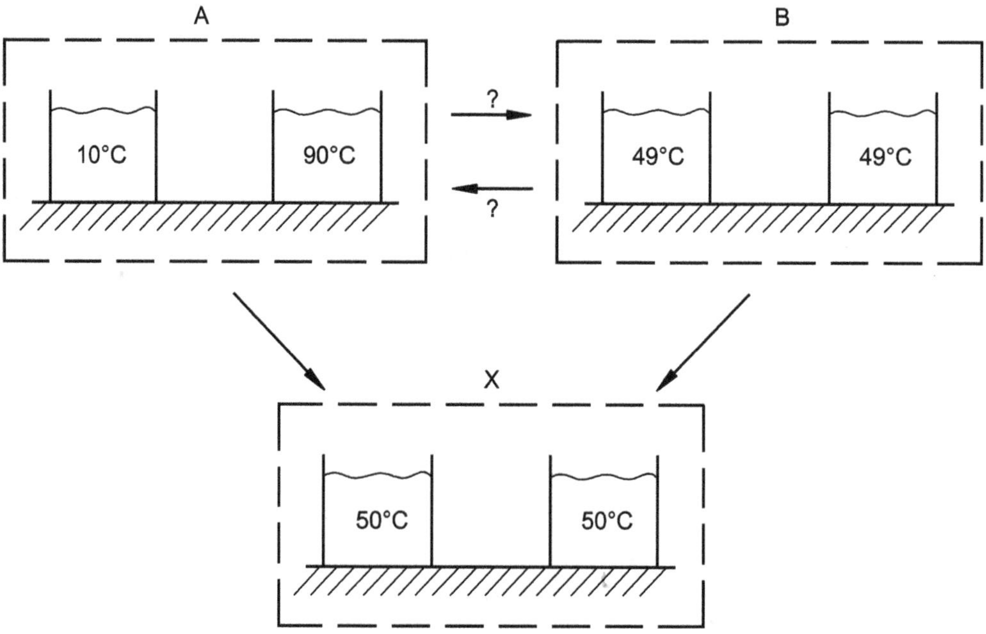

Abbildung 2.9 – Vergleichbarkeit und Wärmekraftmaschinen: Aus Erfahrung wissen wir, dass die Vorwärtssektoren der Zustände A und B den Zustand X enthalten. Doch unsere Erfahrung versagt, wenn wir die Fragen „$A \prec B$?" und „$B \prec A$?" beantworten sollen. Das Vergleichbarkeitsprinzip verlangt, dass mindestens eine dieser Fragen mit JA beantwortbar sein muss. Gilt etwa $A \prec B$, so folgt daraus die Existenz einer Wärmekraftmaschine, die die Durchschnittstemperatur des Wassers von $50°C$ auf $49°C$ absenkt und Arbeit verrichtet. Gilt $B \prec A$, so muss eine Kältemaschine existieren, die in homogen temperiertem Wasser Temperaturunterschiede erzeugt.

in den Zustand X überführen. Also gilt auch $B \prec\prec X$. Wir scheinen uns in einer ähnlichen Situation zu befinden wie der Skifahrer in Abbildung 2.8a. Wir haben zwar gezeigt, dass die Vorwärtssektoren der Zustände A und B mindestens einen gemeinsamen Punkt – nämlich X – besitzen. Doch wissen wir nicht, ob $A \prec B$ oder $B \prec A$ gilt; wir wissen nicht einmal, ob die Zustände A und B überhaupt vergleichbar sind.

Das soeben postulierte Vergleichbarkeitsprinzip verlangt, dass mindestens eine der beiden Relationen $A \prec B$ oder $B \prec A$ richtig sein muss. Dies ist eine Annahme mit großer physikalischer Tragweite. Sie erzwingt nämlich die Existenz einer Apparatur, die entweder (im Falle $A \prec B$) einen Wärmeausgleich mit einer Endtemperatur unterhalb der Mischungstemperatur von $50°C$ bewerkstelligt oder (im Falle $B \prec A$) in homogen temperiertem Wasser einen Temperaturunterschied von $80°C$ erzeugt. Der eingeweihte Leser weiß, dass im ersten Fall eine Wärmekraftmaschine zum Einsatz kommen müsste, während im zweiten Fall eine Kältemaschine erforderlich wäre. Doch ist es bemerkenswert, dass schon allein das Postulat der Vergleichbarkeit die Existenz der einen und die Nichtanwendbarkeit der anderen Maschine für die betreffenden Werte von Temperatur und Druck nach sich zieht.

Noch überraschender sind indessen die Konsequenzen des Vergleichbarkeitsprinzips, wenn wir es auf Mischungen und chemische Reaktionen anwenden. Dies zeigt das folgende Beispiel.

Es seien die beiden Zustände $A = (1\,kg$ Knallgas bei $20°C$ und Normaldruck) und $B = (1\,kg$ Wasserdampf bei $10°C$ und Normaldruck) gegeben. Sind A und B vergleichbar? Lassen wir das Knallgas explodieren, so entsteht Wasserdampf mit einer Temperatur von über $1000°C$, dessen Zustand wir mit X bezeichnen. Also gilt $A \prec\prec X$. Weiterhin wissen wir, dass man den Wasserdampf aus dem Zustand B durch Energiezufuhr adiabatisch in den Zustand X überführen kann. Daraus folgt $B \prec\prec X$. Erneut stehen wir vor einer Situation, in der die Vorwärtssektoren der Zustände A und B mindestens einen gemeinsamen Punkt – nämlich X – besitzen. Erneut wissen wir nicht, ob eine der beiden Relationen $A \prec B$ oder $B \prec A$ gilt. Das oben formulierte Vergleichbarkeitsprinzip ist auf dieses Beispiel strenggenommen nicht anwendbar, denn die Zustände A und B liegen in verschiedenen Zustandsräumen. A verkörpert ein Element des Zustandsraumes der Mischungen aus Wasserstoff und Sauerstoff, während B ein Element des Zustandsraumes von Wasser ist. Lieb und Yngvason haben in ihrer Arbeit nachgewiesen, dass das Vergleichbarkeitsprinzip unter gewissen schwachen mathematischen Einschränkungen auch in einem erweiterten Sinne gilt. Dann ist die Vergleichbarkeit von Zuständen in allen Systemen sichergestellt, die aus der gleichen Menge und der gleichen Sorte von Materie bestehen. Die Konsequenz ist überraschend:

Das Vergleichbarkeitsprinzip erzwingt dann nämlich entweder (im Fall $A \prec B$) die Existenz einer Apparatur, die Knallgas adiabatisch zu Wasserdampf reagieren und gleichzeitig abkühlen (!) lässt oder (im Fall $B \prec A$) die Existenz einer Vorrichtung, die die exotherme Knallgasreaktion adiabatisch rückgängig macht, sozusagen eine „Explosionsumkehrmaschine". Wir wissen nicht, ob es technisch möglich ist, solche Maschinen zu bauen. Doch wir werden, sobald wir im nächsten Abschnitt die Entropie eingeführt haben, durch Vergleich der Entropien $S(A)$ und $S(B)$ die Frage beantworten können, welche der beiden Maschinen man mit Sicherheit *nicht* bauen kann.

Interessant sind auch die Konsequenzen des Vergleichbarkeitsprinzips, wenn man es auf die Mischung von Substanzen anwendet. Dieser Fall ist in Abbildung 2.10 veranschaulicht.

Zusammenfassend gesagt, stellt das Vergleichbarkeitsprinzip sicher, dass die Vorwärtssektoren von Gleichgewichtszuständen sich nicht schneiden, so dass eine Situation wie in Abbildung 2.8a im Zustandsraum eines thermodynamischen Systems nicht vorkommen kann. Dieser Umstand zieht tiefgreifende Konsequenzen hinsichtlich der Existenz von Wärmekraftmaschinen und Kältemaschinen nach sich. Da das Vergleichbarkeitsprinzip mit schwachen mathematischen Einschränkungen auch in einem erweiterten Sinne für Mischungen sowie für Systeme mit chemischen Reaktionen gilt, so zieht es die Existenz fiktiver „Explosionsumkehrmaschinen" und „Cappuccinoeis-Entmischungsmaschinen" nach sich. Die Wichtigkeit der Vergleichbarkeit war bereits von Giles (1964) erkannt worden. Doch erst Lieb & Yngvason wiesen nach, dass das Vergleichbarkeitsprinzip aus noch tieferliegenden Axiomen abgeleitet werden kann (siehe Anhang A). Sie konnten ferner unter schwachen Einschränkungen nachweisen, dass das Vergleichbarkeitsprinzip auch für Systeme gilt, die sich durch Mischungen oder chemische Reaktionen ineinander umwandeln.

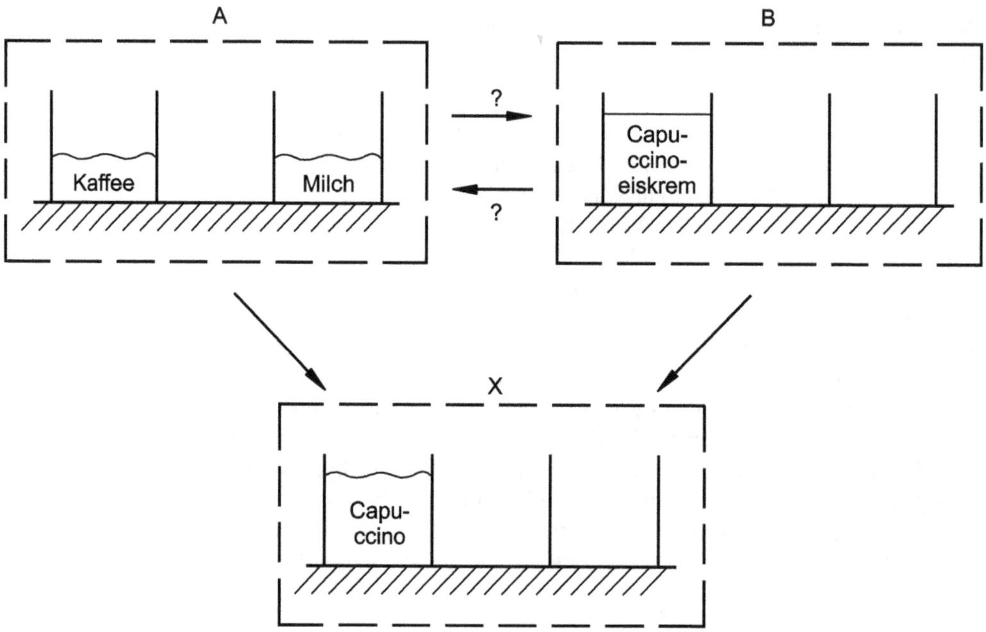

Abbildung 2.10 – Vergleichbarkeit und die „Cappuccinoeis-Entmischungsmaschine": Aus Erfahrung wissen wir, dass die Vorwärtssektoren von A und B beide den Zustand X enthalten: Durch Vermischen von Kaffee und Milch (Zustand A) entsteht Cappuccino (Zustand X). Durch Erwärmen von Cappuccinoeis (Zustand B) entsteht (zumindest im Prinzip) ebenfalls Cappuccino (Zustand X). Doch unsere Erfahrung versagt, wenn wir die Fragen „$A \prec B$?" und „$B \prec A$?" beantworten sollen. Das Vergleichbarkeitsprinzip verlangt, dass mindestens eine davon mit JA beantwortbar sein muss. Gilt etwa $B \prec A$, so folgt daraus die Existenz einer Maschine, die Cappuccinoeis durch eine adiabatische Zustandsänderung in seine Bestandteile Kaffee und Milch zerlegt. Gilt hingegen $A \prec B$, so muss es eine Apparatur geben, die warmen Kaffee und warme Milch durch eine adiabatische Zustandsänderung in Cappuccinoeis verwandelt.

B – Transitivität

Die adiabatische Erreichbarkeit muss neben der Reflexivität und der Vergleichbarkeit auch die Eigenschaft der *Transitivität* besitzen. Hierunter ist Folgendes zu verstehen:

Transitivität: Aus $X \prec Y$ und $Y \prec Z$ folgt $X \prec Z$.

Auf den ersten Blick scheint diese Regel nicht sonderlich viel Physik zu enthalten. Doch der Schein trügt, wie Abbildung 2.11 zeigt. Wir betrachten Wasser in den Zuständen X, Y, und Z, die den drei Aggregatzuständen fest, flüssig und gasförmig entsprechen. Die genauen Zustandskoordinaten sind für unsere Überlegung ohne Bedeutung. Um die Konsequenzen einer Verletzung der Transitivitätsbedingung aufzuspüren, nehmen wir für einen Moment an, es gelte $X \prec Y$ und $Y \prec Z$ aber nicht $X \prec Z$. Dies hätte zur Folge, dass man in einem Mikrowellengerät zwar Eis in Wasser und Wasser in Wasserdampf, aber nicht Eis in Wasserdampf verwandeln könnte. Dies widerspricht unserer physikalischen Erfahrung, dass man jeden thermodynamischen Prozess in Teilprozesse aufspalten kann.

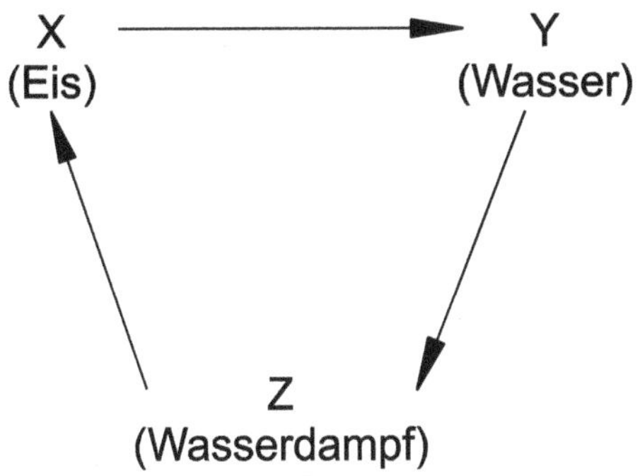

Abbildung 2.11 – Transitivität: Wäre die adiabatische Erreichbarkeit nicht transitiv, so könnte man ein *perpetuum mobile* erster Art bauen, bei dem Wasser einen Kreisprozess durchläuft und als einziges Ergebnis Arbeit verrichtet.

Doch die Tragweite der Transitivität ist noch größer. Würde $X \prec Z$ nicht gelten, so müsste wegen des Vergleichbarkeitsprinzips $Z \prec X$ sein, das heißt man könnte Wasserdampf adiabatisch in Eis verwandeln. Dies widerspricht nicht nur unseren physikalischen Erfahrungen, sondern würde eine in Abbildung 2.11 symbolisierte adiabatische Zustandsänderung ermöglichen, die Eis über den Umweg Wasser und Wasserdampf wieder in sich selbst überführt. Dabei würde das Eis entweder Arbeit verrichten oder an ihm wäre Arbeit verrichtet worden. In jedem Fall würde ein solcher Prozess gegen die Erfahrung der Energieerhaltung verstoßen.

Wir erkennen an diesem Beispiel, dass die Eigenschaft der Transitivität unsere Erfahrung über die Möglichkeit der Aufspaltung eines thermodynamischen Prozesses in Teilprozesse widerspiegelt und darüberhinaus zusammen mit dem Vergleichbarkeitsprinzip eng mit der Erfahrungstatsache der Energieerhaltung verknüpft ist.

C – Konsistenz

Die adiabatische Erreichbarkeit muss einer weiteren Regel gehorchen, die wir als *Konsistenz* bezeichnen. Sie ist folgendermaßen definiert.

Konsistenz: Gilt in zwei separaten Systemen jeweils $X \prec X'$ und $Y \prec Y'$, dann muss im zusammengesetzten System auch $(X,Y) \prec (X',Y')$ gelten.

Auch die Konsistenz scheint zunächst nichts als eine abstrakte mathematische Eigenschaft ohne physikalischen Inhalt zu sein. Doch Abbildung 2.12 verdeutlicht, dass dem nicht so ist. Wäre $\prec$ nicht konsistent, so hätte dies absurde Folgen: Unterzöge man zwei Systeme, beispielsweise ein System, bestehend aus Wasser und Salz, und ein anderes System, bestehend aus einer Flasche gekühltem Bier, einer in Abbildung 2.12 dargestellten adiabatischen Zustandsänderung, dann wären die Endzustände jeweils adiabatisch erreichbar, sofern wir die Systeme als separate Einheiten betrachten. Würden wir sie hingegen als ein zusammengesetztes System betrachten, so wäre $(X,Y) \not\prec (X',Y')$. Um die Abwegigkeit einer nichtkonsistenten Thermodynamik vollständig offenzulegen, merken wir noch an, das das Vergleichbarkeitsprinzip in einer solchen Situation $(X',Y') \prec (X,Y)$ erzwingen würde. Das hieße, dass durch gedankliche Vereinigung von Salzwasser und warmem Bier zu einem zusammengesetzten System die Meerwasserentsal-

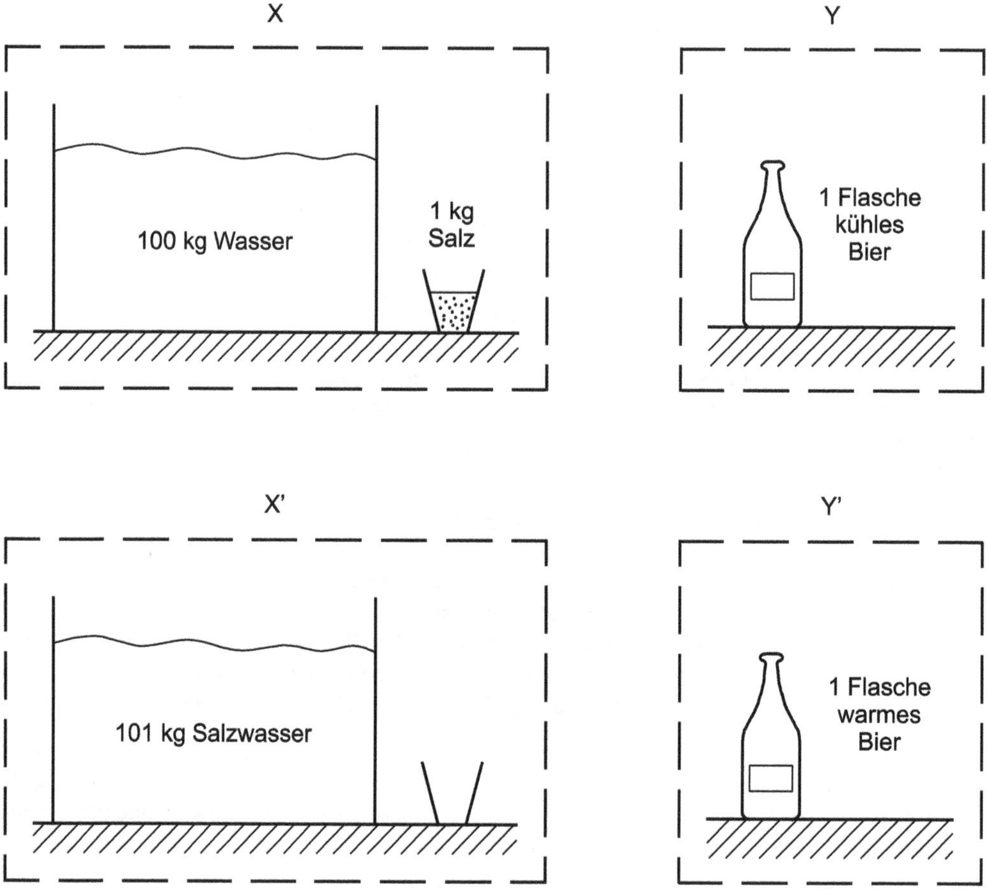

Abbildung 2.12 – Konsistenz: Wäre die adiabatische Erreichbarkeit nicht konsistent, so könnte man das Auflösen von Salz in Wasser und das Warmwerden einer Flasche Bier adiabatisch umkehren, indem man die Systeme als eine Einheit betrachtet.

zung und das Kühlen von Bier genauso einfach werden würden wie das Versalzen von Wasser und das Erwärmen von Bier. Solche Aussagen widersprechen unseren physikalischen Erfahrungen und machen die Sinnfälligkeit der Transitivität anschaulich.

Mit der Konsistenz eng verbunden ist die bereits in Abschnitt 2.1 erwähnte Eigenschaft der Skalierbarkeit. Die adiabatische Erreichbarkeit soll so beschaffen sein, dass die Trennung eines Systems in zwei Teile sowie die Vereinigung zweier aus gleicher Materie im gleichen Zustand bestehender Teile adiabatische Zustandsänderungen sind. Mathematisch ausgedrückt, lautet diese Bedingung $X \overset{A}{\sim} (\lambda X, (1-\lambda)X)$ wobei $0 < \lambda < 1$. Auch muss die Ordnungsrelation $\prec$ skaleninvariant sein. Gilt $X \prec Y$, dann muss auch $\lambda X \prec \lambda Y$ für beliebige Werte des Skalenfaktors $\lambda > 0$ gelten.

D – Stabilität

Die adiabatische Erreichbarkeit muss ferner die Eigenschaft der *Stabilität* besitzen. Deren mathematische Definition lautet wie folgt:

Stabilität: Gilt für zwei Zustände Z_0 und Z_1 und eine Folge $\varepsilon \to 0$ die Beziehung $(X, \varepsilon Z_0) \prec (Y, \varepsilon Z_1)$, dann gilt auch $X \prec Y$.

Die Bedeutung der Stabilität ist in Abbildung 2.13 illustriert. Wir wissen, dass Kohle und Luft (genauer gesagt Kohlenstoff und Sauerstoff) in Anwesenheit eines genügend heißen Zündstoffes, zum Beispiel eines Stücks glühenden Metalls, zu Kohlendioxid verbrennen. Zwischen dem aus Kohle, Luft und glühendem Eisen bestehenden System im Zustand (X, Z_0) und dem aus Kohlendioxid und abgekühltem Eisen zusammengesetzten System im Zustand (Y, Z_1) besteht somit die Beziehung $(X, Z_0) \prec (Y, Z_1)$. Wir beobachten ferner, dass die Brennbarkeit von Kohle unabhängig davon ist, ob wir eine Verbrennung mit $1\,g$ (Z_0), mit $1\,mg$ $(0.001 Z_0)$ oder mit einer beliebig kleinen Menge (εZ_0) glühenden Eisens herbeiführen. Die Stabilität stellt sicher, dass die adiabatische Erreichbarkeit im Grenzfall $\varepsilon \to 0$ erhalten bleibt und sorgt somit dafür, dass beispielsweise die Brennbarkeit eines thermodynamischen Systems als eine dem System innewohnende Eigenschaft in Erscheinung tritt.

E – Konvexe Kombinierbarkeit

Die adiabatische Erreichbarkeit muss schließlich auch die Eigenschaft der konvexen Kombinierbarkeit besitzen. Bevor wir sie formulieren können, müssen wir den Begriff der konvexen Kombination definieren.

Konvexe Kombination: Der Zustand $Z = tX + (1-t)Y$ mit $0 \le t \le 1$ wird als konvexe Kombination der Zustände X und Y bezeichnet.

Die konvexe Kombination lässt sich, wie in Abbildung 2.14a dargestellt, geometrisch als Menge aller auf der Verbindungsgeraden zwischen X und Y liegenden Zustände interpretieren. So umfasst beispielsweise die konvexe Kombination von $1\,kg$ Eis-Wasserdampf-Gemisch im Zustand X und von Wasser-Wasserdampf-Gemisch im Zustand Y die Menge sämtlicher Linearkombinationen $Z = \alpha X + \beta Y$, die den Zuständen eines Eis-Wasser-Wasserdampf-Gemisches entsprechen. Damit diese ebenfalls eine Masse von $1\,kg$ besitzen, ist es erforderlich, dass $\alpha + \beta = 1$ gilt. Dies ist der Fall, wenn $\alpha = t$ und $\beta = 1 - t$. In Abbildung 2.14d ist die konvexe Kombination für den Fall $t = 1/2$ gezeigt; ihre innere Energie und ihr Volumen entsprechen jeweils den arithmetischen Mittelwerten der inneren Energien und Volumina in den Zuständen X und Y. Die konvexe Kombination muss folgende Bedingung erfüllen.

Konvexe Kombinierbarkeit: Die konvexe Kombination $Z = tX + (1-t)Y$ muss ausgehend von dem Zustand $(tX, (1-t)Y)$ adiabatisch erreichbar sein, d.h. $(tX, (1-t)Y) \prec tX + (1-t)Y$.

Diese Bedingung ist in Abbildung 2.14 veranschaulicht. Abbildung 2.14c zeigt das aus jeweils $1/2\,kg$ in den Zuständen X und Y bestehende System $(X/2, Y/2)$. Die Klammer bringt zum Ausdruck, dass es sich um ein zusammengesetztes System handelt – ein Umstand, der im Bild durch eine thermisch und mechanisch isolierende Wand versinnbildlicht wird. Die konvexe Kombinierbarkeit besagt, bildlich ausgedrückt, dass man dieses System durch eine adiabatische Zustandsänderung (im vorliegenden Fall durch Entfernen der Wand, siehe Abbildung 2.14d) in den Zustand der konvexen Kombination von X und Y überführen kann.

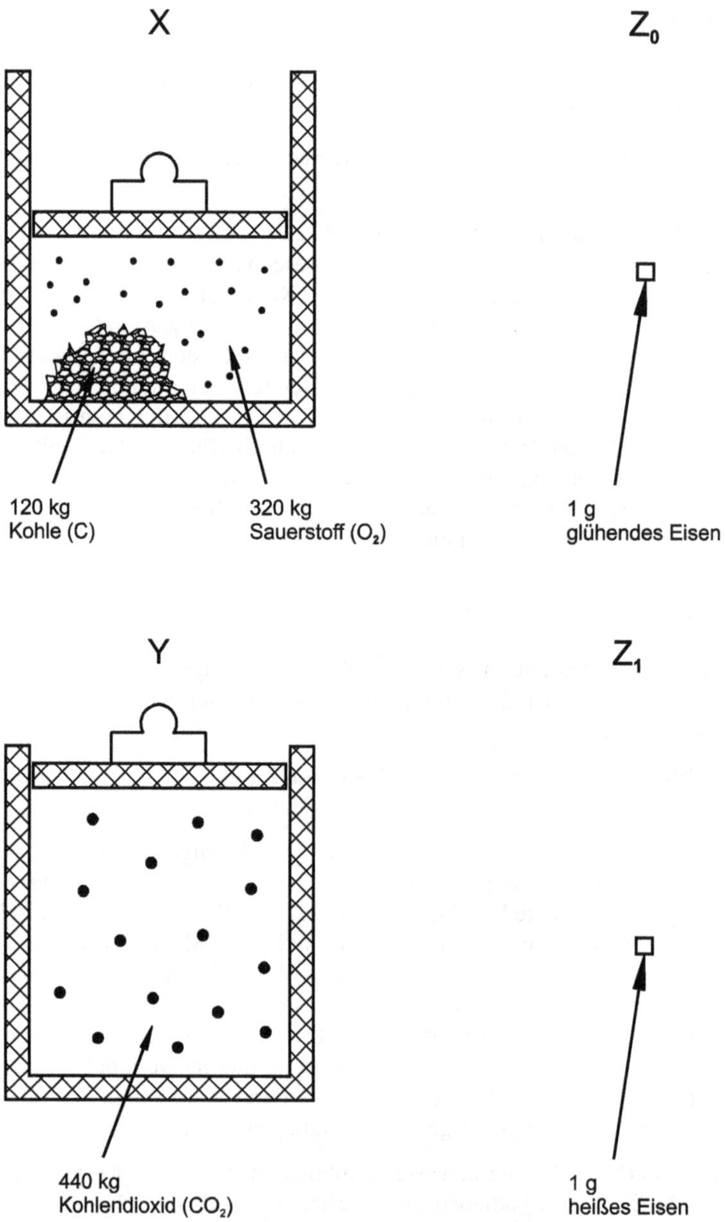

Abbildung 2.13 – Stabilität: Wäre die adiabatische Erreichbarkeit nicht stabil, so würde die Brennbarkeit von Kohle nicht eine Eigenschaft des Systems Kohlenstoff-Sauerstoff sein, sondern von der zufälligen Verfügbarkeit eines Zündstoffes abhängen.

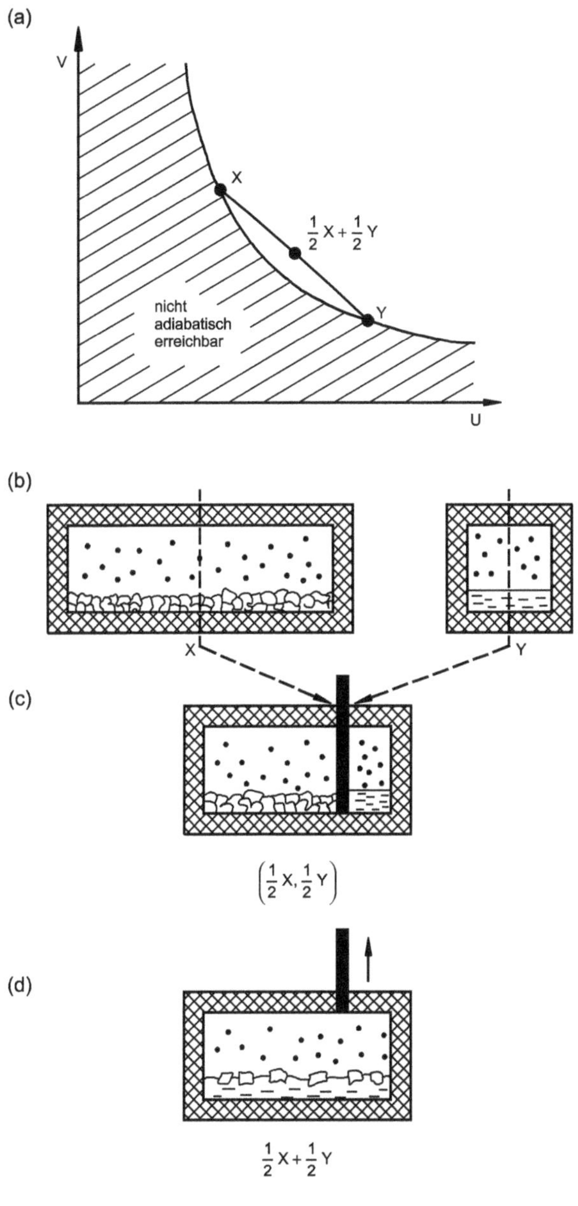

Abbildung 2.14 – Konvexe Kombinierbarkeit: (a) Darstellung der konvexen Kombination der beiden in (b) abgebildeten Zustände X und Y von 1 kg Wasser. X entspricht einer Mischung aus Eis und Wasserdampf, Y bezeichnet eine Mischung aus Wasser und Wasserdampf. Die Menge der möglichen konvexen Kombinationen wird durch die Verbindungsgerade zwischen X und Y in (a) gebildet und enthält unter anderem den in (d) dargestellten Zustand $X/2+Y/2$. Die Bedingung der konvexen Kombinierbarkeit besagt, dass dieser ausgehend von dem in (c) skizzierten Zustand adiabatisch erreichbar sein soll. (a) ist für den Sonderfall gezeichnet, in dem X und Y den gleichen Vorwärtssektor besitzen, der dem nicht schraffierten Bereich entspricht.

3 Entropie

Wir haben in Abschnitt 2.4 gelernt, dass man Gleichgewichtszuständen thermodynamischer Systeme Entropiewerte zuordnen und dadurch Vorhersagen über die adiabatische Erreichbarkeit machen kann. Jedoch besitzen die in Abbildung 2.3 festgelegten Entropien S_0 und S_1 bislang weder eine Maßeinheit, noch einen physikalisch begründeten Zahlenwert. Im vorliegenden Kapitel wollen wir zeigen, wie man auf der Grundlage der in Abschnitt 2.6 postulierten Eigenschaften der adiabatischen Erreichbarkeit die Entropie eines beliebigen thermodynamischen Systems eindeutig bestimmen kann. Der Anschaulichkeit zuliebe beschränken wir uns auf die Erläuterung der Grundideen und verweisen den interessierten Leser für die mathematischen Beweise auf die Originalarbeit (Lieb & Yngvason 1999). Die Arbeit ist besonders für diejenigen Leser empfehlenswert, die sich davon überzeugen wollen, dass tatsächlich sämtliche in Abschnitt 2.6 genannten Eigenschaften für den Beweis des Entropieprinzips unabdingbar sind.

3.1 Entropie von Wasser

Bevor wir eine Vorschrift für die Bestimmung der Entropie entwickeln, erinnern wir uns daran, wie wir in unserem Einführungsbeispiel aus Abschnitt 1.2 den Wert W eines Gegenstandes X definiert hatten. Die Definition $W(X) = min\{\lambda : \lambda Y_0 \prec X\}$ umfasste zwei Ingredienzien: einen *Wertmaßstab* und einen *Markt*. Zuerst hatten wir den Wertmaßstab Y_0 (z.B. $1\,kg$ Gold) festgelegt und ihm eine Werteinheit (z.B. $10{,}000\,EUR$) zugeordnet. Anschließend galt es, durch eine Serie von Tauschversuchen auf einem fiktiven Markt die Menge λY_0 (z.B. $\lambda = 0.3$) zu bestimmen, die man mindestens benötigt, um den betreffenden Gegenstand finanziell zu erreichen. Der Gegenstand hatte dann den Wert $W = \lambda$, der dimensionsbehaftete Wert umfasste λ Werteinheiten (z.B. $0.3 \times 10{,}000\,EUR = 3{,}000\,EUR$).

Die Bestimmung der Entropie erfordert zwei ähnliche Zutaten: einen *Entropiemaßstab* und eine *Lieb-Yngvason-Maschine*.

Abbildung 3.1 zeigt, wie man einen Entropiemaßstab festlegt, mit dem die Entropie einer Probe einer gegebenen Substanz im Zustand X ermittelt werden kann. Um unsere Überlegungen mit einer möglichst konkreten physikalischen Vorstellung zu verknüpfen, nehmen wir an, bei der Probe handle es sich um $1\,kg$ Wasser im flüssigen Aggregatzustand. Zunächst definieren wir zwei *Referenzzustände* X_0 und X_1, die sich experimentell gut reproduzieren lassen. X_0 sei der Zustand von $1\,kg$ Wasser am Schmelzpunkt bei Normaldruck ($p = 1.013\,bar = 1.013 \times 10^5 N/m^2$). Wasser am Schmelzpunkt ist kein eindeutig bestimmtes thermodynamisches System, denn es kann aus 10% Eis und 90% flüssigem Wasser, aus 90% Eis und 10% flüssigem Wasser sowie aus unendlich vielen weiteren Kombinationen dieser beiden Aggregatzustände bestehen. Um den Referenzzustand eindeutig zu charakterisieren, legen wir fest, dass er aus 100% Eis und 0% Flüssigkeit bestehen möge. Um zu veranschaulichen, dass ein

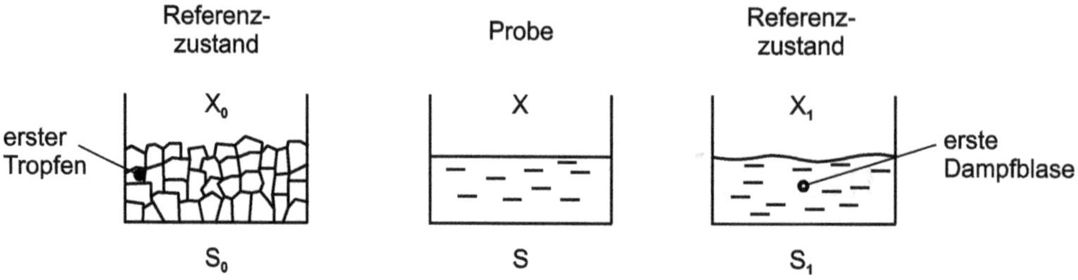

Abbildung 3.1 – Definition eines Entropiemaßstabes: Um die Entropie einer Probe im Zustand X zu bestimmen, ist ein Entropiemaßstab erforderlich. Dieser wird durch zwei Referenzzustände X_0 und X_1 mit der Eigenschaft $X_0 \prec\prec X_1$ aufgespannt. Handelt es sich bei X etwa um den Zustand von $1\,kg$ Wasser, so könnte man beispielsweise $X_0 = (1\,kg$ Eis am Schmelzpunkt bei Normaldruck) und $X_1 = (1\,kg$ Wasser am Siedepunkt bei Normaldruck) benutzen.

solches System bei der geringsten Energiezufuhr zu schmelzen beginnt, haben wir in Abbildung 3.1 symbolisch einen unendlich kleinen Wassertropfen eingezeichnet. Zur Vereinfachung der Schreibweise bezeichnen wir den so definierten Referenzzustand X_0 schlicht als „Eis". Der zweite Referenzzustand X_1 sei durch den Zustand von $1\,kg$ Wasser am Siedepunkt ebenfalls bei Normaldruck gegeben. Ähnlich wie oben, handelt es sich auch hier noch nicht um ein eindeutig definiertes System. Wir legen deshalb fest, das System bestehe zu 100% aus flüssigem Wasser und zu 0% aus Wasserdampf. Ebenfalls symbolisch haben wir eine unendlich kleine Dampfblase eingezeichnet. Den Referenzzustand X_1 wollen wir der Einfachheit halber fortan als „heißes Wasser" bezeichnen.

Die soeben definierten Referenzzustände $X_0 = (U_0, V_0)$ und $X_1 = (U_1, V_1)$ entsprechen jeweils einem Punkt im zweidimensionalen Zustandsraum von $1\,kg$ Wasser. Sie müssen die Bedingung $X_0 \prec\prec X_1$ erfüllen, können aber ansonsten beliebig sein. Wir ordnen ihnen die Entropien $S(X_0) = S_0$ und $S(X_1) = S_1$ mit $S_0 < S_1$ zu. Der Zustand X_1 besitzt somit eine um $S_1 - S_0$ höhere Entropie als der Zustand X_0. Damit ist unser Entropiemaßstab definiert. Zunächst betrachten wir der Einfachheit halber die Entropie als dimensionslose Größe und setzen $S_0 = 0$ sowie $S_1 = 1$. Später werden wir S mit einer Maßeinheit versehen. Die Festlegung $S_0 < S_1$ hat zur Folge, dass die Entropie eine monoton *wachsende* Funktion der adiabatischen Erreichbarkeit ist, wohingegen der Wert eine monoton *fallende* Funktion der finanziellen Erreichbarkeit war. Unachtsames Handeln vernichtet Wert und erzeugt Entropie!

Um nun die Entropie eines beliebigen Zustandes X (vorerst mit der Einschränkung $X_0 \prec X \prec X_1$) zu bestimmen, müssen wir ihn mit dem soeben definierten Entropiemaßstab vergleichen. Will man ein System mittels eines Maßstabes messen, so muss man diesen in kleine Teile aufspalten – etwa durch Einprägen einer Millimeterskala auf einem Metermaß oder durch Einführung des Parameters λ in unserem Einführungsbeispiel. Man erhält eine sogenannte einparametrige *Maßstabsfamilie*. Anschließend muss man das zu vermessende System so lange mit der Maßstabsfamilie vergleichen, bis man eine Äquivalenz zwischen dem System und einem der Familienmitglieder festgestellt hat.

Wir definieren die Maßstabsfamilie als ein zusammengesetztes System, welches durch Vereinigung von $(1-\lambda)\,kg$ Wasser im Zustand X_0 und $\lambda\,kg$ Wasser im Zustand X_1 entsteht. Der Parameter liege im Bereich $0 \leq \lambda \leq 1$. Unsere einparametrige Maßstabsfamilie besitzt somit die mathematische Form

$$((1-\lambda)X_0, \lambda X_1). \tag{3.1}$$

Der Vergleich des zu analysierenden Systems mit dieser Familie geschieht, indem wir für verschiedene Werte von λ experimentell prüfen, ob X ausgehend von $((1-\lambda)X_0, \lambda X_1)$ adiabatisch erreichbar ist.

Da eine solche Prüfung in der Praxis oft sehr mühsam ist, wollen wir uns stattdessen die Erreichbarkeitsbeziehungen aller thermodynamischen Systeme durch eine fiktive Apparatur – analog dem fiktiven Markt im Einführungsbeispiel – vergegenständlicht denken. Wir bezeichnen diese Apparatur zu Ehren der Begründer der vorliegenden Theorie als *Lieb-Yngvason-Maschine*.

Eine Lieb-Yngvason-Maschine ist in Abbildung 3.2 skizziert. Sie besitzt zwei Analyseschächte sowie zwei Signallampen, die mit `J` (für `JA`) und `N` (für `NEIN`) markiert sind. In den linken Schacht wird ein System im Zustand X eingebracht, in den rechten Schacht das gleiche System in einem Zustand Y. Die Lieb-Yngvason-Maschine erfüllt folgende Funktion: Ist die Ausage $X \prec Y$ wahr, so leuchtet die linke Lampe, ist die Aussage $X \prec Y$ falsch, so leuchtet die rechte Lampe auf. Die Lieb-Yngvason-Maschine vereinigt in sich den gesamten von der Menschheit bereits gesammelten und noch zu sammelnden Erfahrungsschatz über thermodynamische Systeme nebst allen bereits vorhandenen und noch zu erfindenden Apparaturen zur Ermittlung der adiabatischen Erreichbarkeit. Für die Definition der Entropie ist die bloße Annahme der Existenz einer solchen Maschine ausreichend; es ist nicht entscheidend, ob man eine solche Maschine wirklich konstruieren kann. Wichtig ist allerdings, dass diese Maschine allen Regeln gehorcht, die wir in Abschnitt 2.6 für die adiabatische Erreichbarkeit aufgestellt haben und dass sich in beiden Analyseschächten die gleiche Menge Materie befindet. Wir fassen zusammen:

Lieb-Yngvason-Maschine: Eine Lieb-Yngvason-Maschine ist eine fiktive Apparatur, die für zwei beliebige Gleichgewichtszustände X und Y ein und desselben thermodynamischen Systems die Frage „Gilt $X \prec Y$?“ mit `JA` oder `NEIN` beantwortet und dabei sämtliche in Anhang A angegebenen Axiome der adiabatischen Erreichbarkeit erfüllt.

Wir wenden nun die Lieb-Yngvason-Maschine zur Entropiemessung an, indem wir unsere Probe mit der in Gleichung (3.1) definierten Maßstabsfamilie vergleichen. Zur Erinnerung: Die Mitglieder dieser Familie besitzen die gleiche Masse wie unsere Probe und unterscheiden sich hinsichtlich ihres Anteils λ an heißem Wasser. Das in Abschnitt 2.6 erläuterte Vergleichbarkeitsprinzip, erweitert auf Mischungen und chemische Reaktionen, stellt sicher, dass ein solcher Vergleich stets möglich ist.

Die Vorschrift zur Bestimmung der Entropie mittels der Lieb-Yngvason-Maschine lässt sich auf die Beantwortung der folgenden Frage reduzieren: Welches ist die kleinste Menge an „hochwertigem“ Eis, die man benötigt, um zusammen mit einer Komplementärmenge „niederwertigen“ heißen Wassers den Zustand X adiabatisch zu erreichen? Wir verwenden die Begriffe hoch- und niederwertig, um auszudrücken, dass sich Eis adiabatisch in heißes Wasser verwandelt lässt, aber nicht umgekehrt. Eine analoge Frage lautet: Welches ist die maximale Menge heißen Wassers, mit der man unter Zuhilfenahme einer Komplementärmenge Eis den Zustand X adiabatisch erreichen kann? Wir wollen die zweite Frage anhand der Abbildung 3.2 beantworten, in der wir verschiedene Möglichkeiten darstellen, den Zustand X ausgehend von $(1-\lambda)$ *kg* Eis und λ *kg* Wasser zu erreichen.

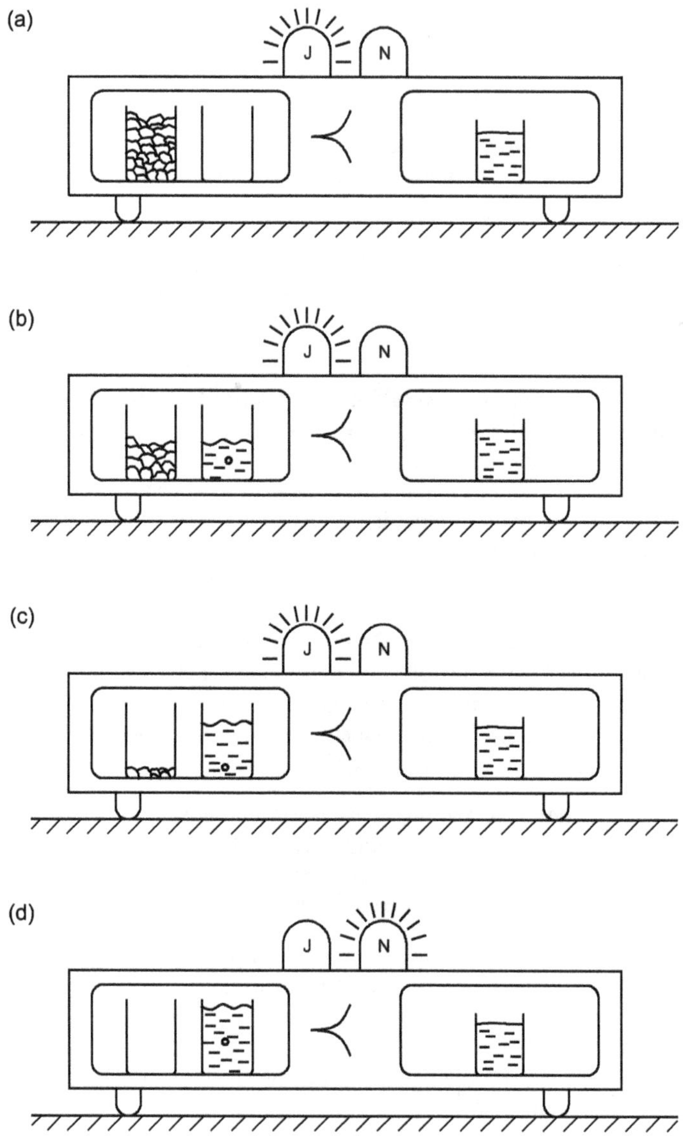

Abbildung 3.2 – Lieb-Yngvason-Maschine und die Entropie eines einfachen Systems: Prinzipielle Methode zur Ermittlung der Entropie von 1 *kg* Wasser im Zustand X unter Zuhilfenahme einer Lieb-Yngvason-Maschine, die jede Frage nach der adiabatischen Erreichbarkeit zweier Zustände mit `JA` oder `NEIN` beantwortet. Die Apparatur vergleicht einen aus Eis und heißem Wasser mit den Massenanteilen $1-\lambda$ beziehungsweise λ zusammengesetzten Entropiemaßstab (linker Analyseschacht) mit der zu analysierenden Probe (rechter Analyseschacht). Die Analysen sind nach fallendem Anteil „hochwertigen" Eises und wachsendem Anteil „niederwertigen" heißen Wassers gemäß (a) $\lambda_a = 0$, (b) $\lambda_b > 0$, (c) $\lambda_c > \lambda_b$ und (d) $\lambda_d = 1$ geordnet. Der maximale Wert $\lambda = \mu$, für den $((1-\lambda)X_0, \lambda X_1) \prec X$ gilt, muss im Bereich $\lambda_c \leq \mu \leq \lambda_d$ liegen. Durch Verfeinerung der Schrittweite in diesem Bereich könnte man μ beliebig genau ermitteln.

In einem ersten Versuch, siehe Abbildung 3.2a, lassen wir die Lieb-Yngvason-Maschine analysieren, ob der Zustand der Probe im Falle $\lambda = 0$ erreichbar ist. Hierzu stellen wir in den linken Analyseschacht das zu $S = 0$ gehörige Mitglied der Maßstabsfamilie, welches aus 1 *kg* Eis und 0 *kg* heißem Wasser besteht. Die Probe setzen wir in den rechten Analyseschacht. Das Aufleuchten der linken Lampe zeigt an, dass der Zustand unserer Probe für $\lambda = 0$ erreichbar ist. Dieses Resultat ist einleuchtend, denn wir können 1 *kg* Eis durch genügend langes mechanisches Umrühren in den Zustand der Probe überführen. In Abbildung 3.3a ist die dabei verrichtete Arbeit in Form der Höhenänderung h eines Gewichts als Funktion von λ dargestellt. Da beim Rühren Arbeit verrichtet wird, ist h im Fall $\lambda = 0$ negativ. Die vorliegende Variante ist vom Standpunkt der Maximierung von λ nicht besonders günstig, weil sie eine große Menge Eis erfordert, keinen Gebrauch vom heißen Wasser macht und überdies noch mechanische Arbeit erfordert. Kann man X auch mit weniger Eis, dafür aber mit mehr heißem Wasser adiabatisch erreichen?

Wir setzen unsere Analyse fort, indem wir, wie in den Abbildungen 3.2b, c und d gezeigt, unsere Probe mit Mitgliedern der Maßstabsfamilie vergleichen, die zu immer größeren Werten von λ und damit zu immer höheren Entropien gehören. Abbildung 3.2b verdeutlicht, dass X ausgehend von $((1-\lambda)X_0, \lambda X_1)$ auch für $\lambda > 0$ erreichbar ist. (Wir setzen voraus, dass X nicht mit X_0 übereinstimmt, anderenfalls wäre $S(X) = 0$ und es gäbe nichts mehr zu bestimmen.) Verbinden wir den Eis- und den Wasserbehälter nämlich mit einem Kupferdraht und halten die Drücke in den Behältern konstant, so werden sich ihre spezifischen inneren Energien (innere Energie pro Masseneinheit) und spezifischen Volumina (Volumen pro Masseneinheit) nach genügend langer Wartezeit aneinander angleichen. Haben wir den richtigen Wert von λ gewählt, dann werden das ehemalige Eis und das vormals heiße Wasser die Zustände $((1-\lambda)U_0, (1-\lambda)V_0)$ beziehungsweise $(\lambda U, \lambda V)$ besitzen. Auf Grund der in Abschnitt 2.6 erläuterten Möglichkeit, Systeme zu trennen und zu vereinigen, können wir sie dann zu einem System im Zustand $X = (U_1, V_1)$ zusammenfügen, der mit dem Zustand unserer Probe übereinstimmt. Wie in Abbildung 3.3a zu sehen, ist bei dieser Variante keine mechanische Arbeit erforderlich ($h = 0$). Kann man den Zustand X mit einem noch größeren Anteil an heißem Wasser, etwa so wie in Abbildung 3.2c erreichen?

Abbildung 3.3a zeigt, dass dies tatsächlich der Fall ist. Hierzu könnte man beispielsweise ein Thermoelement zwischen dem Eis- und dem Wasserbehälter installieren. Mit dem erzeugten elektrischen Strom und einem Motor könnte man ein Gewicht anheben und im Gegensatz zu den bisher behandelten Varianten sogar Arbeit verrichten. Ebensogut könnte man auch einen Stirlingmotor verwenden, vorausgesetzt, er wechselwirkt ausschließlich mit dem Eis- und dem Wasserbehälter und hinterlässt keine anderen Veränderungen in der Umgebung. In diesem Falle wäre $h > 0$.

Die Möglichkeit der Erhöhung von λ stößt irgendwann an eine Grenze, wie Abbildung 3.2d verdeutlicht. Auf die Frage ob für $\lambda = 1$ die Aussage $((1-\lambda)X_0, \lambda X_1) \prec X$ gilt, würde die Lieb-Yngvason-Maschine mit `NEIN` antworten. (Wir nehmen an, X sei nicht mit X_1 identisch, anderenfalls wäre $S(X) = 1$ und es gäbe nichts zu analysieren.) Würde man die Experimente fortsetzen, indem man immer kleinere λ-Schritte wählt, so käme man zu dem Schluss, dass es einen maximalen Wert von λ gibt, für den der Zustand unserer Probe ausgehend von dem entsprechenden Mitglied der Maßstabsfamilie adiabatisch erreichbar ist. Dieser Wert beschreibt die maximale Menge heißen Wassers, die man unter Zuhilfenahme einer Komplementärmenge von Eis in den Zustand X überführen kann. Diesen Wert von λ wollen wir als die Entropie des

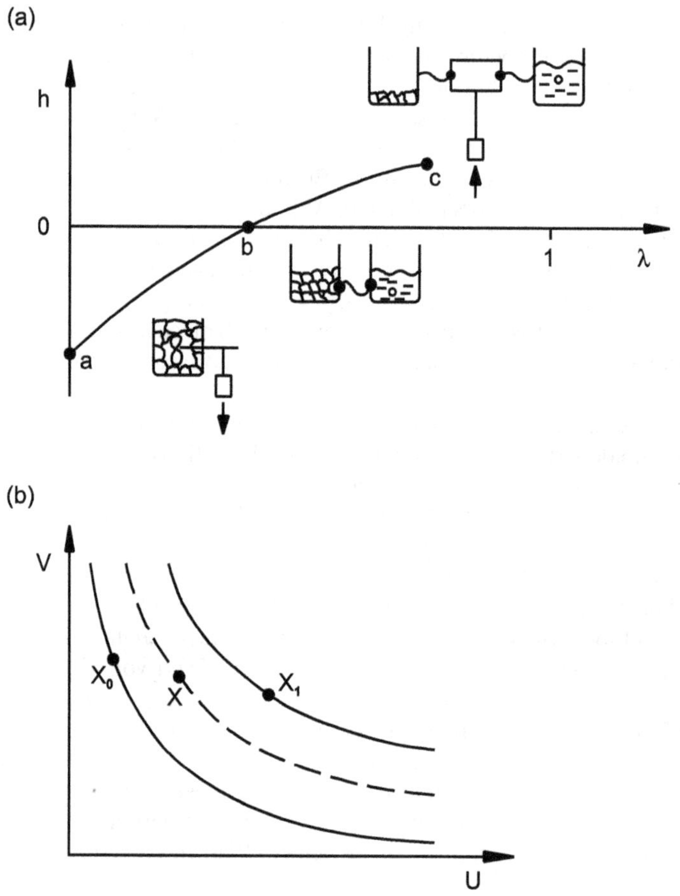

Abbildung 3.3 – Adiabatische Zustandsänderungen und Isentropen: (a) Höhenänderung h eines Gewichts im Schwerefeld der Erde nach einer adiabatischen Zustandsänderung, die ein System aus dem Zustand $((1-\lambda)X_0, \lambda X_1)$ in den Zustand X überführt. Die Punkte a, b und c entsprechen jeweils einer Zustandsänderung, die das im linken Analyseschacht der Lieb-Yngvason-Maschine (Abbildung 3.2a, b, c) stehende System in den im rechten Analyseschacht abgebildeten Zustand überführt. a – Rühren, b – Wärmeleitung, c – Hebevorrichtung bestehend aus Thermoelement und Elektromotor. Beim Schmelzen des Eises verringert sich das Volumen. Die dabei von der Umgebungsluft am System verrichtete Arbeit wurde bei der Darstellung der Kurve $h(\lambda)$ vernachlässigt. Anderenfalls müsste die Kurve an allen Punkten außer c geringfügig nach unten verschoben werden. (b) Darstellung der Referenzzustände X_0 und X_1, des Zustandes X der zu analysierenden Probe sowie der durch diese Zustände verlaufenden Linien konstanter Entropie (Isentropen) im Zustandsraum.

Zustands X definieren. Damit können wir die Entropiedefinition in der Form

$$S(X) = max\{\lambda : ((1-\lambda)X_0, \lambda X_1) \prec X\} \tag{3.2}$$

schreiben. Wir bezeichnen den Wert von λ, welcher dieses Maximumsprinzip erfüllt, mit μ. Für ihn gilt $((1-\mu)X_0,\mu X_1)\overset{A}{\sim}X$, so dass wir die Gleichung (3.2) auch in der Form

$$S(X)=\{\mu:((1-\mu)X_0,\mu X_1)\overset{A}{\sim}X\} \tag{3.3}$$

schreiben können. Damit ist es uns gelungen, eine Vorschrift zu finden, um die Entropie eines einfachen Systems (Wasser) im Zustand X zu bestimmen. Gleichung (3.2) können wir wie folgt in Worte fassen:

Entropie von Wasser: Die Entropie von 1 *kg* Wasser im Zustand X wird durch die maximale Menge heißen Wassers im Zustand X_1 bestimmt, die man mittels einer Komplementärmenge von Eis im Zustand X_0 durch eine adiabatische Zustandsänderung in den Zustand X überführen kann.

Abbildung 3.3b zeigt, dass sich Zustände gleicher Entropie als Höhenlinien im Zustandsraum interpretieren lassen. Die durch Gleichung (3.3) definierte Größe ist vorerst dimensionslos. Um sie mit einer Maßeinheit zu versehen, gehen wir von der bisher getroffenen Vereinbarung $S(X_0)=0$ und $S(X_1)=1$ zurück zum allgemeinen Fall $S(X_0)=S_0$ sowie $S(X_1)=S_1$. Dann haben wir

$$S(X)=(1-\mu)S_0+\mu S_1. \tag{3.4}$$

Wir definieren nun eine Maßeinheit der Entropie, die wir als *Clausius* bezeichnen und mit dem Zeichen Cl versehen. Den beiden Referenzzuständen des Wassers ordnen wir die Entropiewerte

$$S_0=-291.6Cl \tag{3.5}$$
$$S_1=+312.2Cl \tag{3.6}$$

zu. Damit ist die Entropie von 1 *kg* Wasser eindeutig als

$$S(X)=-291.6Cl+\mu\times 603.8Cl \tag{3.7}$$

bestimmt. Die Entropieeinheit Clausius ist eine veraltete, heute nicht mehr gebräuchliche Größe. Wir führen sie aus didaktischen Gründen ein, um zu verdeutlichen, dass die *Entropie* und nicht etwa die Temperatur die primäre Grundgröße der Thermodynamik ist. Im Kapitel 4 werden wir ihre Verknüpfung mit den SI-Einheiten *Joule* (J) und *Kelvin* (K) in Gestalt der Beziehung $1Cl=4.1868J/K$ herstellen. Es hat sich bei der praktischen Behandlung thermodynamischer Probleme eingebürgert, die Entropie von flüssigem Wasser am Tripelpunkt mit dem Wert Null zu versehen (siehe z.B. Moran & Shapiro 1995, Tabelle A-2, Zeile 1, Spalte 10), obwohl genau genommen, gemäß dem Dritten Hauptsatz der Thermodynamik, die Beziehung $S=0$ nicht am Tripelpunkt, sondern am absoluten Nullpunkt der Temperaturskala gilt. Aus diesem Grund ergeben sich für die Entropien unserer beiden Referenzzustände „unrunde“ Zahlen, die aus den Tabellen A-2 und A-6 des Lehrbuches von Moran & Shapiro (1995) folgen.

Bei der Entropiedefinition (3.2) haben wir stillschweigend $X_0\prec X\prec X_1$ angenommen. Unsere Definition lässt sich jedoch auf die Fälle $X\prec\prec X_0$ und $X_1\prec\prec X$ verallgemeinern, wenn man die Aussage $((1-\lambda)X_0,\lambda X_1)\prec X$ auch für Werte $\lambda<0$ und $\lambda>1$ zulässt. Hierzu müsste beispielsweise der für $\lambda=-1/2$ entstehende Ausdruck $(1.5X_0,-0.5X_1)\prec X$ als $1.5X_0\prec(X,0.5X_1)$ interpretiert werden. Somit kann die Entropie des Wassers auch für solche Zustände definiert werden, deren Entropie kleiner als $-291.6Cl$ oder größer als $+312.2Cl$ ist.

3.2 Entropie weiterer Substanzen

Mit dem Resultat aus dem vorangegangenen Abschnitt können wir die Entropie von Wasser im Zustand X in der verallgemeinerten Form

$$S_{H_2O}(X) = (1-\mu_X)S_0^{H_2O} + \mu_X S_1^{H_2O} \tag{3.8}$$

schreiben. Die beiden frei wählbaren Konstanten haben wir als $S_0^{H_2O} = -291.6\,Cl$ und $S_1^{H_2O} = 312.2\ Cl$ festgelegt. Diese Definition lässt sich auf beliebige andere Substanzen übertragen. Würde man etwa mit Y_0, Y_1, Z_0, Z_1 die Referenzzustände fester Wasserstoff am Schmelzpunkt, flüssiger Wasserstoff am Siedepunkt, fester Sauerstoff am Schmelzpunkt und flüssiger Sauerstoff am Siedepunkt (alle jeweils bei Normaldruck) beschreiben, so könnte man nach einer analogen Prozedur die Entropien der Zustände Y und Z von Wasserstoff beziehungsweise Sauerstoff als

$$S_{H_2}(Y) = (1-\mu_Y)S_0^{H_2} + \mu_Y S_1^{H_2} \tag{3.9}$$

$$S_{O_2}(Z) = (1-\mu_Z)S_0^{O_2} + \mu_Z S_1^{O_2} \tag{3.10}$$

aufschreiben. Die Größen μ_Y und μ_Z müssten jeweils experimentell auf die gleiche Weise gewonnen werden, wie wir dies für Wasser in Abbildung 3.2 skizziert haben.

Sind die stoffspezifischen Entropiekonstanten $S_0^{H_2} = S(Y_0)$, $S_1^{H_2} = S(Y_1)$, $S_0^{O_2} = S(Z_0)$ und $S_1^{O_2} = S(Z_1)$ ebenso wie bei Wasser beliebig wählbar? Dies ist nicht der Fall. Haben wir einmal für eine Substanz, beispielsweise für Wasser, den Entropiemaßstab $S_1^{H_2O} - S_0^{H_2O} = 603.8\,Cl$ festgelegt, so sind damit die Entropiemaßstäbe $S_1^{H_2} - S_0^{H_2}$ für Wasserstoff und $S_1^{O_2} - S_0^{O_2}$ für Sauerstoff sowie für sämtliche andere Substanzen eindeutig bestimmt. Die Bestimmung der Entropiemaßstäbe bezeichnen wir nach Lieb und Yngvason als *Kalibrierung*.

Die Kalibrierung der Entropie von Wasserstoff durch Vergleich mit der Entropie von Wasser ist in Abbildung 3.4 dargestellt. Um herauszubekommen, um welchen Betrag sich die Entropie von 1 kg Wasserstoff vergrößert, wenn es sich aus dem festen „hochwertigen" Zustand Y_0 in den flüssigen „niederwertigen" Zustand Y_1 verwandelt, machen wir von unserem Wissen Gebrauch, dass 1 kg Wasser beim Übergang vom „niederwertigen" Zustand X_1 in den „hochwertigen" Zustand X_0 seine Entropie um $603.8\,Cl$ verringert. Dementsprechend verringern $\lambda\ kg$ Wasser ihre Entropie um $\lambda \cdot 603.8\,Cl$. Bildlich gesprochen, können wir die vom System Wasser „freigesetzte" bekannte Entropie in das zu kalibrierende System Wasserstoff „einspeisen", um so seine Entropievergrößerung zu messen.

Wir betrachten dazu eine einparametrige Familie zusammengesetzter Systeme, die aus 1 kg Wasserstoff und $\lambda\ kg$ Wasser besteht. Wir stellen die Frage, wieviel heißes Wasser man unter Zuhilfenahme des von Y_0 nach Y_1 übergehenden Systems adiabatisch in Eis verwandeln kann. Es ist offensichtlich, dass man den Wasserstoff für $\lambda = 0$ durch mechanische Energiezufuhr aus dem Zustand Y_0 in den Zustand Y_1 überführen kann. Doch diese Information reicht uns noch nicht aus, denn wir wollen das Maximum von λ bestimmen. Wie in Abbildung 3.4a dargestellt, befragen wir die Lieb-Yngvason-Maschine, ob der Wasserstoff unter Zuhilfenahme einer sehr kleinen Menge heißen Wassers, beispielsweise $\lambda = 0.1$ (entspricht 100 g) adiabatisch aus dem festen in den flüssigen Aggregatzustand überführt werden kann. Die positive Antwort zeigt, dass dies offensichtlich der Fall ist. Anschaulich gesprochen, nimmt der Wasserstoff beim

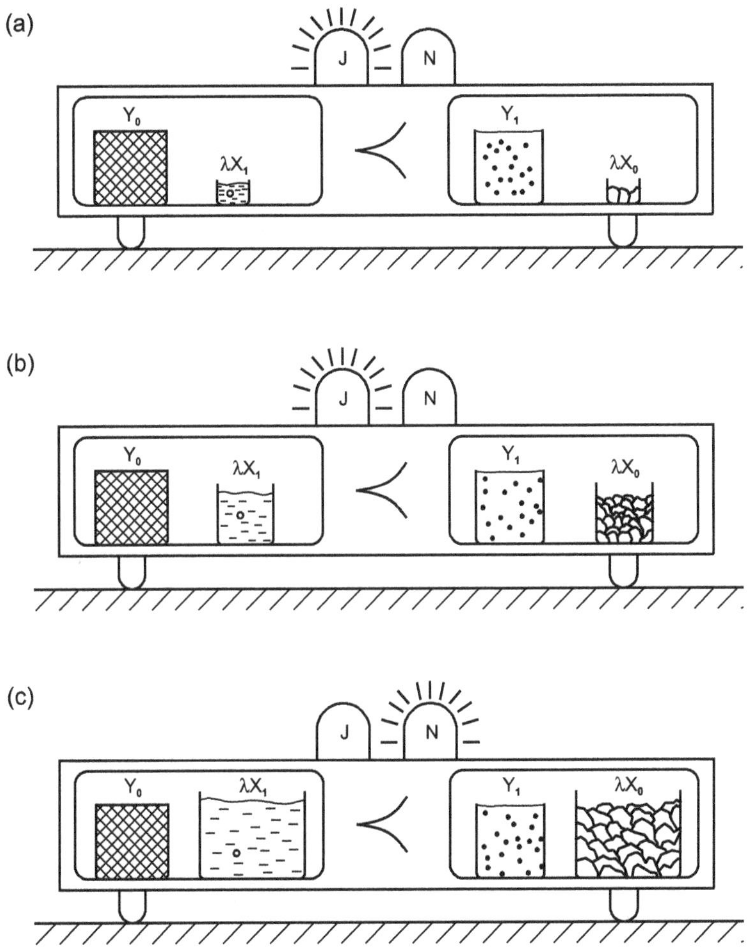

Abbildung 3.4 – Kalibrierung der Entropie von Wasserstoff: Schematische Darstellung der Bestimmung der Entropiedifferenz $S_1^{H_2} - S_0^{H_2}$ von $1\,kg$ Wasserstoff in den Zuständen Y_0 und Y_1. Hierzu ermittelt man die Menge λ an siedendem Wasser (Zustand X_1), die man adiabatisch in schmelzendes Eis (Zustand X_0) umwandeln kann, wenn der Wasserstoff gleichzeitig aus dem Zustand $Y_0 =$ (fester Wasserstoff am Schmelzpunkt) in den zu analysierenden Zustand $Y_1 =$ (flüssiger Wasserstoff am Siedepunkt) überführt wird. Wenn das Maximum von λ mit μ bezeichnet wird, dann beträgt die Entropiedifferenz $S_1^{H_2} - S_0^{H_2} = \mu(S_1^{H_2O} - S_0^{H_2O})$.

Übergang von Y_0 nach Y_1 Entropie im Umfang von mindestens $0.1 \times 603.8\,Cl = 60.38\,Cl$ auf. Nun vergrößern wir die Wassermenge weiter (Abbildung 3.4b) etwa auf $\lambda = 0.5$. Die mutmaßliche Antwort JA, die die Lieb-Yngvason-Maschine auch in diesem Falle gibt, zeigt uns, dass die vom Wasserstoff aufgenommene Entropie mindestens $0.5 \times 603.8\,Cl = 301.9\,Cl$ betragen muss. Erhöhen wir λ noch weiter, etwa auf $\lambda = 2$ (Abbildung 3.4c) so wird irgendwann $(Y_0, \lambda X_1) \not\prec (Y_1, \lambda X_0)$ gelten. Der maximale Wert von λ gibt offenbar die gesuchte Entropiedif-

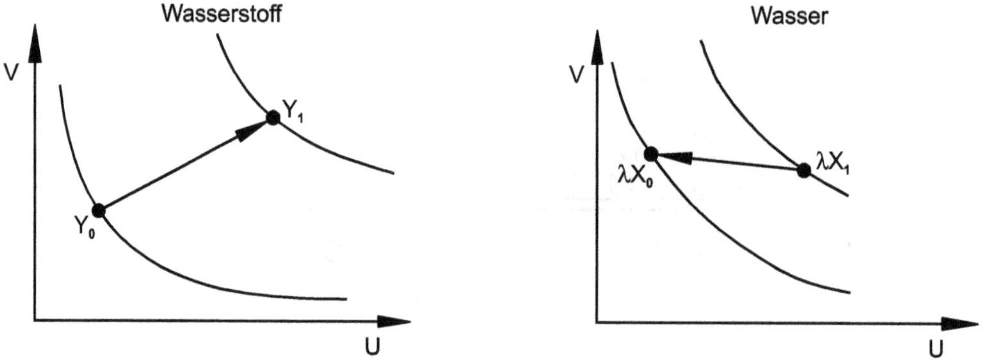

Abbildung 3.5 – Kalibrierungsprozess im Zustandsraum: Anfangs- und Endzustand eines aus Wasserstoff und Wasser bestehenden Systems, wenn es aus einem der in Abbildung 3.4a oder b (linker Analyseschacht) dargestellten Anfangszustände in den jeweils im rechten Analyseschacht gezeigten Endzustand überführt wird. Man beachte, dass sich das System während der Zustandsänderung nicht unbedingt in einem Gleichgewichtszustand befinden muss. Deshalb stellen die Pfeile nicht notwendigerweise die durchlaufenen Zwischenzustände dar.

ferenz in der Form

$$S_1^{H_2} - S_0^{H_2} = max\{\lambda : (Y_0, \lambda X_1) \prec (Y_1, \lambda X_0)\} \tag{3.11}$$

an. Für diesen Wert von λ gilt $(Y_0, \lambda X_1) \overset{A}{\sim} (Y_1, \lambda X_0)$. Bezeichnen wir ihn mit μ, so können wir die Beziehung (3.11) auch in der Form

$$S_1^{H_2} - S_0^{H_2} = \mu \cdot (S_1^{H_2O} - S_0^{H_2O}) \tag{3.12}$$

schreiben. Der beim Kalibrierungsprozess ablaufende Übergang ist in Abbildung 3.5 im Zustandsraum dargestellt. Die für Wasserstoff dargestellten Überlegungen können wir sinngemäß auf jeden anderen Stoff übertragen.

Im Ergebnis solcher Gedankenexperimente kommen wir zu dem Schluss, dass für jeden Stoff σ nur eine der beiden Entropiekonstanten S_0^σ, S_1^σ frei gewählt werden kann. Wurde etwa S_0^σ frei gewählt, so ist S_1^σ durch Kalibrierung mit der Ursubstanz Wasser eindeutig als

$$S_1^\sigma = S_0^\sigma + \mu \cdot (S_1^{H_2O} - S_0^{H_2O}) \tag{3.13}$$

bestimmt. Damit verbleibt die Frage, wie es sich mit den verbliebenen Nullpunktskonstanten S_0^σ der verschiedenen Stoffe σ verhält. Sind sie frei wählbar oder nicht?

3.3 Mischungsprozesse und chemische Reaktionen

Solange sich Systeme nicht vermischen und nicht miteinander chemisch reagieren, sind die verbliebenen Nullpunktskonstanten S_0^σ frei wählbar. Doch Mischungsprozesse und chemische Reaktionen erlegen diesen Größen weitere Beschränkungen auf, die wir uns nun veranschaulichen wollen.

Versetzt man 2/18 kg Wasserstoff und 16/18 kg Sauerstoff aus den festen Zuständen Y_0 und Z_0 in den gasförmigen Zustand, vermischt die beiden Komponenten zu Knallgas und bringt dieses zur Explosion, so entsteht 1 kg Wasser. Die Entropie des Ausgangszustandes beträgt

$$\frac{2}{18}S_0^{H_2} + \frac{16}{18}S_0^{O_2}. \tag{3.14}$$

Da dieses zusammengesetzte System aus der gleichen Materie besteht wie 1 kg Wasser, können wir es gemäß dem erweiterten Vergleichbarkeitsprinzip in einer Lieb-Yngvason-Maschine mit 1 kg Wasser vergleichen, welches aus verschiedenen Anteilen an Eis und heißem Wasser besteht (siehe Abbildungen 3.6 und 3.7). In Abbildung 3.6a zeigt die aufleuchtende Lampe „J" uns an, dass die Entropie von 1 kg heißem Wasser ($\lambda = 1$, rechter Analyseschacht) größer ist als die Entropie des im linken Analyseschacht stehenden Systems. (Wir schließen wie in Abschnitt 3.1 den Fall $(2Y_0/18, 16Z_0/18) \stackrel{A}{\sim} (X_1)$ aus, denn dann gäbe es wegen $2S_0^{H_2}/18 + 16S_0^{O_2}/18 = S_1$ nichts mehr zu bestimmen.) Wir verringern λ, wie in Abbildung 3.6b und c gezeigt, und finden schließlich eine untere Schranke λ_{min}, die wir zur Vereinfachung der Schreibweise mit μ bezeichnen. Für sie gilt $((2/18)Y_0, (16/18)Z_0) \prec ((1-\mu)X_0, \mu X_1)$. Daraus folgt

$$\frac{2}{18}S_0^{H_2} + \frac{16}{18}S_0^{O_2} = (1-\mu)S_0^{H_2O} + \mu S_1^{H_2O}. \tag{3.15}$$

Wir erkennen, dass auch die Konstanten $S_0^{H_2}$ und $S_0^{O_2}$ nicht frei wählbar sind, sondern einer Zusatzbedingung unterliegen. Wie in der Arbeit von Lieb und Yngvason (Lieb & Yngvason 1999) gezeigt wird, lassen sich die Entropiekonstanten der Elemente des Periodensystems auf die zwei frei wählbaren Entropiekonstanten eines einzigen Systems, zum Beispiel Wasser, zurückführen. Nach diesen Überlegungen sind wir nun in der Lage, die zentrale Aussage der Thermodynamik zu formulieren.

3.4 Das Entropieprinzip

Unsere in den Abschnitten 3.1, 3.2 und 3.3 durch anschauliche Überlegungen gewonnenen Erkenntnisse über die Existenz der Entropie lassen sich auf der Grundlage der Postulate des Abschnitts 2.6 (siehe auch Anhang A) auf eine solide mathematische Grundlage stellen. Die exakten Beweise, die auf Grund ihrer mathematischen Komplexität nicht Gegenstand unserer Darstellung sind, gipfeln in dem folgenden Entropieprinzip, welches die zentrale Aussage der Thermodynamik verkörpert.

Entropieprinzip: Jedem Gleichgewichtszustand X eines thermodynamischen Systems lässt sich eine Entropie S zuordnen. Die Entropie ist

- **monoton**: aus $X \prec\prec Y$ folgt $S(X) < S(Y)$, aus $X \stackrel{A}{\sim} Y$ folgt $S(X) = S(Y)$,
- **additiv**: $S((X,Y)) = S(X) + S(Y)$ und extensiv: $S(tX) = tS(X)$,
- **konkav**: $S(tX + (1-t)Y) \geq tS(X) + (1-t)S(Y)$.

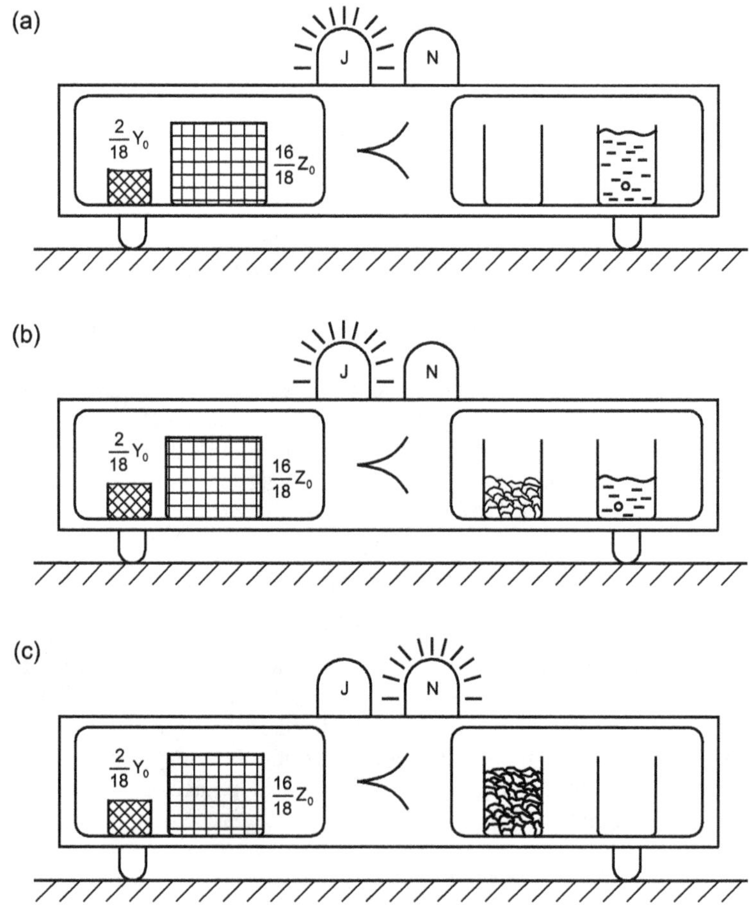

Abbildung 3.6 – Entropie und chemische Reaktionen: Bestimmung der Entropie eines ungemischten Systems, bestehend aus festem Wasserstoff und festem Sauerstoff (linker Analyseschacht), durch Vergleich mit einem System, bestehend aus schmelzendem Eis und heißem Wasser (rechter Analyseschacht), unter Zuhilfenahme einer Lieb-Yngvason-Maschine. Die Systeme sind nach fallendem λ im rechten Analyseschacht geordnet. (a) $\lambda = 1$, (b) $0 < \lambda < 1$, (c) $\lambda = 0$. Das Minimum von λ, für welches die Lampe J leuchtet, bestimmt eine der beiden Nullpunktskonstanten der Entropie von Wasserstoff oder Sauerstoff.

Die Monotonie und Additivität der Entropie folgen aus den in Anhang A angegebenen Axiomen A-1 bis A-6 sowie dem Vergleichbarkeitsprinzip VP. Die Konkavität der Entropie lässt sich unter Hinzunahme des Axioms A-7 ableiten.

Man sieht dem Entropieprinzip nicht gleich an, welch große Tragweite es besitzt. Zur Veranschaulichung seiner weit reichenden Konsequenzen kehren wir kurz zu der in Abschnitt 2.6 angesprochenen Frage zurück, ob der Zustand $Y = (2\,kg$ Wasser bei $49°C)$ ausgehend von $X = (1\,kg$ Wasser bei $10°C$ und $1\,kg$ Wasser bei $90°C)$ adiabatisch erreichbar ist. Das Entropieprinzip lehrt uns, dass wir zur Beantwortung dieser Frage lediglich die Entropien $S(X)$ und $S(Y)$ miteinander vergleichen müssten. Fänden wir $S(X) < S(Y)$, so wäre dies gleichbedeutend

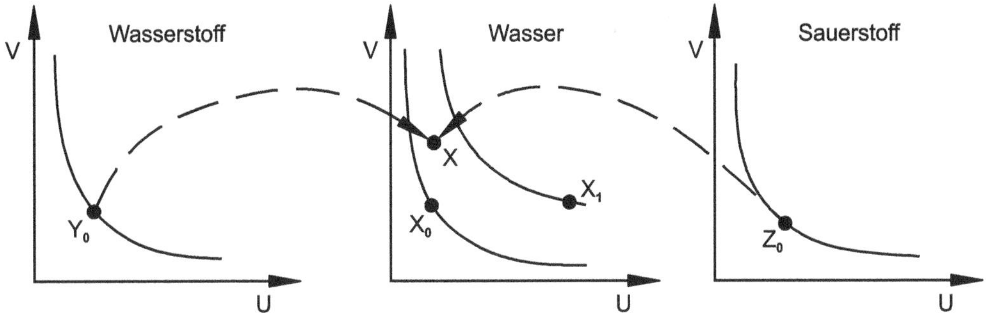

Abbildung 3.7 – Knallgasreaktion im Zustandsraum: Darstellung von Anfangs- und Endzustand eines aus Wasserstoff und Sauerstoff bestehenden Systems, wenn es aus einem der in Abbildung 3.6 links dargestellten Anfangszustände durch Knallgasreaktion in Wasser überführt wird. Man beachte, dass sich das System während der Zustandsänderung nicht im Gleichgewichtszustand befinden muss und dass Anfangs- und Endzustand in verschiedenen Zustandsräumen liegen. Deshalb stellen die Pfeile *nicht* die durchlaufenen Zwischenzustände dar.

mit $X \prec\prec Y$. Demnach müsste es eine Apparatur geben, die einen Wärmeausgleich zwischen zwei Systemen bewirkt, bei dem die Endtemperatur ($49°C$) kleiner ist als die Endtemperatur bei passivem Wärmeausgleich ($50°C$). Ziehen wir zusätzlich die Definition der adiabatischen Erreichbarkeit in Betracht, derzufolge die einzige Umgebungsveränderung nach einer adiabatischen Zustandsänderung das Heben oder Senken eines Gewichts sein darf, so müsste sich die Differenz der inneren Energien zwischen den Endzuständen mit $50°C$ und $49°C$ vollständig im Heben eines Gewichts, also in mechanischer Arbeit manifestieren. Daraus ergibt sich zwangsläufig die Notwendigkeit der Existenz einer Wärmekraftmaschine. Dieser Schluss ist insofern bemerkenswert, als der Herleitung des Entropieprinzips keinerlei konkrete technische Informationen über „Maschinen“ jedweder Art zugrunde lag. Im Fall $S(X) > S(Y)$ würde die Existenz einer Kältemaschine folgen, die $2\,kg$ lauwarmes Wasser auf adiabatischem Wege in $1\,kg$ kaltes und $1\,kg$ heißes Wasser verwandelt. Schaut man sich die genauen Zahlenwerte in einer Dampftafel an, so kommt man nach einer kurzen Rechnung zu dem Schluss, dass $S(X) < S(Y)$ gilt.

Weiterhin folgt aus dem Entropieprinzip die Möglichkeit, unter bestimmten Bedingungen Mischungen adiabatisch in ihre Bestandteile zu zerlegen sowie chemische Reaktionen adiabatisch umzukehren. Aus dem Entropieprinzip folgt auch der folgende Satz, der keine Formeln enthält und sich deshalb besonders gut merken lässt.

Entropiesatz: Bei einer adiabatischen Zustandsänderung kann die Entropie eines Systems nicht abnehmen.

3.5 Eigenschaften der Entropie

Nachdem wir die Entropie als logische Folge der in Anhang A angegebenen Axiome sowie des Vergleichbarkeitsprinzips definiert und die Vorschrift (3.2) für ihre Bestimmung formuliert haben, wollen wir die im Entropieprinzip ausgedrückten Eigenschaften etwas genauer beleuchten.

A – Monotonie

Die *Monotonie* drückt aus, dass die Entropie die Ordnungsrelation $\prec$ abbildet. In der Tat wird durch die Entropie jedem Gleichgewichtszustand X eine reelle Zahl $S(X)$ zugeordnet. Wollen wir wissen, ob $X \prec Y$ gilt, so müssen wir lediglich die Entropien dieser beiden Zustände vergleichen. Finden wir zum Beispiel $S(X) < S(Y)$, so gilt $X \prec\prec Y$, vorausgesetzt, X und Y sind Zustände von Systemen mit gleicher materieller Zusammensetzung. Erhalten wir hingegen $S(X) = S(Y)$, dann ist dies unter der soeben genannten Voraussetzung gleichbedeutend mit $X \overset{A}{\sim} Y$. Eine Serie aufeinanderfolgender Zustände $X \prec\prec Y \prec\prec Z$ findet somit ihre Entsprechung in einer Reihe monoton wachsender Entropiewerte $S(X) < S(Y) < S(Z)$. Die Funktion $S(X)$ bringt nicht nur Ordnung in den Zustandsraum, sondern verringert auch drastisch die Informationsmenge, die wir zur vollständigen Beschreibung der adiabatischen Erreichbarkeit der Zustände eines thermodynamischen Systems benötigen.

Um diese – bereits in Abschnitt 2.3 angesprochene – Eigenschaft der Entropie noch einmal zu veranschaulichen, stellen wir uns ein thermodynamisches System vor, welches eintausend verschiedene Zustände annehmen kann. Wollten wir die adiabatische Erreichbarkeit dieser Zustände vollständig charakterisieren, so müssten wir eine zu Abbildung 2.3 analoge Tabelle mit einer Million Einträgen aufstellen. Die Monotonie der Entropie erlaubt es uns, den Informationsgehalt dieser Tabelle von einer Million Zeichen auf eintausend Zahlen zu reduzieren.

B – Additivität

Bei der *Additivität* der Entropie scheint es sich um eine selbstverständliche Eigenschaft zu handeln. Dies ist ein Trugschluss, denn die Additivität erlaubt Aussagen über adiabatische Zustandsänderungen in zusammengesetzten Systemen, welche weit über unsere physikalische Anschauung hinausgehen. So ist es beispielsweise eine Folge der Additivität, dass sich Salzwasser adiabatisch entsalzen lässt, sofern ein beliebiges Hilfssystem, etwa ein Kupferblock, ein Gasbehälter oder ein Kübel mit Eiswürfeln, zur Verfügung steht.

Es sei X_1 ein Zustand von 1001 g Salzwasser vor dem Durchlaufen eines Entsalzungsprozesses. X_2 beschreibe den Zustand von 1000 g Wasser und 1 g Salz, die nach dem Entsalzungsprozess getrennt vorliegen. Wie wir in Abschnitt 5.7 nachweisen werden, besitzt das Salzwasser eine um $\Delta S = 1.239\ Cl$ größere Entropie als seine Bestandteile bei ansonsten gleichen äußeren Bedingungen. (Bei der Analyse des letzten Zahlenbeispiels auf der hinteren Innenseite des Einbandes wird in Anhang F gezeigt, dass die Entropiedifferenz in Wirklichkeit etwas größer ist.) Beim Entsalzen von Salzwasser ändert sich die Entropie folglich um

$$S(X_2) - S(X_1) = -\Delta S; \tag{3.16}$$

das heißt sie wird kleiner. Gemäß dem Entropieprinzip drückt die Verringerung der Entropie aus, dass es keine adiabatische Zustandsänderung gibt, die X_1 in X_2 überführt. Damit ist gezeigt, dass sich Salzwasser nicht adiabatisch entsalzen lässt.

Die Situation ändert sich grundlegend, wenn wir statt des einfachen Systems *Salzwasser* das zusammengesetzte System *Salzwasser und Eiswürfel* betrachten. Wir wollen die Eiswürfel nicht etwa zum Verdünnen des Salzwassers, sondern lediglich als thermodynamisches Hilfssystem verwenden. Wir könnten unser Gedankenexperiment ebensogut mit Salzwasser und einem Kupferblock ausführen. 1 kg Eiswürfel erhöht seine Entropie beim Schmelzen um 1.219 Cl. Folglich ändert sich die Entropie von 1.016 *kg* Wasser beim Übergang aus dem gefrorenen Zustand Y_1 in den flüssigen Zustand Y_2 um 1.239 *Cl*, das heißt

$$S(Y_2) - S(Y_1) = +\Delta S. \tag{3.17}$$

Die Entropieänderung beim Schmelzen von 1.016 *g* Eis besitzt demnach den gleichen Betrag und das umgekehrte Vorzeichen wie die Entropieänderung beim Entsalzen von 1001 *g* Salzwasser. Die Entropie des zusammengesetzten Systems im Anfangszustand $Z_1 = (X_1, Y_1)$ (Salzwasser und Eiswürfel) und im Endzustand $Z_2 = (X_2, Y_2)$ (entsalztes Wasser, Salz, geschmolzenes Eis) können wir unter Ausnutzung der Additivitätseigenschaft der Entropie in der Form $S(Z_1) = S(X_1) + S(Y_1)$ und $S(Z_2) = S(X_2) + S(Y_2)$ ausdrücken. Die Änderung der Gesamtentropie, die wir durch Addition der Gleichungen (3.16) und (3.17) berechnen, beträgt demzufolge

$$S(Z_2) - S(Z_1) = 0. \tag{3.18}$$

Die Entropieabnahme beim Entsalzen kompensiert offensichtlich die Entropiezunahme beim Schmelzen; Anfangs- und Endzustand besitzen die gleiche Entropie. Gemäß dem Entropieprinzip folgt daraus

$$Z_1 \overset{A}{\sim} Z_2. \tag{3.19}$$

Anfangs- und Endzustand des zusammengesetzten Systems sind somit adiabatisch äquivalent. Damit haben wir bewiesen, dass es (wegen $Z_1 \prec Z_2$) unter Zuhilfenahme eines Eiswürfels im Prinzip möglich ist, Salzwasser adiabatisch zu entsalzen. Umgekehrt ist es (wegen $Z_2 \prec Z_1$) übrigens auch möglich, Wasser adiabatisch in einen Eiswürfel zu verwandeln, wenn man gleichzeitig Wasser und Salz miteinander mischt. Diese Aussagen gehen weit über unsere physikalische Intuition hinaus, denn wir besitzen keine Vorstellung darüber, wie eine Apparatur beschaffen sein sollte, die die genannten Prozesse ausführt.

Es ist eine bemerkenswerte Konsequenz aus der Additivität der Entropie, dass die Kenntnis der Entropien der Einzelsysteme Salzwasser und Eis ausreicht, um die Erreichbarkeit aller Endzustände des zusammengesetzten Systems zu analysieren. Man beachte, dass wir keinerlei Annahmen darüber getroffen haben, auf welche Weise das Salzwasser und das Eis miteinander wechselwirken. Die Entropie verknüpft über das unsichtbare Band des Energieaustausches verschiedenste Systeme miteinander. Ähnliches gilt übrigens für den in Abschnitt 1.2 definierten Wert.

Die im Entropieprinzip auftauchende Eigenschaft der Extensivität ist eng mit der Additivität verwandt. Für rationale Werte des Skalierungsparameters t sind die Bedingungen der Additivität und der Extensivität mathematisch äquivalent. Für irrationale Werte von t sind sie hingegen nicht völlig identisch – eine mathematische Feinheit, auf die wir nicht näher eingehen wollen, und die auf unsere Betrachtungen keinen Einfluss hat.

Bevor wir uns der dritten Eigenschaft – der Konkavität – zuwenden, wollen wir kurz auf die wichtige Frage nach der Eindeutigkeit der Entropie eingehen. Könnte man statt $S(X)$ nicht ebensogut jede andere monotone Funktion wie zum Beispiel $S^2(X)$ oder $\exp[S(X)]$ als Entropie betrachten? Dies ist nicht der Fall, denn eine solche Funktion wäre zwar monoton, aber nicht additiv und nicht extensiv. Das lässt sich anhand einer fiktiven Substanz nachweisen, deren Entropie durch die hypothetische Formel $S(U,V) = a \cdot (UV)^{1/2}$ mit einer masseunabhängigen

Konstante a gegeben sei. Die so gewählte Entropiefunktion ist offenbar extensiv, denn es gilt $S(tU,tV) = tS(U,V)$. Gehen wir hingegen zu einer neuen Entropie $S'(U,V) = S^2(U,V)$ über, dann bricht wegen $S'(tU,tV) = t^2a^2UV = t^2S'(U,V) \neq tS'(U,V)$ die Extensivität zusammen. Damit haben wir uns plausibel gemacht, warum die Entropie bis auf die in Abschnitt 3.1 erwähnten Normierungskonstanten für ein gegebenes System eindeutig bestimmt ist.

C – Konkavität

Die bisher diskutierten Eigenschaften der Entropie – Monotonie, Addivität, Extensivität – sind unabhängig von den geometrischen Eigenschaften des Zustandsraumes, in dem X, Y und Z liegen. Die Erläuterung der Konkavität*, die für die Temperaturdefinition eine entscheidende Rolle spielt, erfordert nun eine explizite Einführung von Koordinaten. Wir wollen den Fall eines in Abschnitt 2.5 definierten einfachen Systems untersuchen, dessen Zustand durch den zweidimensionalen Vektor $X = (U,V)$ beschrieben wird.

Für eine Funktion $f(x)$ einer Variable sind Konkavität und Konvexität leicht zu überschauen. $f(x)$ ist konkav, wenn, wie in Abbildung 3.8a dargestellt, die Verbindungsgerade zwischen zwei beliebigen Punkten x_0 und x_1 unterhalb von $f(x)$ liegt. Im entgegengesetzten Fall, der in Abbildung 3.8b illustriert ist, spricht man von einer konvexen Funktion. Das Entropieprinzip besagt, dass die Entropie eine konkave Funktion der Zustandskoordinaten ist.

Um den physikalischen Inhalt der unanschaulichen Formel $S(tX + (1-t)Y) \geq tS(X) + (1-t)S(Y)$ zu verstehen, legen wir zunächst fest, dass $X = (U_x,V)$ und $Y = (U_y,V)$ zwei

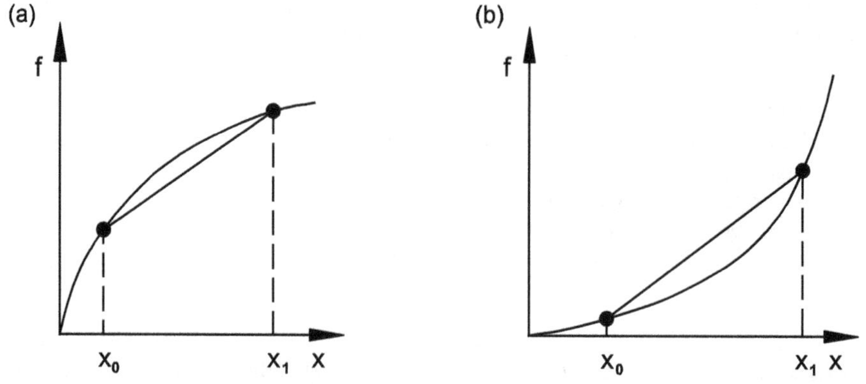

Abbildung 3.8 – Konkave und konvexe Funktionen: (a) Beispiel für eine konkave und (b) für eine konvexe Funktion einer Variablen. Die Entropie eines einfachen Systems ist eine konkave Funktion der inneren Energie und besitzt deshalb qualitativ die in (a) skizzierte Form. Die innere Energie als Funktion der Entropie ist eine konvexe Funktion (vgl. Abschnitt 4.6) so wie in (b) dargestellt. Ist eine Funktion $f(x)$ zweimal stetig differenzierbar, so lauten die Bedingungen für Konkavität $d^2f/dx^2 < 0$ und für Konvexität $d^2f/dx^2 > 0$.

*Die Konkavität der Entropie sollte nicht mit der konvexen Kombinierbarkeit aus Abschnitt 2.6E verwechselt werden.

Zustände von 1 *kg* flüssigem Wasser mit gleichen Volumina aber verschiedenen inneren Energien sein sollen. Weiterhin wollen wir vereinbaren, dass die Entropien der Zustände X und Y die Werte S_x beziehungsweise S_y besitzen. Ferner konzentrieren wir uns auf den Fall $t = 1/2$. Die Aussage, die Entropie sei konkav, ist gleichbedeutend mit der Aussage, dass die Verschmelzung von 1/2 *kg* Wasser im Zustand X mit der Entropie $S_x/2$ und von 1/2 *kg* Wasser im Zustand Y mit der Entropie $S_y/2$ zu einem neuen System, bestehend aus 1 *kg* Wasser im Zustand $Z = X/2 + Y/2 = (U_x/2 + U_y/2, V)$, eine adiabatische Zustandsänderung darstellt. Die Entropie dieses neuen Systems $S(X/2 + Y/2)$ muss demzufolge größer sein als die Summe der Entropien der Teilsysteme vor der Verschmelzung. Für allgemeine Werte des Skalierungsparameters t innerhalb des zugelassenen Intervalls $0 \leq t \leq 1$ muss die Entropie als Funktion von U die gleiche Struktur haben wie die Funktion $f(x)$ in Abbildung 3.8a.

4 Allgemeingültige Schlussfolgerungen

Im Ergebnis des vorangegangenen Kapitels haben wir festgestellt, dass jedes thermodynamische System durch eine monotone, additive und konkave Entropiefunktion $S(X)$ des Zustandsvektors X charakterisiert ist. Im Falle eines einfachen Systems mit einer Energiekoordinate U und einer Arbeitskoordinate V, welches den Elementarbaustein der Thermodynamik verkörpert, stellt die Entropie $S(U,V)$ eine relle Funktion zweier Variablen dar. Wir setzen uns im vorliegenden Kapitel das Ziel, allgemeingültige physikalische Aussagen herzuleiten, die unabhängig von der speziellen Form der Funktion $S(U,V)$ sind. Im Kapitel 5 werden wir diese Erkenntnisse dann auf konkrete Systeme anwenden.

4.1 Irreversible und reversible Zustandsänderungen

Irreversibilität und *Reversibilität* werden häufig als Grundbegriffe der Thermodynamik angesehen, auf denen die Definition der Entropie aufbaut. Diese Auffassung ist jedoch nicht richtig. Zutreffend ist vielmehr das Gegenteil: Adiabatische Erreichbarkeit und Entropie bilden die Grundkonzepte der Thermodynamik. Sie versetzen uns in die Lage, irreversible und reversible Zustandsänderungen zu definieren.

Wir wollen eine Zustandsänderung eines thermodynamischen Systems als irreversibel bezeichnen, wenn es unmöglich ist, das System *und seine Umgebung* aus dem Endzustand in den Ausgangszustand zurückzuversetzen. Ist die Rückkehr für System und Umgebung hingegen möglich, sprechen wir von einer reversiblen Zustandsänderung. Wie können wir diese unscharfe Beschreibung in die präzise Sprache der Mathematik übersetzen?

Wie wäre es etwa mit folgender naheliegenden Definition? Ein Übergang aus dem Zustand X mit der Entropie $S(X)$ in den Zustand Y mit der Entropie $S(Y)$ heißt irreversibel, wenn $S(X) < S(Y)$ und reversibel, wenn $S(X) = S(Y)$ gilt. Eine solche Definition ist aus zwei Gründen nicht sinnvoll. Erstens lässt sie die Frage offen, wie man im Fall $S(X) > S(Y)$ (abnehmende Entropie) zwischen irreversibler und reversibler Zustandsänderung unterscheiden soll. Zweitens findet die Umgebung des Systems bei dieser Definition keine Berücksichtigung.

Wie schwerwiegend der zweite Mangel ist, zeigt schon ein so einfaches Beispiel wie das Schmelzen eines Eiswürfels. Zwar nimmt die Entropie des Eiswürfels bei der Umwandlung in den flüssigen Aggregatzustand zu, doch daraus auf einen irreversiblen Prozess zu schließen, wäre voreilig. Schmilzt der Eiswürfel durch Energiezufuhr in einem Mikrowellengerät, wie in Abbildung 2.1a dargestellt, handelt es sich tatsächlich um einen irreversiblen Prozess. Dies kommt in der Beziehung $X \prec\prec Y$ zum Ausdruck, die wir in Abschnitt 2.3 für diese Zustandsänderung herausgearbeitet hatten. (Zur Erinnerung: $X \prec\prec Y$ bedeutet, dass es unmöglich ist, Y in X zu überführen, ohne in der Umgebung eine andere Spur als das Heben oder Senken eines Gewichts zu hinterlassen.) Schmilzt der Eiswürfel hingegen im Ergebnis eines Energieaustausches mit heißem Wasser, der durch eine ideale Wärmekraftmaschine wie in Abbildung 2.1c (siehe auch Abbildung 3.3a, Fall c) vermittelt wird, so ist der Schmelzprozess reversibel! Beziehen wir nämlich die Umgebung – das heiße Wasser im Anfangszustand X_u und im Endzustand Y_u – in die Betrachtung ein, so kommen wir zu dem Schluss $(X,X_u) \stackrel{A}{\sim} (Y,Y_u)$. Die adiabatische Äquivalenz drückt aus, dass das aus Eiswürfeln und deren Umgebung (heißes Wasser) bestehende zusammengesetzte System durch Heben und Senken eines Gewichts beliebig zwischen Anfangs- und Endzustand hin und her wechseln kann und diese Zustandsänderungen somit reversibel sind. Die soeben angestellten Überlegungen zeigen uns, dass aus dem Anwachsen der Entropie beim Schmelzen eines Eiswürfels nicht automatisch auf eine irreversible Zustandsänderung geschlossen werden darf. Eine eindeutige Definition irreversibler und reversibler Zustandsänderungen auf alleiniger Grundlage der Zustände eines Systems ist mithin nicht möglich.

Eine sinnvolle mathematische Definition muss sowohl das betreffende System als auch seine Umgebung berücksichtigen. Sie muss ferner auf dem Begriff der adiabatischen Erreichbarkeit aufbauen. Der korrekte Gedankengang verläuft so: Sind System und Umgebung im Anfangszustand (X,X_u) und im Endzustand (Y,Y_u) adiabatisch äquivalent, so lässt sich die Zustandsänderung gemäß der Definition der adiabatischen Erreichbarkeit durch Heben oder Senken eines Gewichts rückgängig machen. Dann handelt es sich offensichtlich um eine reversible Zustandsänderung. Ihr mathematisches Merkmal ist gemäß dem Entropieprinzip $S(X,X_u) = S(Y,Y_u)$. Umgekehrt ist eine irreversible Zustandsänderung offenbar durch $(X,X_u) \prec\prec (Y,Y_u)$ charakterisiert. Auf Grund des Entropieprinzips ist diese Bedingung äquivalent zu $S(X,X_u) < S(Y,Y_u)$. Der Fall abnehmender Entropie $S(X,X_u) > S(Y,Y_u)$ kann nicht vorkommen. Denn das aus dem betrachteten System und seiner Umgebung bestehende Gesamtsystem vollführt stets eine adiabatische Zustandsänderung, bei der die Entropie gemäß dem Entropiesatz nicht kleiner werden kann. Dies führt uns zu der wichtigen Aussage, dass die Begriffe Irreversibilität und Reversibilität nur auf adiabatische Zustandsänderungen anwendbar sind. Dann können wir die Zustände (X,X_u) und (Y,Y_u) des Gesamtsystems ebensogut auch in der Kurzform X und Y schreiben und unsere gesuchten Definitionen wie folgt formulieren:

Irreversible Zustandsänderung: Eine adiabatische Zustandsänderung eines thermodynamischen Systems mit dem Anfangszustand X und dem Endzustand Y heißt irreversibel, wenn sich die Entropie des Systems vergrößert, das heißt $S(X) < S(Y)$.

Reversible Zustandsänderung: Eine adiabatische Zustandsänderung eines thermodynamischen Systems mit dem Anfangszustand X und dem Endzustand Y heißt reversibel, wenn die Entropie des Systems konstant bleibt, das heißt $S(X) = S(Y)$.

Mit diesen beiden Definitionen haben wir die Begriffe Irreversibilität und Reversibilität auf eine solide mathematische Basis gestellt. Wir wollen uns die Sinnfälligkeit dieser beiden Definitionen nun anhand einiger Beispiele aus dem Alltagsleben veranschaulichen. Beginnen wir mit dem in Abschnitt 1.1 erwähnten Stein, der in einen Brunnen fällt. Die potenzielle Energie des Steins hat sich nach seiner Landung im Wasser verringert. Die innere Energie des Brunnenwassers hat sich um den gleichen Betrag vergrößert, was zu einer geringfügigen Erhöhung der Wassertemperatur führt. Das thermodynamische System „Brunnenwasser" hat somit eine adiabatische Zustandsänderung durchlaufen, denn die Höhenänderung des Steins im Schwerefeld der Erde ist die einzige Änderung außerhalb des Systems (vgl. die Definition der Begriffe adiabatische Erreichbarkeit und adiabatische Zustandsänderung in Abschnitt 2.3). Gemäß dem Entropieprinzip ist die Entropie des Brunnenwassers eine monoton wachsende Funktion seiner inneren Energie. Da sich Letztere erhöht hat, muss die Entropie angewachsen sein. Somit handelt es sich beim Fall eines Steins in einen Brunnen um eine irreversible adiabatische Zustandsänderung. Die Aussage des Entropiesatzes, dass sich die Entropie bei einer adiabatischen Zustandsänderung nicht verkleinern kann, findet nunmehr ihre Entsprechung in unserer Alltagserfahrung, derzufolge sich Brunnenwasser nicht spontan abkühlen und dadurch einen Stein in den Himmel schleudern kann.

Ein weiteres Beispiel für eine irreversible Zustandsänderung ist der in Abbildung 2.1b dargestellte Vorgang des Temperaturausgleichs zwischen zwei Körpern. Hier haben wir es mit einem zusammengesetzten thermodynamischen System zu tun, welches zu Beginn aus dem kalten und dem heißen Körper und am Ende aus den beiden gleich warmen Körpern besteht. Beim Ausgleichsprozess handelt es sich um eine adiabatische Zustandsänderung, denn außerhalb des Systems hinterlässt der Vorgang keinerlei Spuren. Der heiße Körper verringert seine innere Energie um den Betrag ΔU, während der kalte Körper seine innere Energie um ΔU vergrößert. Auf Grund der Konkavität der Entropie, die wir in Abschnitt 4.3 noch genauer beleuchten werden, übersteigt der Entropiezuwachs des sich erwärmenden Körpers den Entropieverlust des sich abkühlenden Körpers, so dass die Entropie des Gesamtsystems ansteigt. Das im Entropiesatz ausgedrückte Verbot adiabatischer Zustandsänderungen mit abnehmender Entropie spiegelt sich beim vorliegenden Beispiel in der Erfahrung wider, dass bei zwei in Kontakt befindlichen Körpern Energie nicht spontan vom kalten auf den heißen Körper übertragen werden kann.

Als drittes Beispiel betrachten wir die in Abbildung 2.2a und b skizzierte Kompression eines Gases. Die Hebevorrichtung möge reibungsfrei arbeiten und der Deckel reibungsfrei gleiten, so dass wir es mit einer adiabatischen Zustandsänderung zu tun haben. Würden wir die Entropien vom Anfangszustand X und vom Endzustand Y bestimmen – wie dies geschieht, werden wir in Abschnitt 4.7 erläutern –, so kämen wir zu dem Schluss, dass im Allgemeinen $S(X) < S(Y)$ gilt und die Zustandsänderung somit irreversibel ist. Die Ursache für den irreversiblen Charakter dieses Vorganges liegt darin, dass der Deckel während seiner Bewegung Strömungen im Gas erzeugt, deren kinetische Energie allmählich durch innere Reibung abklingt und sich nach Erreichen des thermodynamischen Gleichgewichtszustandes Y in einer höheren inneren Energie niederschlägt als dies bei einem sehr langsam ablaufenden Kompressionsvorgang der Fall wäre. Könnten wir den Verdichtungsvorgang unendlich langsam ablaufen lassen, so gäbe es im Gas keine innere Reibung und wir erhielten wegen $S(X) = S(Y)$ eine reversible Zustandsänderung. Dieses Beispiel zeigt, dass es sich bei reversiblen Zustandsänderungen um idealisierte Grenzfälle realer Vorgänge handelt.

Durch Einführung der Entropie ist es uns gelungen, eine scharfe Grenze zwischen irreversiblen und reversiblen Zustandsänderungen zu ziehen. Die Entscheidung, in welche der beiden Klassen eine bestimmte Zustandsänderung gehört, hat sich damit aus einem Thema metaphysischer Spekulation in einen Gegenstand nüchterner mathematischer Berechnung verwandelt. Auch erlaubt die Entropie, thermodynamische Irreversibilität von anderen Formen der Irreversibilität sowie von subjektiven Wahrnehmungen abzugrenzen. Die Zerstörung eines fabrikneuen Autos in einer Schrottpresse mag uns intuitiv als der Inbegriff eines irreversiblen Prozesses erscheinen. Thermodynamisch handelt es sich jedoch weder um einen irreversiblen, noch um einen reversiblen Prozess, weil ein PKW nicht skalierbar ist und deshalb strenggenommen kein thermodynamisches System im Sinne unserer Begriffsbestimmung aus Abschnitt 2.1 verkörpert.

Das Zerbrechen einer Freundschaft, der Verlust eines Vermögens beim Glücksspiel oder das Altern eines Menschen sind unumkehrbar; doch es sind keine irreversiblen Prozesse im Sinne der Thermodynamik, da „Freundschaft", „Vermögen" und „Mensch" ebenfalls keine thermodynamischen Systeme in Sinne unserer Definition sind, für die sich eine Entropie definieren ließe.

Zuletzt sei vor dem beliebten Beispiel des stetigen Entropiezuwachses im Büro eines unordentlichen Professors gewarnt. Betrachtet man das Büro der Einfachheit halber als ein aus $500\,kg$ Papier und $50\,kg$ Luft zusammengesetztes thermodynamisches System, so ist seine Entropie von der Anordnung der Teilsysteme – der einzelnen losen Blätter – gänzlich unabhängig. Die mit der Zeit anwachsende Unordnung im Professorenstübchen ist somit – zumindest im Sinne der Thermodynamik – kein irreversibler Prozess.

4.2 Thermisches Gleichgewicht und Temperatur

Bei der Formulierung des Entropieprinzips haben wir keinen Gebrauch von den Begriffen Temperatur und Wärme gemacht. Nicht einmal Worte wie *kalt* und *heiß* mussten wir für die Definition der Entropie heranziehen. Wir haben all diese Begriffe weitgehend vermieden, weil sie für die Formulierung des Entropieprinzips unnötig und einem klaren Verständnis der zentralen Rolle der Entropie abträglich sind. „Die Temperatur ist nicht Prolog, sondern Epilog der Thermodynamik!" (Lieb & Yngvason 1999). Dies wollen wir im vorliegenden und im nächsten Abschnitt verdeutlichen.

Wir betrachten zwei einfache Systeme mit je einer Energie- und Arbeitskoordinate, die durch die Entropiefunktionen $S_1(X_1)$ und $S_2(X_2)$ beschrieben werden. Zunächst möge sich jedes der beiden Systeme in einem Gleichgewichtszustand befinden und beide, wie in Abbildung 4.1a dargestellt, zusammen mit einem Kupferdraht in einem Behälter eingesperrt sein. Zur besseren Veranschaulichung legen wir fest, dass im Anfangszustand $X_1 = (U_1, V_1)$ $2\,kg$ Eis und $X_2 = (U_2, V_2)$ $1\,kg$ flüssiges Blei bei Normaldruck vorliegen. Wir definieren nun ein neues thermodynamisches System, den *thermischen Verbund*. Diesen können wir uns bildlich als Verknüpfung der beiden Teilsysteme mittels des in Abbildung 4.1 dargestellten Kupferdrahtes vorstellen. Die mathematische Definition des thermischen Verbundes macht von solch speziellen Bildern wie „Eis", „Blei" und „Kupferdraht" natürlich keinen Gebrauch und lautet wie folgt:

Thermischer Verbund: Der thermische Verbund zweier einfacher Systeme mit den Zustandsvektoren $X_1 = (U_1, V_1)$ und $X_2 = (U_2, V_2)$ ist das einfache System mit dem Zustandsvektor $Y = (U, V_1, V_2)$, welches dadurch gekennzeichnet ist, dass die beiden Teilsysteme ohne Änderung der Arbeitskoordinaten miteinander Energie austauschen können. Dabei bleibt die innere Energie des Gesamtsystems $U = U_1 + U_2$ konstant.

Die Vereinigung zweier Systeme zu einem thermischen Verbund und der daraufhin einsetzende Ausgleichsprozess sind gemäß unserer Definition der adiabatischen Erreichbarkeit aus Abschnitt 2.3 adiabatische Zustandsänderungen. Sie besitzen die besondere Eigenschaft, dass sie nicht mit Verrichtung von Arbeit verbunden sind. Zwar erfolgt über den Kupferdraht eine Umverteilung der Energien der einzelnen Systeme, doch die innere Energie U des Gesamtsystems bleibt konstant. Dieser Ausgleichsprozess ist im Allgemeinen irreversibel. Auch ohne detaillierte Entropieberechnung ist uns anschaulich klar, dass bald nach dem Anbringen des Kupferdrahtes das Eis zu schmelzen und das Blei zu erstarren beginnen, wodurch die Entropie wächst.

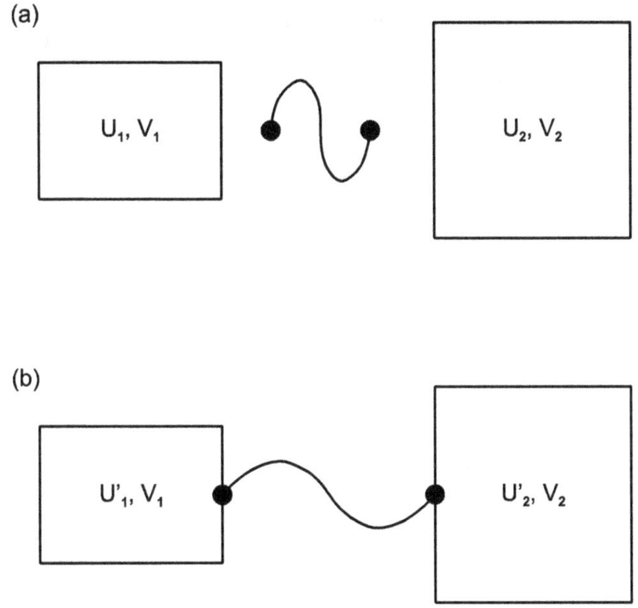

Abbildung 4.1 – Thermischer Verbund: Zwei einfache Systeme (a) werden durch einen Kupferdraht zu einem thermischen Verbund (b) zusammengefasst. Bei der Bildung des thermischen Verbundes tauschen die Systeme nur miteinander, jedoch nicht mit der Umgebung Energie aus. Mithin gilt $U_1 + U_2 = U_1' + U_2'$. Der Ausgleichsprozess dauert so lange, bis sich der thermische Verbund in einem Gleichgewichtszustand befindet. Man beachte, dass der thermische Verbund ein einfaches System ist, denn er besitzt nur eine Energiekoordinate $U = U_1' + U_2'$.

Damit wird deutlich, dass die Bildung eines thermischen Verbundes in der Regel mit Entropieproduktion verbunden ist. Von dieser Regel gibt es allerdings eine Ausnahme: Tauschen die beiden Systeme trotz ihrer Vereinigung zum thermischen Verbund keine Energie aus, so wird auch keine Entropie produziert. Dieser Fall ist von herausragender Bedeutung, denn er führt uns zur Definition des thermischen Gleichgewichts.

Wir betrachten die Familie aller Anfangszustände, bei denen die Summe der inneren Energien der beiden Einzelsysteme gleich einem vorgegebenen Wert der Gesamtenergie U ist. Dabei handelt es sich offensichtlich um unendlich viele Varianten, denn für jedes mögliche U_1 gibt es ein U_2, nämlich $U_2 = U - U_1$, so dass die Summe der inneren Energien der Teilsysteme gleich U ist. Der Anfangszustand „Eis und flüssiges Blei“ ist ebenso ein Mitglied dieser Familie wie der Zustand „heißes Wasser und festes Blei“. Welcher Anfangszustand führt nach Bildung des thermischen Verbundes nicht zu einem Energieaustausch? Gemäß dem Entropieprinzip kann nach der Bildung des thermischen Verbundes nur dann ein Ausgleichsprozess stattfinden, wenn die Gesamtentropie $S = S_1(U_1, V_1) + S_2(U_2, V_2)$ durch Umverteilung zwischen U_1 und U_2 anwachsen kann. Ist die Gesamtentropie für einen bestimmten Wert von U_1 (und den zugehörigen Wert $U_2 = U - U_1$) jedoch schon an ihrem Maximum angelangt, so lässt das Entropieprinzip keinerlei Spielraum für weiteres Entropiewachstum. In einem solchen Fall bleibt die Entropie nach der Bildung des thermischen Verbundes unverändert. Ausgangszustand und Endzustand sind adiabatisch äquivalent. Die Vereinigung der beiden Systeme bewirkt keinerlei Änderungen, so als hätten wir eine Kugel am tiefsten Punkt einer Mulde abgelegt und sie würde in Bewegungslosigkeit verharren. In Anlehnung an das mechanische Gleichgewicht einer solchen Kugel können wir bei zwei thermodynamischen Systemen, die sich nach Bildung eines thermischen Verbundes nicht mehr verändern, von einem thermischen Gleichgewicht sprechen. Dieses lässt sich mathematisch wie folgt definieren:

Thermisches Gleichgewicht: Zwei einfache Systeme in den Zuständen $X_1 = (U_1, V_1)$ und $X_2 = (U_2, V_2)$ sind miteinander im thermischen Gleichgewicht, geschrieben $X_1 \overset{T}{\sim} X_2$, wenn sie adiabatisch äquivalent zu ihrem thermischen Verbund $Y = (U_1 + U_2, V_1, V_2)$ sind, d.h. $(X_1, X_2) \overset{A}{\sim} Y$.

Welche besonderen Eigenschaften besitzt das thermische Gleichgewicht zweier Systeme? Befinden sich zwei Systeme im thermischen Gleichgewicht, dann können sie dieses spontan nicht mehr verlassen, da die Entropie des Systems für den gegebenen Wert von U bereits maximal ist. Um dieses Maximum zu bestimmen, berechnen wir die Entropieänderung, wenn das System bei konstant gehaltenen Arbeitskoordinaten durch Variation der Verteilung der inneren Energien auf die Teilsysteme aus seinem Gleichgewichtszustand ausgelenkt wird. Die Entropie des Gesamtsystems beträgt $S = S_1(U_1, V_1) + S_2(U_2, V_2)$. Verändern wir die inneren Energien um die infinitesimalen Beträge dU_1 und dU_2, so ändert sich die Entropie um den Wert

$$dS = \left(\frac{\partial S_1}{\partial U_1}\right)_{V_1} dU_1 + \left(\frac{\partial S_2}{\partial U_2}\right)_{V_2} dU_2 \qquad (4.1)$$

Die Indices an den Klammerausdrücken bringen zum Ausdruck, dass die partiellen Ableitungen bei konstant gehaltenen Volumina gebildet werden. Da $U = U_1 + U_2$ konstant ist, können wir die inneren Energien der beiden Teilsysteme nicht unabhängig voneinander variieren. Sie müssen vielmehr der Energieerhaltungsbedingung $dU_1 = -dU_2$ gehorchen. Damit geht Gleichung (4.1) in

$$dS = \left\{ \left(\frac{\partial S_1}{\partial U_1}\right)_{V_1} - \left(\frac{\partial S_2}{\partial U_2}\right)_{V_2} \right\} dU_1 \qquad (4.2)$$

über. Damit S ein Maximum besitzt, muss dS für beliebige Werte von dU_1 gleich Null sein. Dies ist nur möglich, wenn der Ausdruck innerhalb der geschweiften Klammern verschwindet. Die Bedingung hierfür lautet

$$\left(\frac{\partial S_1}{\partial U_1}\right)_{V_1} = \left(\frac{\partial S_2}{\partial U_2}\right)_{V_2}. \qquad (4.3)$$

Damit haben wir ein quantitatives Kriterium für das thermische Gleichgewicht zweier Systeme abgeleitet: Zwei Systeme befinden sich miteinander im thermischen Gleichgewicht, wenn ihre Werte von $(\partial S/\partial U)_V$ übereinstimmen.

Die Existenz einer skalaren Größe, die das thermische Gleichgewicht zweier Systeme quantifiziert, ist eine besonders wichtige Konsequenz aus dem Entropieprinzip. Diese Wichtigkeit legt es nahe, der gefundenen Größe einen besonderen Namen zu verleihen. Wir bezeichnen ihren Kehrwert als Temperatur T und definieren

$$T = \left(\frac{\partial S}{\partial U}\right)_V^{-1}. \tag{4.4}$$

In dieser abstrakten Form steht die Temperatur mit unseren Sinneserfahrungen in keinerlei Beziehung. Wir werden jedoch bei der Bestimmung des Wirkungsgrades von Wärmekraftmaschinen in Abschnitt 4.5 sehen, dass diese Größe tatsächlich der uns geläufigen Temperatur entspricht. Die Temperatur ist eine intensive Größe, da sie der Differenzialquotient zweier extensiver Größen ist. Befinden sich zwei Systeme in den Zuständen X_1 und X_2 miteinander im thermischen Gleichgewicht, wofür wir $X_1 \stackrel{T}{\sim} X_2$ schreiben, so gilt dies automatisch auch für die Zustände $\lambda_1 X_1$ und $\lambda_2 X_2$ der mit den Skalenfaktoren λ_1 und λ_2 vergrößerten oder verkleinerten Systeme. Die Gleichgewichtsbedingung $X_1 \stackrel{T}{\sim} X_2$ lässt sich nunmehr in der Form $T_1(X_1) = T_2(X_2)$ aufschreiben. Die durch Gleichung (4.4) definierte Temperatur besitzt die Dimension Energie/Entropie und damit die Einheit *Joule/Clausius*. Da jedoch historisch zuerst die Temperatur und erst später die Entropie definiert wurde, gilt die Temperatureinheit Kelvin als primäre Größe, deren Wert am Tripelpunkt des Wassers als $T = 273.16\,K$ festgelegt worden ist. Diese Konvention hat zur Folge, dass die Entropieeinheit Clausius im SI-System durch $1\,Cl = 4.1868\,J/K$ gegeben ist. Für eine ausführliche Diskussion der Temperatur- und Entropieeinheiten verweisen wir auf Lehrbücher der Thermodynamik, zum Beispiel Moran & Shapiro 1995. Die gewonnenen Aussagen können wir nun in der folgenden Temperaturdefinition zusammenfassen.

Temperatur: Jedem einfachen thermodynamischen System mit der Entropie $S(U,V)$ lässt sich eine Temperatur $T = (\partial S/\partial U)_V^{-1}$ zuordnen. Die Temperatur ist eine intensive Größe. Zwei Systeme sind genau dann im thermischen Gleichgewicht, wenn ihre Temperaturen übereinstimmen.

Die Äquivalenzrelation $\stackrel{T}{\sim}$ ist transitiv, weil sie auf einen Vergleich von Temperaturen zurückgeführt worden ist. Gilt $X \stackrel{T}{\sim} Y$ und $X \stackrel{T}{\sim} Z$, dann gilt auch $Y \stackrel{T}{\sim} Z$. Ferner ist die Temperatur eine monoton wachsende Funktion der inneren Energie. Der Beweis dieses wichtigen Satzes übersteigt jedoch den Rahmen unserer Betrachtungen und soll deshalb hier nicht wiedergegeben werden.

Die Aussage über die Existenz der Temperatur wird zuweilen als Nullter Hauptsatz der Thermodynamik bezeichnet. Dadurch entsteht der Eindruck, sie würde eine Grundannahme der Thermodynamik verkörpern. Wie wir gesehen haben, ist die Existenz der Temperatur jedoch eine Konsequenz des Entropieprinzips und nicht umgekehrt.

4.3 Wärme und Wärmestrom

A – Ein Erbstück aus der Frühgeschichte der Thermodynamik

„Noch nie hat ein Mensch *Wärme* zu Gesicht bekommen; niemals wird er sie je sehen, riechen oder spüren können.“ Dieser polemische Satz von Elliott Lieb und Jakob Yngvason (Lieb & Yngvason 1999) besitzt einen tiefsinnigen Kern. Der Begriff der Wärme ist beim Erlernen der Grundlagen der Thermodynamik im Physikunterricht zweifellos ebenso unabdingbar wie die Begriffe Spule, Kondensator und Hufeisenmagnet beim Einstieg in die Elektrodynamik. Gleichwohl macht die mathematische Formulierung der Elektrodynamik in Gestalt der

Maxwell-Gleichungen von den letztgenannten Begriffen keinerlei Gebrauch, sondern fußt auf den Grundgrößen elektrisches Feld, Magnetfeld, Ladung und elektrische Stromdichte, die durch partielle Differenzialgleichungen miteinander verknüpft sind. Eine eindeutige mathematische Definition des Begriffes Hufeisenmagnet ist dabei weder möglich noch notwendig. Ebenso ist es im Rahmen einer strengen mathematischen Formulierung der Thermodynamik nicht möglich und auch nicht nötig, den Begriff der Wärme exakt zu definieren. Die Grundgrößen innere Energie und Entropie sowie die abgeleitete Größe Temperatur verkörpern zusammen mit dem Entropieprinzip das vollständige Handwerkszeug der Thermodynamik, mit dem sich alle einschlägigen Probleme lösen lassen. Wärme ist dabei im Prinzip überflüssig. Sie ist ein Erbstück aus der Frühgeschichte der Thermodynamik, welches man sparsam verwenden sollte. Gleichwohl spielt der Begriff der Wärme sowohl in unserem täglichen Sprachgebrauch als auch im Wortschatz des natur- und ingenieurwissenschaftlichen Schrifttums eine wichtige Rolle. Aus diesem Grund wollen wir ihn im Folgenden zu den genannten Grundgrößen der Thermodynamik in Beziehung setzen.

Zunächst wollen wir uns durch Betrachtung eines mit Gas gefüllten Behälters mit variablem Volumen von der Unmöglichkeit einer willkürfreien Wärmedefinition überzeugen. Wir betrachten hierzu eine Zustandsänderung, die im Zustand $X = (U,V)$ beginnt und im Zustand $Y = (U + \Delta U, V)$ endet. Sie bestehe darin, dass wir das Volumen des Gases durch schnelles Hin- und Herbewegen eines Kolbens zeitweilig verändern, anschließend den Kolben in seinen Anfangszustand zurückführen und abwarten, bis sich das Gas wieder in Ruhe befindet. Da wir diese Zustandsänderung auf rein mechanischem Wege, nämlich durch Variation der Arbeitskoordinate V, bewerkstelligt haben, können wir mit Fug und Recht sagen, dass an dem System die Arbeit W verrichtet worden sei. Die innere Energie des Gases hat sich dann um den Betrag $\Delta U = W$ vergrößert. Ebensogut hätte man aber auch argumentieren können, die zugeführte Arbeit hätte sich durch innere Reibung in Wärme umgewandelt. Dann müssten wir die Änderung der inneren Energie als Wärmezufuhr $\Delta U = Q$ interpretieren. Wir stehen also vor einer Situation, in der wir nicht wissen, ob wir ΔU als Arbeit oder Wärme interpretieren sollen. Dieses Beispiel verdeutlicht, dass es im allgemeinen Fall, bei dem sich ein thermodynamisches System während einer Zustandsänderung nicht im thermodynamischen Gleichgewicht befindet, unmöglich ist, den Begriff Wärme eindeutig zu definieren.

B – Wärme bei beliebigen Zustandsänderungen

Will man für den allgemeinen Fall, bei dem sich ein System während der Zustandsänderung nicht im thermodynamischen Gleichgewicht befindet, dennoch das Konzept der Wärme einführen, so muss man die Umgebung des Systems in die Betrachtung einbeziehen. Bei einer adiabatischen Zustandsänderung unterscheiden sich Anfangs- und Endzustand der Umgebung nur dadurch, dass ein Gewicht der Masse m seine Lage im Schwerefeld der Erde um z verringert hat. Die dabei am System verrichtete Arbeit $W = mgz$ (g = Schwerebeschleunigung) führt dazu, dass sich die innere Energie des Systems gemäß

$$U_2 - U_1 = W \tag{4.5}$$

ändert, wobei U_1 und U_2 die inneren Energien des Systems vor beziehungsweise nach der Zustandsänderung sind. Demnach ist es sinnvoll, die bei einer adiabatischen Zustandsänderung in einem System beobachtete Änderung der inneren Energie als Arbeit zu interpretieren, selbst wenn sie wie im soeben besprochenen Beispiel mit innerer Reibung verbunden ist.

Wie sieht nun eine Zustandsänderung aus, bei der einem System ausschließlich Wärme zugeführt wird? Hierzu erinnern wir uns an den Begriff *Reservoir*, den wir in Abschnitt 2.5 eingeführt haben. Ein Reservoir ist ein einfaches System mit unveränderlicher Arbeitskoordinate, etwa ein Kupferblock oder ein gasgefüllter Druckbehälter, dessen einzige Variable seine innere Energie ist. Vergrößert sich die innere Energie eines Reservoirs um den Betrag Q, so sagen wir, das Reservoir hat die Wärme Q aufgenommen. Im gegenteiligen Fall sprechen wir von Wärmeabgabe. Damit sind wir in der Lage, den Begiff Wärme für die Zustandsänderung eines beliebigen thermodynamischen Systems wie folgt zu definieren.

Wärme: Geht ein thermodynamisches System aus einem Zustand mit der inneren Energie U_1 in einen Zustand mit der inneren Energie U_2 über und besteht die einzige Veränderung außerhalb des Systems darin, dass sich die innere Energie eines Reservoirs um Q verändert hat, dann bezeichnet man die Größe $Q = U_2 - U_1$ als die dem System zugeführte Wärme oder Wärmemenge.

Man beachte, dass diese Definition nicht auf einfache thermodynamische Systeme beschränkt ist. Im Falle eines zusammengesetzten Systems sind U_1 und U_2 als die Summen der inneren Energien der Teilsysteme zu interpretieren.

Haben wir es mit einer beliebigen Zusandsänderung zu tun, dann wird sich der Endzustand der Umgebung im Allgemeinen durch die Lageänderung eines Gewichts *und* durch die Zustandsänderung eines Reservoirs vom Anfangszustand unterscheiden. In diesem Fall besitzt die Energiebilanz die Form

$$U_2 - U_1 = W + Q. \tag{4.6}$$

Diese Formel wird als Erster Hauptsatz der Thermodynamik bezeichnet. Es sei allerdings mit Nachdruck darauf verwiesen, dass der tiefe physikalische Sinn des Ersten Hauptsatzes nicht in den Symbolen $W + Q$ oder im Begriff Wärme steckt. Er liegt vielmehr darin, dass die bei einer adiabatischen Zustandsänderung eines Systems verrichtete Arbeit unabhängig davon ist, auf welchem Wege die Zustandsänderung erfolgt. Diesen Umstand hatten wir bereits in Abschnitt 2.5 bei der Definition von Energie- und Arbeitskoordinaten hervorgehoben.

C – Wärme bei quasistatischen Zustandsänderungen

Wir kommen nun zur Behandlung eines wichtigen Sonderfalls, bei dem sich Arbeit und Wärme ohne Betrachtung der Umgebung eines Systems definieren lassen. Dabei handelt es sich um *quasistatische Zustandsänderungen* einfacher Systeme. Hierunter sind idealisierte Vorgänge zu verstehen, bei denen sich das System zu jedem Zeitpunkt im thermodynamischen Gleichgewicht befindet. Würden wir beispielsweise einen Kubikmeter Luft jeden Tag um einen Kubikmillimeter zusammendrücken, so hätten wir es in sehr guter Näherung mit einer quasistatischen Zustandsänderung zu tun. (Allerdings würde eine Halbierung des Volumens auf diesem Wege über eine Million Jahre dauern.) Während bei einer allgemeinen Zustandsänderung nur Anfangspunkt $X_1 = (U_1, V_1)$ und Endpunkt $X_2 = (U_2, V_2)$ Gleichgewichtszustände sind und als isolierte Punkte im Zustandsraum auftauchen, bilden die Zustände bei einer quasistatischen Zustandsänderung eine Kurve, die Anfangs- und Endpunkt im Zustandsraum miteinander verbindet. Somit können wir bei einer quasistatischen Zustandsänderung S, U und V als kontinuierlich veränderliche Größen betrachten.

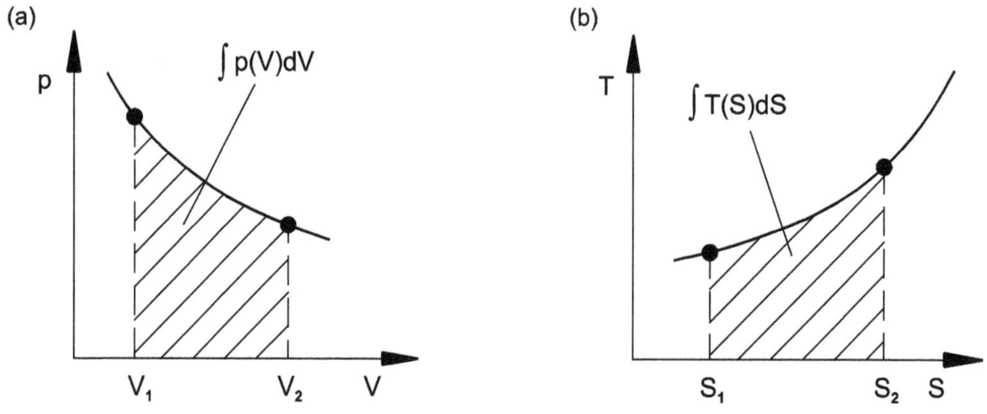

Abbildung 4.2 – Arbeit und Wärme bei quasistatischen Zustandsänderungen: Geometrische Interpretation der während einer quasistatischen Zustandsänderung an einem System verrichteten Arbeit (a) sowie der zwischen dem System und seiner Umgebung ausgetauschten Wärme (b) als Fläche unter der p-V- beziehungsweise T-S-Kurve.

Um die quasistatische Zustandsänderung eines einfachen Systems mit einer Arbeitskoordinate vollständig zu beschreiben, muss man den Zustandsvektor in der Form $X(\tau) = (U(\tau), V(\tau))$ als Funktion eines dimensionslosen Kurvenparameters τ mit $0 \leq \tau \leq 1$ angeben. Ferner muss $X(0) = X_1$ und $X(1) = X_2$ gelten. Daraus kann $S(\tau)$ berechnet werden. Alternativ zur Einführung des Parameters τ kann man auch eine Größe, zum Beispiel U, als Variable herausgreifen und die anderen beiden Größen in der Form $V(U)$ und $S(U)$ ausdrücken.

Zuerst definieren wir Arbeit, indem wir eine isentrope Zustandsänderung, das heißt eine Zustandsänderung mit konstanter Entropie, betrachten. Hierbei hängt U nur noch von V ab und ändert sich bei einer infinitesimal kleinen Variation dieser Größe um

$$dU = \left(\frac{\partial U}{\partial V}\right)_S dV. \tag{4.7}$$

Die Größe

$$p = -\left(\frac{\partial U}{\partial V}\right)_S \tag{4.8}$$

bezeichnen wir als *verallgemeinerten Druck*. Die durch Integration von Gleichung (4.7) berechenbare Änderung der inneren Energie

$$U_2 - U_1 = -\int_{X_1}^{X_2} p\,dV \tag{4.9}$$

ist gleich der am System verrichteten Arbeit W. Bei der Interpretation dieses Ausdruckes ist Sorgfalt geboten. Der Druck hängt vom Zustand X und somit vom Kurvenparameter τ ab. Die symbolische Schreibweise $p\,dV$ ist deshalb als Abkürzung für $p(U(\tau), V(\tau))dV(\tau)$ aufzufassen. Das Integral in Gleichung (4.9) ist dann als das Linienintegral $W = -\int p(U(\tau), V(\tau))(dV/d\tau)d\tau$

zu interpretieren. Im Fall einer kompressiblen Substanz ist der verallgemeinerte Druck mit dem gewöhnlichen Druck identisch. Dann lässt sich Gleichung (4.9) als mechanische Kompressionsarbeit interpretieren, wie es in einführenden Lehrbüchern der Thermodynamik (siehe zum Beispiel Moran & Shapiro 1995) getan wird. Doch Gleichung (4.9) gilt für eine weitaus größere Klasse thermodynamischer Systeme wie zum Beispiel magnetische Materialien, bei denen die Magnetisierung die Rolle der Arbeitskoordinate spielt.

Wir definieren nun Wärme, indem wir isochore Zustandsänderungen, das heißt Zustandsänderungen mit konstantem Volumen betrachten. Hierbei hängt U nur von S ab und ändert sich bei einer infinitesimal kleinen Variation der Entropie um

$$dU = \left(\frac{\partial U}{\partial S}\right)_V dS. \tag{4.10}$$

Die Größe

$$T = \left(\frac{\partial U}{\partial S}\right)_V \tag{4.11}$$

hatten wir bereits in Abschnitt 4.2 als Temperatur definiert. Die durch Integration von Gleichung (4.10) berechnete Änderung der inneren Energie

$$U_2 - U_1 = \int_{X_1}^{X_2} T\, dS \tag{4.12}$$

bezeichnen wir als Wärme und versehen sie mit dem Symbol Q. Auch hier ist das Integral als Abkürzung für $Q = \int T(U(\tau), V(\tau))(dS/d\tau)d\tau$ zu interpretieren.

Die Gleichungen (4.9) und (4.12) besitzen eine anschauliche geometrische Bedeutung, die in Abbildung 4.2 illustriert wird. Die bei einer quasistatischen Zustandsänderung verrichtete Arbeit ist gleich der Fläche unter der Funktion $p(V)$, während die dem System zugeführte Wärme der Fläche unter der Funktion $T(S)$ entspricht.

Um W und Q für beliebige quasistatische Prozesse zu definieren, berechnen wir zuerst die Änderung der inneren Energie

$$dU = \left(\frac{\partial U}{\partial S}\right)_V dS + \left(\frac{\partial U}{\partial V}\right)_S dV \tag{4.13}$$

die durch eine infinitesimale Variation von S und V hervorgerufen wird. Unter Verwendung der Relationen (4.8) und (4.11) können wir diese Beziehung in der Form

$$dU = T dS - p dV \tag{4.14}$$

aufschreiben. Diese Gleichung heißt *Gibbssche Fundamentalgleichung*. Integrieren wir diese Gleichung von $\tau = 0$ bis $\tau = 1$ und beachten $\int dU = U_2 - U_1$, so erhalten wir schließlich das allgemeine Resultat

$$U_2 - U_1 = Q + W, \tag{4.15}$$

welches wiederum den Ersten Hauptsatz der Thermodynamik verkörpert.

D – Wärmeübergang

Abschließend wollen wir auf den Wärmeübergang zwischen zwei Körpern eingehen, welcher häufig auch als Wärmeübertragung bezeichnet wird. Wir wollen den umgangssprachlichen Begriff *Körper* stellvertretend für den früher definierten Ausdruck Reservoir verwenden. Beim thermischen Kontakt zweier Körper wird Wärme immer vom Körper höherer zum Körper niederer Temperatur übertragen. Diese scheinbar triviale Feststellung können wir unter Zuhilfenahme unserer Wärmedefinition aus dem Entropieprinzip ableiten.

Hierzu betrachten wir zwei identische Körper, die sich zu Beginn einer Zustandsänderung in den Zuständen $X_1 = (U_1, V)$ und $X_2 = (U_2, V)$ befinden. Ohne Beschränkung der Allgemeinheit nehmen wir $U_1 > U_2$ an. Demzufolge gilt für die Anfangstemperaturen $T_1 > T_2$. Fügen wir die beiden Körper zu einem thermischen Verbund zusammen, so wird dieser nach genügend langer Zeit einen Gleichgewichtszustand erreichen. In diesem Zustand besitzen die Temperaturen beider Körper denselben Wert T, die innere Energie des Gesamtsystems ist gegenüber dem Anfangszustand unverändert, das heißt $U_1 + U_2 = U_1' + U_2'$, und die Gesamtentropie besitzt den für die gegebene Gesamtenergie maximal möglichen Wert. Da bei konstant gehaltener Arbeitskoordinate die Temperatur eine eindeutige und monoton wachsende Funktion der inneren Energie ist, folgt aus der Gleichheit der Temperaturen im Endzustand auch die Gleichheit der inneren Energien. (Zur Erinnerung: Diese Aussage gilt nur für zwei identische Körper!) Ihren Wert bezeichnen wir mit $U_1' = U_2' = U$. Die soeben besprochene Energieerhaltung nimmt damit die Form $U_1 + U_2 = 2U$ an. Daraus folgt $U = (U_1 + U_2)/2$, das heißt U ist gleich dem arithmetischen Mittelwert der beiden inneren Energien des Anfangszustandes. Somit liegt U stets zwischen U_1 und U_2, also gilt $U_1 > U > U_2$. Die Änderung der inneren Energie des heißen Körpers $U - U_1$ ist folglich immer negativ (der heiße Körper gibt Wärme ab), wohingegen die Änderung der inneren Energie des kalten Körpers $U - U_2$ stets positiv ist (der kalte Körper nimmt Wärme auf). Somit haben wir gezeigt, dass beim Kontakt zweier Körper immer Energie vom heißen auf den kalten Körper übertragen wird. Die soeben für identische Körper bewiesene Behauptung kann wie folgt auf beliebige Körper verallgemeinert werden:

Energie („Wärme") strömt von heiß nach kalt: Es seien $X_1 = (U_1, V_1)$ und $X_2 = (U_2, V_2)$ Gleichgewichtszustände zweier einfacher Systeme mit den Temperaturen T_1 und T_2 wobei $T_1 > T_2$. Es seien ferner $X_1' = (U_1', V_1)$ und $X_2' = (U_2', V_2)$ Zustände mit den gleichen Arbeitskoordinaten und der gleichen Gesamtenergie wie die Ausgangszustände ($U_1 + U_2 = U_1' + U_2'$). Besitzen die Temperaturen in den Zuständen X_1' und X_2' den gleichen Wert T, dann gilt (i) $U_1' - U_1 < 0$ (der heiße Körper gibt Energie ab), (ii) $U_2' - U_2 > 0$ (der kalte Körper nimmt Energie auf) und (iii) $T_1 > T > T_2$ (die Endtemperatur liegt zwischen den Anfangstemperaturen von heißem und kaltem Körper).

Der Beweis dieser verallgemeinerten Aussage beruht auf der gleichen Methode wie für den zuerst diskutierten Sonderfall zweier identischer Körper (Lieb & Yngvason 1999).

Es kann sein, dass die Ausführungen dieses Abschnitts zum Thema Wärme von vielen Lesern als etwas verwickelt empfunden werden. Sie sind es in der Tat. Es ist deshalb am besten, den Begriff der Wärme weitestgehend zu vermeiden und mit den primären Begriffen innere Energie, Entropie und Temperatur zu arbeiten. So wollen auch wir es in den folgenden Kapiteln handhaben. Vor der faktischen Gleichsetzung von Wärme und Entropie, wie sie im Rahmen des sogenannten Karlsruher Physikkurses an wehrlosen Schülern praktiziert wird, sei an dieser Stelle ausdrücklich gewarnt.

4.4 Zweiter Hauptsatz der Thermodynamik

Der Zweite Hauptsatz der Thermodynamik ist in den folgenden drei Formulierungen bekannt.

Zweiter Hauptsatz der Thermodynamik nach Clausius: Es gibt keine Zustandsänderung, deren einziges Ergebnis die Übertragung von Wärme von einem Körper niederer Temperatur auf einen Körper höherer Temperatur ist.

Zweiter Hauptsatz der Thermodynamik nach Kelvin und Planck: Es gibt keine Zustandsänderung, deren einzige Ergebnisse das Abkühlen eines Körpers und das Heben eines Gewichts sind.

Zweiter Hauptsatz der Thermodynamik nach Carathéodory: In jeder beliebig kleinen Umgebung jedes thermodynamischen Zustandes existieren Zustände, die von diesem aus nicht durch eine adiabatische Zustandsänderung erreichbar sind.

Der Zweite Hauptsatz der Thermodynamik ist aus mehreren Gründen das bemerkenswerteste fundamentale Gesetz der klassischen Physik.

- In keinem je durchgeführten Experiment wurde auch nur das geringste Anzeichen dafür gefunden, dass der Zweite Hauptsatz im Rahmen seiner Anwendung auf makroskopische Systeme nicht universell gültig wäre.
- „Die kleinste Verletzung des Zweiten Hauptsatzes hätte dramatische Konsequenzen in Wissenschaft und Technik; unter anderem wären auf einen Schlag sämtliche Energieprobleme der Menschheit gelöst.“ (Lieb & Yngvason 1999)
- Der Zweite Hauptsatz macht keine Aussagen über die Möglichkeit, sondern nur über die Unmöglichkeit von Prozessen.
- Kein physikalisches Gesetz von vergleichbarer Bedeutung wird heute noch in altmodischer Prosa formuliert, so wie es beim Zweiten Hauptsatz der Fall ist.
- Kein physikalisches Gesetz wird so unscharf, uneinheitlich und unverbindlich beschrieben wie der Zweite Hauptsatz der Thermodynamik.

Historisch wurde zuerst der Zweite Hauptsatz als Postulat formuliert und aus diesem die Existenz der Entropie abgeleitet. Mit der Lieb-Yngvason-Theorie können wir nun die Thermodynamik vom Kopf auf die Füße stellen. Wir werden nämlich jetzt zeigen, wie sich aus dem Entropieprinzip jede der genannten drei Formulierungen des Zweiten Hauptsatzes ableiten lässt.

A – Zweiter Hauptsatz nach Clausius

Die Clausiussche Formulierung des Zweiten Hauptsatzes folgt aus der Tatsache, dass die Entropie konkav ist. Wir wollen dies anhand von Abbildung 4.3a für den Spezialfall zweier identischer Körper verdeutlichen. Hierzu müssen wir die verbalen Aussagen durch präzise mathematische Konzepte ersetzen. Unter einem Körper wollen wir ein Reservoir verstehen. Dabei handelt es sich um ein einfaches System mit der Entropie $S(U,V)$, dessen Arbeitskoordinate V konstant ist. Um die Bezeichnung möglichst einfach zu halten, lassen wir die Arbeitskoordinate weg und schreiben im Folgenden einfach $S(U)$. Unter der „Übertragung von Wärme“ wollen wir eine Zustandsänderung verstehen, bei der sich die innere Energie eines Körpers verringert und die eines anderen Körpers um den gleichen Betrag anwächst.

Zu Beginn sollen die Körper die inneren Energien U_1 und U_2 besitzen, wobei wir ohne Beschränkung der Allgemeinheit annehmen, dass der Körper 1 die niedrigere Temperatur besitze und somit $U_1 < U_2$ gelte. Gäbe es eine Zustandsänderung, deren einziges Resultat die Übertragung der Energie Q („Wärme") von dem kalten auf den heißen Körper wäre, so müsste auf Grund der Energieerhaltung der Körper 1 am Ende des Prozesses die innere Energie $U_1' = U_1 - Q$ besitzen, während sich die innere Energie des Körpers 2 auf den Wert $U_2' = U_2 + Q$ erhöht haben sollte. Um die Unmöglichkeit einer solchen Zustandsänderung nachzuweisen, analysieren wir die Gesamtentropie des aus den beiden Körpern bestehenden zusammengesetzten Systems bei der beschriebenen Zustandsänderung. Unser Ziel ist es zu zeigen, dass diese hypothetische Zustandsänderung gegen den Entropiesatz verstößt.

Im Anfangszustand besitzt die Gesamtentropie den Wert

$$S = S(U_1) + S(U_2) \tag{4.16}$$

Nach der Zustandsänderung nimmt die Entropie den Wert

$$S' = S(U_1') + S(U_2') \tag{4.17}$$

an. Die im Zweiten Hauptsatz nach Clausius enthaltene Aussage, dass die Wärmeübertragung vom kalten auf den heißen Körper „das einzige Ergebnis" des Vorganges sein solle, ist äquivalent zu der Aussage, dass es sich um eine adiabatische Zustandsänderung handeln müsse. Hier liegt sogar der Sonderfall vor, bei dem *kein* Gewicht seine Lage im Schwerefeld ändert (vgl. die Definition der adiabatischen Erreichbarkeit in Abschnitt 2.3). Da sich die Entropie bei einer adiabatischen Zustandsänderung gemäß dem Entropiesatz nicht verringern kann, muss die Beziehung $S \leq S'$ erfüllt sein. Daraus folgt unter Verwendung der obigen Gleichungen die Forderung

$$S(U_1) + S(U_2) \leq S(U_1') + S(U_2') \tag{4.18}$$

Abbildung 4.3a verdeutlicht, dass unsere mutmaßliche Zustandsänderung diese Forderung verletzt. Die Größe $S(U_1) + S(U_2)$ können wir geometrisch interpretieren. Sie ist das Doppelte der Entropie S_A des in Abbildung 4.3a mit A bezeichneten Punktes, der auf halber Strecke zwischen U_1 und U_2 liegt. Analog dazu ist $S(U_1') + S(U_2') = 2S_B$. Da die Entropie eine konkave, also nach oben gewölbte Funktion von U ist, liegt die Verbindungslinie zwischen den Punkten U_1' und U_2' immer unterhalb der Verbindungslinie zwischen U_1 und U_2, solange sich U_1' links von U_1 und U_2' rechts von U_2 befindet. Damit ist jedoch stets $S_B < S_A$, das heißt die Entropie nimmt im Ergebnis unserer mutmaßlichen Zustandsänderung ab. Dies widerspricht der Forderung (4.18), womit die Clausiussche Form des Zweiten Hauptsatzes bewiesen ist. Der Beweis des allgemeinen Falls zweier verschiedener Körper ist nur geringfügig komplizierter und sei als Übung empfohlen. Wir weisen nachdrücklich darauf hin, dass unser Beweis keine konkrete Form der Funktion $S(U)$ voraussetzt, sondern lediglich die im Entropieprinzip formulierten Eigenschaften der Konkavität und Monotonie ausnutzt.

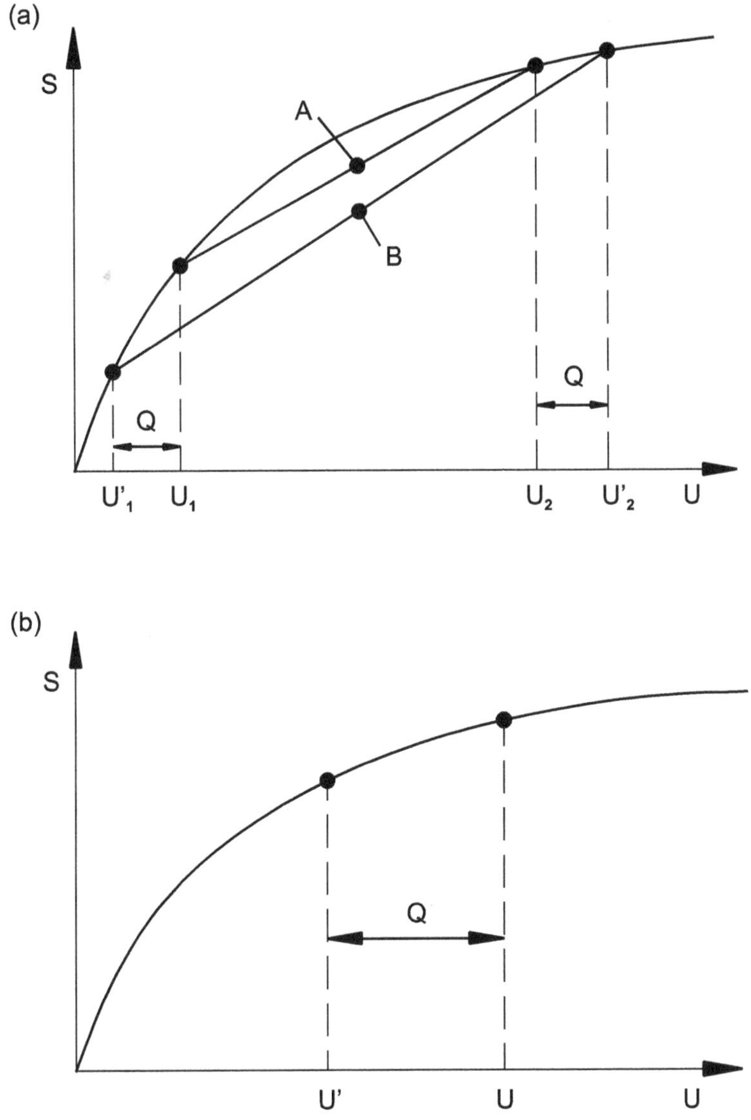

Abbildung 4.3 – Zweiter Hauptsatz nach Clausius, Kelvin und Planck: (a) geometrische Interpretation der Clausiusschen Formulierung des Zweiten Hauptsatzes der Thermodynamik für den Spezialfall zweier identischer Körper, die miteinander die Energie Q austauschen. (b) geometrische Interpretation der Kelvin-Planckschen Formulierung des Zweiten Hauptsatzes der Thermodynamik für ein einfaches System mit der Entropie $S(U)$, welches die Energie Q abgibt.

B – Zweiter Hauptsatz nach Kelvin und Planck

Wir wenden uns nun dem Beweis der Kelvin-Planckschen Formulierung des Zweiten Hauptsatzes zu. Diese Form des Zweiten Hauptsatzes ist eine Konsequenz der Monotonie der Entropie. Wie bei der Diskussion der Clausiusschen Formulierung übersetzen wir auch hier zunächst die verbale Formulierung in eine mathematische Sprache. Unter dem „Abkühlen eines Körpers" wollen wir den Übergang eines Reservoirs von einem Zustand mit der inneren Energie U und der Entropie $S(U)$ in den Zustand mit $U' = U - Q$ und $S(U')$ bezeichnen. Unter dem „Heben eines Gewichts" wollen wir die Erhöhung der potenziellen Energie einer Masse im Schwerefeld der Erde im Sinne der Definition der adiabatischen Erreichbarkeit in Abschnitt 2.3 verstehen. Zu Beginn der Zustandsänderung besitzt die Entropie des Körpers den Wert

$$S = S(U) \tag{4.19}$$

Am Ende nimmt die Entropie den Wert

$$S' = S(U') \tag{4.20}$$

an. Wenn „Abkühlen" des Systems und „Heben" eines Gewichts die einzigen Ergebnisse der Zustandsänderung sein sollen, muss es sich zwangsläufig um eine adiabatische Zustandsänderung handeln. Die Entropie des Systems darf sich dabei gemäß dem Entropiesatz nicht verringern, das heißt $S' \geq S$. Folglich muss

$$S(U') \geq S(U) \tag{4.21}$$

gelten. Die Entropie ist jedoch, wie in Abbildung 4.3b dargestellt, eine monoton wachsende Funktion der inneren Energie. Wenn die innere Energie bei einer Zustandsänderung um den Betrag Q abnimmt, muss folglich auch die Entropie abnehmen. Dies würde jedoch gegen die soeben formulierte Forderung des Entropiesatzes verstoßen. Damit ist die Kelvin-Plancksche Formulierung des Zweiten Hauptsatzes bewiesen.

C – Zweiter Hauptsatz nach Carathéodory

Der Mathematiker Constantin Carathéodory veröffentlichte im Jahre 1909 eine Arbeit unter dem Titel „Untersuchungen über die Grundlagen der Thermodynamik" (Carathéodory 1909). In dieser Arbeit, die einen Meilenstein in der Entwicklung der Thermodynamik verkörpert, wies er erstmals nach, dass sich die Existenz der Entropie als strenge mathematische Konsequenz aus dem zu Beginn dieses Kapitels zitierten Zweiten Hauptsatzes nach Carathéodory ableiten lässt. Dieser Beweis ist jedoch mathematisch recht anspruchsvoll und soll deshalb hier nicht wiedergegeben werden. Wir begnügen uns mit der Feststellung, dass die Aussage von Carathéodory auch aus unserem Entropieprinzip abgeleitet werden kann (Lieb & Yngvason 1999). Wir beschränken uns darauf, den Inhalt des Zweiten Hauptsatzes nach Carathéodory qualitativ geometrisch zu interpretieren.

Abbildung 4.4 zeigt die Zustände eines einfachen thermodynamischen Systems im zweidimensionalen Zustandsraum, der von innerer Energie und Volumen aufgespannt wird. Der Zweite Hauptsatz nach Carathéodory besagt, dass die Punktmengen konstanter Entropie in diesem Raum stets eindimensionale Gebilde – also Linien – sind, so wie in Abbildung 4.4a dargestellt. In diesem Fall existiert in unmittelbarer Nachbarschaft jedes beliebigen Punktes mindestens

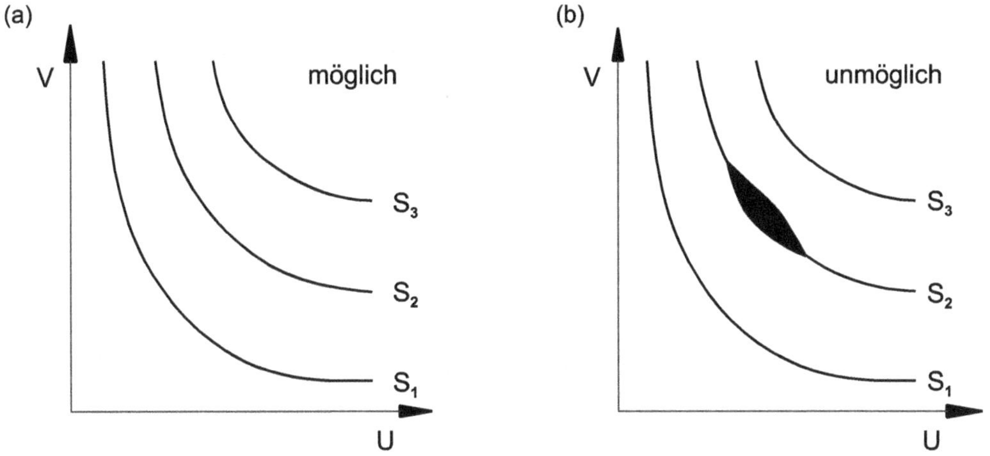

Abbildung 4.4 – Zweiter Hauptsatz nach Carathéodory: Geometrische Interpretation der Carathéodoryschen Formulierung des Zweiten Hauptsatzes der Thermodynamik anhand dreier Punktmengen konstanter Entropie (Isentropen) mit $S_1 < S_2 < S_3$. Die Isentropen sind stets eindimensionale Gebilde so wie in (a) dargestellt. Zweidimensionale Inseln so wie in (b) gezeigt, sind nicht möglich.

ein Punkt, dessen Entropie kleiner ist und der deshalb ausgehend von dem betrachteten Punkt nicht adiabatisch erreichbar ist. Die Existenz von zweidimensionalen Punktmengen – sozusagen Inseln – konstanter Entropie, so wie in Abbildung 4.4b gezeigt, ist nach dieser Aussage ausgeschlossen.

4.5 Effizienz von Wärmekraftmaschinen und Kältemaschinen

Wie weit kann eine Dampflokomotive mit $1\,t$ Kohle maximal fahren? Die prinzipielle Beantwortung dieser Frage durch den französischen Wissenschaftler Sadi Carnot im Jahre 1824 war eine Sternstunde der Thermodynamik. Obwohl ihm der Erste Hauptsatz der Thermodynamik ebenso wie die absolute Temperaturskala unbekannt waren, konnte Carnot nachweisen, dass die maximale Arbeit, die eine Wärmekraftmaschine zu leisten vermag, weder von dem verwendeten Arbeitsstoff (zum Beispiel Wasserdampf), noch von konstruktiven Einzelheiten der Maschine, sondern lediglich von den Temperaturen der beiden Wärmereservoire abhängt, mit denen die Wärmekraftmaschine wechselwirkt. Die Aussagen von Carnot zum Wirkungsgrad von Wärmekraftmaschinen lassen sich auch auf Kältemaschinen und Wärmepumpen übertragen, wie wir im Folgenden zeigen werden.

A – Wirkungsgrad einer Wärmekraftmaschine

Wir wollen zunächst anhand Abbildung 4.5 den Begriff der Wärmekraftmaschine definieren. Hierzu betrachten wir zwei einfache Systeme mit konstanten Arbeitskoordinaten sowie eine als Wärmekraftmaschine bezeichnete Apparatur, die mit diesen Systemen wechselwirken kann.

Das System mit der niedrigen Anfangstemperatur T_C bezeichnen wir als „kaltes Reservoir", das mit der hohen Anfangstemperatur T_H als „heißes Reservoir". Eine Wärmekraftmaschine ist eine Apparatur, die dem heißen Reservoir die Energie Q_H entzieht, die Arbeit W verrichtet und an das kalte Reservoir die Energie Q_C in Form von Abwärme abgibt. Die von der Maschine verrichtete Arbeit haben wir in Abbildung 4.5a und b symbolisch durch das Heben eines Gewichts verdeutlicht. Die Werte von Entropie, innerer Energie und Temperatur zu Beginn und am Ende der Zustandsänderung sind ebenfalls in Abbildung 4.5a und b eingetragen.

Für den dargestellten Prozess wollen wir das Verhältnis

$$\eta = \frac{W}{Q_H} \tag{4.22}$$

zwischen geleisteter Arbeit und aufgenommener Energie bestimmen, welches man als den Wirkungsgrad der Wärmekraftmaschine bezeichnet. Auf Grund der Energieerhaltung gilt $W = Q_H - Q_C$, so dass wir den Wirkungsgrad auch in der Form

$$\eta = 1 - \frac{Q_C}{Q_H} \tag{4.23}$$

schreiben können. Da Q_C im „ungünstigsten Fall" (Maschine verrichtet keine Arbeit) gleich Q_H und im günstigsten Fall (Maschine verwandelt Q_H vollständig in Arbeit) gleich Null ist, gilt für den Wirkungsgrad $0 \leq \eta \leq 1$. Um den maximalen Wirkungsgrad zu bestimmen, müssen wir folglich bei gegebenem Q_H das Maximum von W ermitteln. Diese Aufgabe ist gleichbedeutend mit dem Auffinden einer unteren Schranke der Größe Q_C/Q_H bei gegebenem W. Dazu ist es wiederum erforderlich, eine untere Schranke für Q_C sowie eine obere Schranke für Q_H durch T_C und σ_C beziehungsweise durch T_H und σ_H auszudrücken. Dies wollen wir jetzt tun.

Zur Berechnung der Schranken machen wir von der Tatsache Gebrauch, dass die Entropie der beiden Reservoire eine konkave Funktion ihrer inneren Energien ist. Aus Abbildung 4.5c können wir ablesen, dass die Tangente der Entropiefunktion $S(U)$ des kalten Reservoirs im Punkt U_C den Wert $(\partial S/\partial U)_V = 1/T_C$ besitzt. Da die Kurve $S(U)$ konkav ist, muss der Entropiezuwachs σ_C bei einer Vergrößerung von U um den Betrag Q_C stets kleiner sein als der Zuwachs Q_C/T_C der Tangente. Diese Bedingung lautet $\sigma_C \leq Q_C/T_C$ und liefert die untere Schranke $Q_C \geq \sigma_C T_C$. Durch Übertragung dieser Überlegung auf das heiße Reservoir können wir anhand der Abbildung 4.5d zeigen, dass $\sigma_H \geq Q_H/T_H$ ist. Hieraus folgt die obere Schranke $Q_H \leq \sigma_H T_H$ für die aufgenommene Energie. Indem wir die erhaltenen Schranken für Q_C und Q_H in die Gleichung (4.23) einsetzen, erhalten wir

$$\eta \leq 1 - \frac{\sigma_C T_C}{\sigma_H T_H}. \tag{4.24}$$

Diese Abschätzung können wir noch weiter verschärfen, indem wir berücksichtigen, dass das aus heißem und kaltem Reservoir bestehende zusammengesetzte System beim Übergang vom Anfangszustand (Abbildung 4.5a) in den Endzustand (Abbildung 4.5b) eine adiabatische Zustandsänderung durchläuft. Gemäß dem Entropiesatz darf sich die Entropie dabei nicht verkleinern. Diese Bedingung ist gleichbedeutend mit der Forderung $\sigma_C - \sigma_H \geq 0$, woraus wir $\sigma_C \geq \sigma_H$ und $\sigma_C/\sigma_H \geq 1$ folgern. Im „günstigsten Fall" gilt $\sigma_C/\sigma_H = 1$ (reversible Zustandsänderung) und liefert für den Wirkungsgrad das Ergebnis

$$\eta \leq 1 - \frac{T_C}{T_H}. \tag{4.25}$$

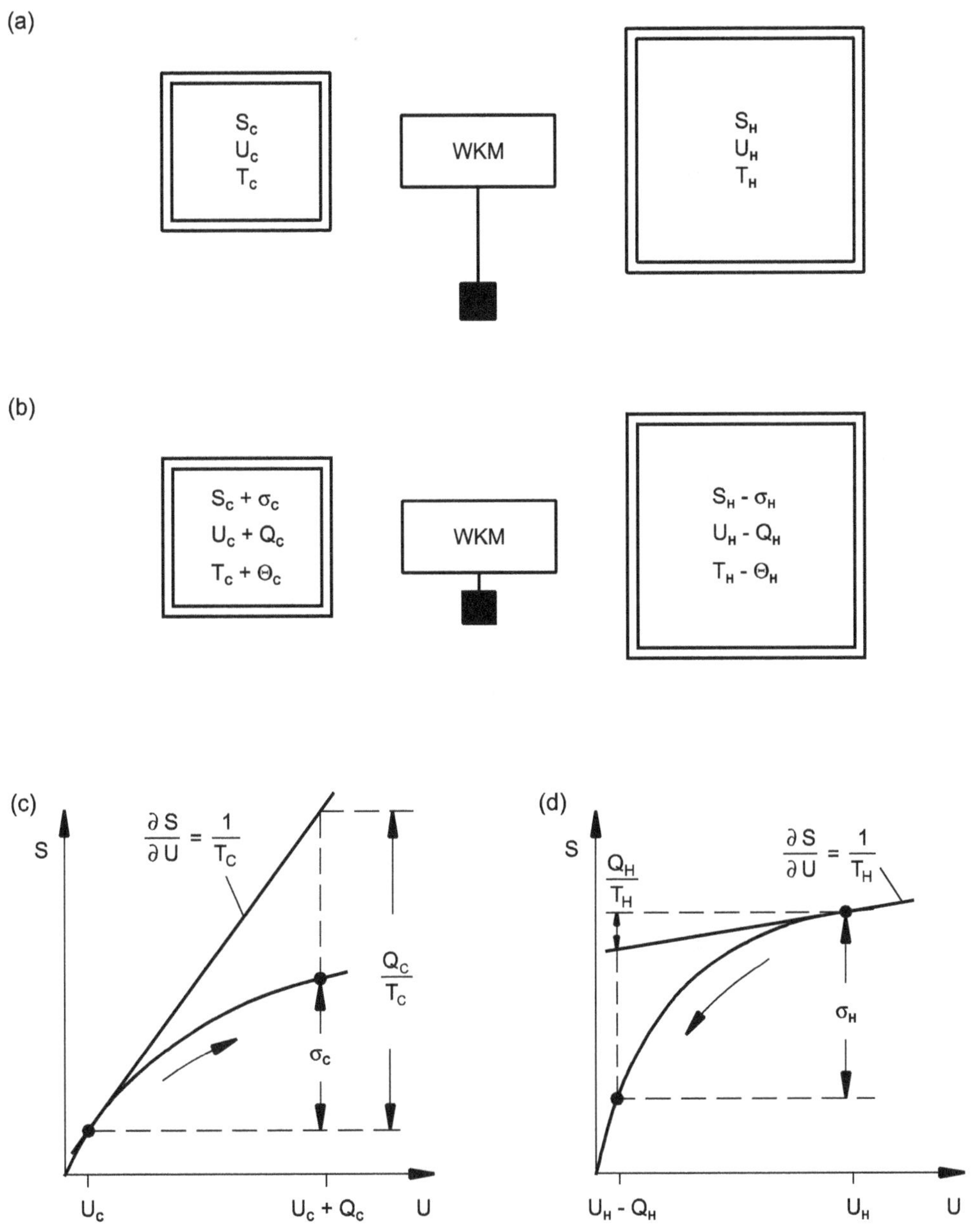

Abbildung 4.5 – Wirkungsgrad von Wärmekraftmaschinen: Entropie, innere Energie und Temperatur eines heißen und eines kalten Reservoirs (a) vor und (b) nach ihrer Wechselwirkung mit einer Wärmekraftmaschine (WKM). Die Indices C und H stehen für kalt (cold) beziehungsweise heiß. (c) Bestimmung einer unteren Schranke für die Energie Q_C, (d) Bestimmung einer oberen Schranke für die Energie Q_H. Man beachte, dass die Reservoire im Allgemeinen eine endliche Wärmekapazität besitzen und sich ihre Temperaturen nach der Zustandsänderung angleichen. Im Grenzfall unendlich großer Wärmekapazitäten gilt jedoch $\Theta_C = \Theta_H = 0$. Die Länge der Pfeile für σ_C in (c) und σ_H in (d) ist nicht maßstabsgerecht. In einer maßstabsgerechten Darstellung müsste der Pfeil für σ_C länger sein als für σ_H, damit der Entropiesatz erfüllt ist.

Der maximale Wirkungsgrad $\eta_{Carnot} = 1 - T_C/T_H$, auch Carnot-Wirkungsgrad genannt, wird erreicht, wenn beide Reservoire so groß sind, dass sich ihre Temperaturen trotz des Energieaustausches nicht ändern. Gleichung (4.25) ist eine der wichtigsten Errungenschaften der Thermodynamik und lässt sich in Worten wie folgt ausdrücken:

Carnot-Wirkungsgrad einer Wärmekraftmaschine: Der Wirkungsgrad einer zwischen einem heißen und einem kalten Reservoir arbeitenden Wärmekraftmaschine kann nicht größer sein als der Carnot-Wirkungsgrad $\eta_{Carnot} = 1 - T_C/T_H$.

Es ist bemerkenswert, dass der maximal erreichbare Wirkungsgrad einer Wärmekraftmaschine weder von konstruktiven Einzelheiten, noch von den Stoffeigenschaften der Reservoire, sondern nur von deren Temperaturen abhängt. Eigentlich ist es sogar irreführend, vom Wirkungsgrad einer *Maschine* zu sprechen, denn η ist nicht die Eigenschaft einer Maschine, sondern zweier Reservoire!

Ein weiterer Umstand verdient besondere Betonung. Die Formel (4.25) gilt unabhängig davon, ob es sich um unendlich große Reservoire handelt, oder ob diese endlich groß sind. Während im ersten Fall, der einen Sonderfall verkörpert, die Temperaturen der Reservoire unverändert bleiben, nähern sich die Temperaturen im zweiten Fall einander an. Der Carnotsche Wirkungsgrad gilt somit auch für den allgemeinen Fall endlicher Reservoire, vorausgesetzt, die in Formel (4.25) auftauchenden Temperaturen werden korrekt als die Temperaturen *vor* der Zustandsänderung interpretiert.

Mit den soeben vorgenommenen Überlegungen lassen sich zwei weitere nützliche Relationen ableiten. Dabei handelt es sich um die Leistungsfaktoren von Kältemaschinen und Wärmepumpen.

B – Leistungsfaktor einer Kältemaschine

Eine Kältemaschine ist eine Vorrichtung, die einem kalten Reservoir die Energie Q_C entzieht, einem heißen Reservoir die Energie Q_H zuführt und hierzu die Energie W in Form von Arbeit aus ihrer Umgebung aufnimmt. Das bekannteste Beispiel für eine Kältemaschine ist ein Haushaltskühlschrank. Er entzieht beispielsweise einer zu kühlenden Bierflasche „Wärme“, gibt „Abwärme“ an die Zimmerluft ab und nimmt Elektroenergie auf. Der Leistungsfaktor einer Kältemaschine

$$\beta = \frac{Q_C}{W} \tag{4.26}$$

ist als das Verhältnis zwischen der dem Kühlgut entzogenen Energie und der zu leistenden Arbeit definiert. Unter Berücksichtigung des Energieerhaltungssatzes in der Form $W = Q_H - Q_C$ können wir β in der Form

$$\beta = \left(\frac{Q_H}{Q_C} - 1\right)^{-1} \tag{4.27}$$

schreiben. Da Q_C im „günstigsten Fall“ (Maschine benötigt keine Arbeit) gleich Q_H und im „ungünstigsten Fall“ (Maschine kühlt nicht) gleich Null ist, gilt für den Leistungsfaktor einer Kältemaschine $0 \leq \beta < \infty$. Wollen wir wissen, wie groß der maximale Leistungsfaktor einer

Kältemaschine ist, so müssen wir bei gegebenem Q_C das Minimum von W bestimmen. Diese Aufgabe ist gleichbedeutend mit dem Auffinden einer unteren Schranke der Größe $Q_H/Q_C - 1$ bei gegebenem W. Dazu ist es wiederum erforderlich, eine untere Schranke von Q_H sowie eine obere Schranke von Q_C durch T_H und σ_H beziehungsweise durch T_C und σ_C auszudrücken. Die notwendigen Berechnungen können wir analog zur Wärmekraftmaschine anhand der Abbildung 4.6 vornehmen.

Abbildungen 4.6a und b zeigen die inneren Energien, Entropien und Temperaturen vor und nach der betrachteten Zustandsänderung. Aus Abbildung 4.6c wird deutlich, dass auf Grund der Konkavität der Entropie des kalten Reservoirs die Ungleichung $\sigma_C \geq Q_C/T_C$ gelten muss. Diese Beziehung liefert die gesuchte obere Schranke $Q_C \leq \sigma_C T_C$. Eine analoge Überlegung für das heiße Reservoir anhand der Abbildung 4.6d ergibt $\sigma_H \leq Q_H/T_H$ und somit die untere Schranke $Q_H \geq \sigma_H T_H$. Setzen wir die erhaltenen Abschätzungen in Gleichung (4.27) ein, so kommen wir zu dem Ergebnis

$$\beta \leq \left(\frac{\sigma_H T_H}{\sigma_C T_C} - 1 \right)^{-1} \tag{4.28}$$

Ebenso wie im vorangegangenen Beispiel können wir die Abschätzung verschärfen, indem wir berücksichtigen, dass die bei der adiabatischen Zustandsänderung im zusammengesetzten System produzierte Entropie $\sigma_H - \sigma_C$ wegen des Entropiesatzes nicht negativ sein darf. Hieraus folgt $\sigma_H \geq \sigma_C$. Im „günstigsten Fall" $\sigma_H = \sigma_C$ haben wir es mit einer reversiblen Zustandsänderung zu tun. Nach einer kurzen Rechnung erhalten wir das Endresultat

$$\beta \leq \frac{T_C}{T_H - T_C}. \tag{4.29}$$

Der maximale Leistungsfaktor $\beta_{Carnot} = T_C/(T_H - T_C)$, auch Carnot-Leistungsfaktor genannt, wird im Falle unendlich großer Reservoire erreicht, wo sich die Temperaturen T_C und T_H nicht ändern. Unser Resultat lässt sich in folgendem Merksatz zusammenfassen:

Carnot-Leistungsfaktor einer Kältemaschine: Der Leistungsfaktor einer zwischen einem heißen und einem kalten Reservoir arbeitenden Kältemaschine kann nicht größer sein als der Carnot-Leistungsfaktor $\beta_{Carnot} = T_C/(T_H - T_C)$.

Der Carnot-Leistungsfaktor hängt, ebenso wie der Carnot-Wirkungsgrad, weder von Stoffeigenschaften des im Kühlsystem verwendeten Kältemittels noch von konstruktiven Einzelheiten der Apparatur, sondern einzig von den Temperaturen der Reservoire ab. Formel (4.29) gilt ebenfalls sowohl für unendlich als auch für endlich große Reservoire, vorausgesetzt, die in Formel (4.29) auftauchenden Temperaturen werden ordnungsgemäß als die Temperaturen *vor* der Zustandsänderung gedeutet.

C – Leistungsfaktor einer Wärmepumpe

Abschließend analysieren wir den Leistungsfaktor einer Wärmepumpe. Dabei handelt es sich um eine Vorrichtung, die einem heißen Reservoir die Energie Q_H zuführt, indem sie Arbeit W aufnimmt und einem kalten Reservoir die Energie Q_C entzieht. Wärmepumpen werden beispielsweise zur Beheizung von Gebäuden eingesetzt. Ihre Anwendung erfordert Elektro-

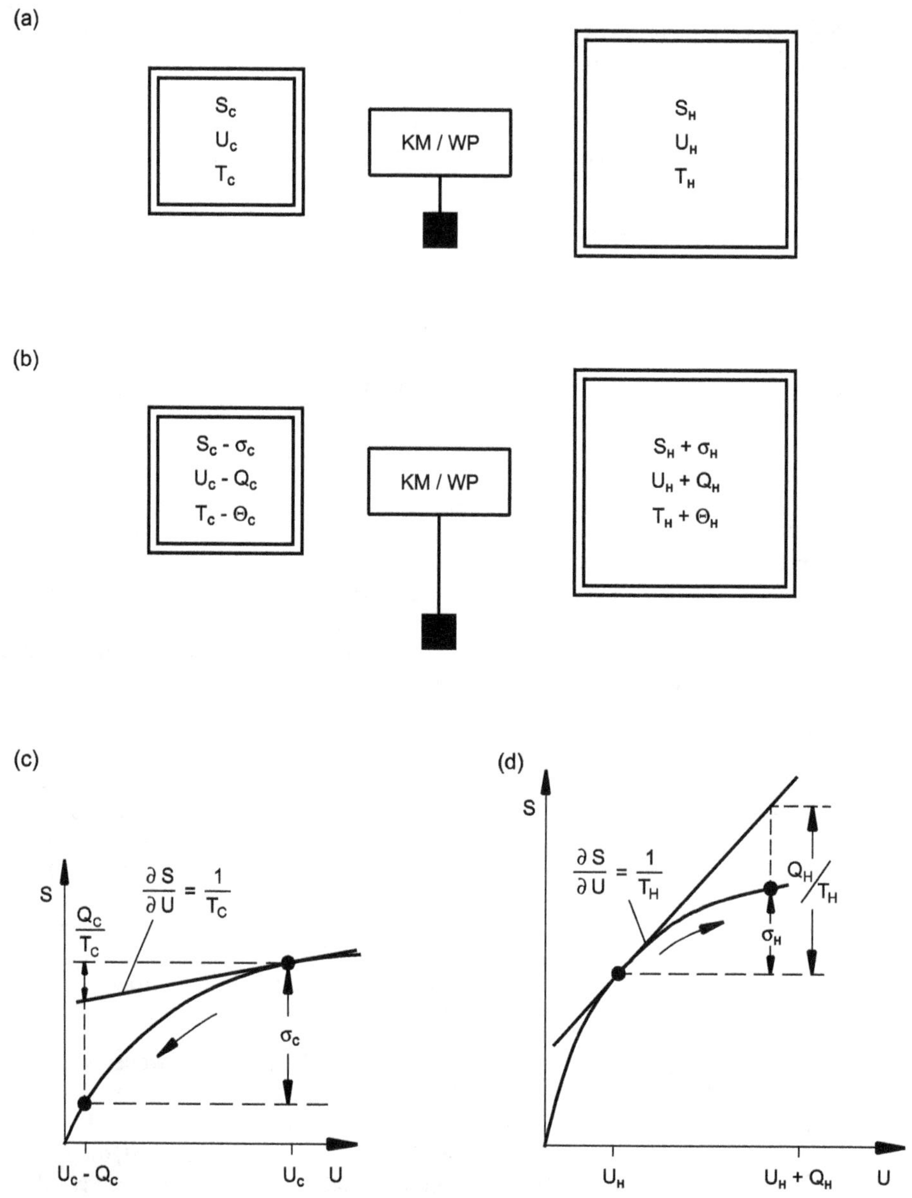

Abbildung 4.6 – Leistungsfaktor von Kältemaschinen und Wärmepumpen: Entropie, innere Energie und Temperatur eines heißen und eines kalten Reservoirs (a) vor und (b) nach ihrer Wechselwirkung mit einer Kältemaschine (KM) oder einer Wärmepumpe (WP). (c) Bestimmung einer oberen Schranke für Q_C, (d) Bestimmung einer unteren Schranke für Q_H. Man beachte, dass die Wärmereservoire im Allgemeinen eine endliche Wärmekapazität besitzen und sich ihre Temperaturen im Laufe der Zustandsänderung voneinander entfernen. Im Grenzfall unendlich großer Wärmekapazitäten gilt jedoch $\Theta_C = \Theta_H = 0$. Die Länge der Pfeile für σ_C in (c) und σ_H in (d) ist nicht maßstabsgerecht. In einer maßstabsgerechten Darstellung müsste der Pfeil für σ_C länger sein als für σ_H, damit der Entropiesatz erfüllt ist.

energie zum Antrieb des Kompressors sowie ein Reservoir, dessen Temperatur sich von der Temperatur des zu beheizenden Gebäudes möglichst wenig unterscheidet. Die Wärmepumpe ist vom thermodynamischen Standpunkt aus betrachtet mit einer Kältemaschine identisch. Sie unterscheidet sich von ihr nur dadurch, dass sich ihr Nutzen nach der Menge Q_H der gelieferten „Wärme" bemisst, während der Nutzen einer Kältemaschine nach der Menge Q_C der produzierten „Kälte" beurteilt wird. Der Leistungsfaktor einer Wärmepumpe, für die die Abbildung 4.6 sinngemäß gilt, wird deshalb als

$$\beta = \frac{Q_H}{W} \tag{4.30}$$

definiert. Wegen der Energieerhaltung gilt

$$\beta = \left(1 - \frac{Q_C}{Q_H}\right)^{-1}. \tag{4.31}$$

Da im „ungünstigsten Fall" $Q_C = 0$ (Maschine macht vom kalten Reservoir keinen Gebrauch und verheizt lediglich elektrischen Strom) und im „günstigsten Fall" $Q_C = Q_H$ (Maschine benötigt keinen Antrieb) ist, liegt der Leistungsfaktor einer Wärmepumpe im Intervall $1 \leq \beta < \infty$. Wollen wir wissen, wie groß der maximale Leistungsfaktor einer Wärmepumpe ist, so müssen wir bei gegebenem Q_H das Minimum von W bestimmen. Diese Aufgabe ist gleichbedeutend mit dem Auffinden einer unteren Schranke der Größe $1 - Q_C/Q_H$ bei gegebenem W. Dazu ist es wiederum erforderlich, eine obere Schranke für Q_C und eine untere Schranke für Q_H durch T_C und σ_C beziehungsweise durch T_H und σ_H auszudrücken. Diese Aufgabe haben wir aber bereits für die Kältemaschine anhand der Abbildungen 4.6c und d mit dem Resultat $Q_C \leq \sigma_C T_C$ und $Q_H \geq \sigma_H T_H$ erledigt. Da der Entropiesatz auch für die Wärmepumpe $\sigma_H \geq \sigma_C$ fordert, und im „günstigsten Fall" $\sigma_H = \sigma_C$ gilt, erhalten wir das Endergebnis

$$\beta \leq \frac{T_H}{T_H - T_C}. \tag{4.32}$$

Der maximale Leistungsfaktor $\beta_{Carnot} = T_H/(T_H - T_C)$ wird ebenso wie bei der Kältemaschine im Fall unendlich großer Reservoire erreicht. Gleichung (4.32) macht deutlich, dass eine Wärmepumpe am effizientesten arbeitet, wenn die Temperaturen von Energieaufnahme und Energieabgabe möglichst nahe beieinander liegen. Unsere Erkenntnisse lassen sich in folgendem Merksatz zusammenfassen:

Carnot-Leistungsfaktor einer Wärmepumpe: Der Leistungsfaktor einer zwischen einem heißen und einem kalten Reservoir arbeitenden Wärmepumpe kann nicht größer sein als der Carnot-Leistungsfaktor $\beta_{Carnot} = T_H/(T_H - T_C)$.

4.6 Thermodynamische Potenziale

Solange man den Begriff der Entropie nicht kennt, benötigt man zwei Funktionen, um das thermodynamische Verhalten eines einfachen Systems mit einer Arbeitskoordinate vollständig zu beschreiben. Diese Funktionen sind zum einen die *thermische Zustandsgleichung* $p(V,T)$ und zum anderen die *kalorische Zustandsgleichung* $U(V,T)$. Durch Einführung der Entropie lässt sich die gleiche Information auf eine einzige Funktion $S(U,V)$ verdichten. Beim Beweis dieser

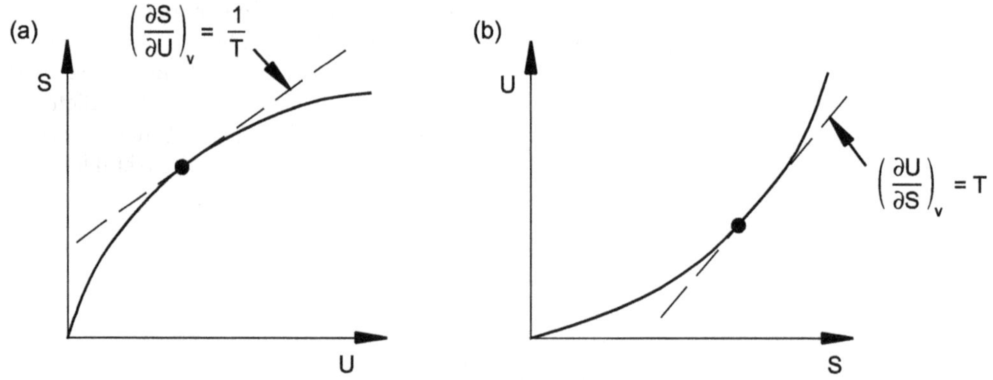

Abbildung 4.7 – Konvexität der inneren Energie: Die Entropie eines einfachen Systems (a) ist eine konkave Funktion der inneren Energie. Löst man die Entropie $S(U,V)$ nach der inneren Energie $U(S,V)$ auf, so erhält man für konstant gehaltene Arbeitskoordinate die in (b) dargestellte konvexe Funktion.

Aussage werden wir auf die vier Funktionen $U(S,V)$, $H(S,p)$, $F(T,V)$, $G(T,p)$ stoßen, die man als *thermodynamische Potenziale* bezeichnet. Die Herleitung und physikalische Interpretation dieser Größen ist Gegenstand des vorliegenden Abschnitts. Bevor wir uns jedoch diesem Ziel zuwenden können, müssen wir uns eine wichtige Eigenschaft der inneren Energie – ihre *Konvexität* – veranschaulichen.

Ausgangspunkt unserer Betrachtungen ist wie bisher ein einfaches System mit einer Arbeitskoordinate und dessen Entropie $S(U,V)$. Abbildung 4.7a zeigt die Abhängigkeit der Entropie von der inneren Energie bei konstant gehaltener Arbeitskoordinate. Gemäß dem Entropieprinzip ist diese Funktion monoton und konkav. Ihr Anstieg ist, wie in Abschnitt 4.2 erläutert, gleich dem Kehrwert der Temperatur. Auf Grund der Monotonie und Konkavität der Entropie gehört zu jedem Wert von U genau ein Wert von S. Deshalb kann man die Funktion $S(U,V)$ auch in der Form $U(S,V)$ darstellen, was in Abbildung 4.7b gezeigt ist. An dieser Abbildung ist zu erkennen, dass aus der Konkavität der Entropie die Konvexität der inneren Energie als Funktion von S folgt. In der Tat liegt die Tangente in Abbildung 4.7b, deren Anstieg gleich der Temperatur ist, stets unterhalb der Kurve $U(S,V)$. Diese charakteristische Eigenschaft konvexer Funktionen werden wir in Kürze benötigen. Zunächst definieren wir den Begriff des thermodynamischen Potenzials.

Thermodynamisches Potenzial: Eine Funktion zweier thermodynamischer Variablen heißt thermodynamisches Potenzial eines einfachen Systems, wenn aus dieser Funktion sämtliche thermodynamischen Informationen, insbesondere die thermische und kalorische Zustandsgleichung abgeleitet werden können.

A – Innere Energie

Wir beweisen nun, dass $U(S,V)$ ein thermodynamisches Potenzial ist. Hierzu tragen wir in einem ersten Schritt die uns bereits bekannten Eigenschaften dieser Funktion zusammen. Das totale Differenzial der inneren Energie besitzt die Form

$$dU = \left(\frac{\partial U}{\partial S}\right)_V dS + \left(\frac{\partial U}{\partial V}\right)_S dV. \tag{4.33}$$

Ihre Ableitungen ergeben gemäß den Gleichungen (4.4) und (4.8) die Temperatur beziehungsweise den Druck in der Form

$$T = \left(\frac{\partial U}{\partial S}\right)_V, p = -\left(\frac{\partial U}{\partial V}\right)_S. \tag{4.34}$$

Hieraus folgt

$$dU = TdS - pdV. \tag{4.35}$$

Aus der Vertauschbarkeit der Ableitungen $\partial^2 U/\partial S\partial V = \partial^2 U/\partial V\partial S$ ergibt sich ferner die Beziehung

$$\left(\frac{\partial T}{\partial V}\right)_S = -\left(\frac{\partial p}{\partial S}\right)_V, \tag{4.36}$$

die als Maxwell-Relation bezeichnet und bei praktischen Berechnungen benötigt wird. In einem zweiten Schritt schreiben wir die innere Energie zur Vermeidung von Verwechslungen in expliziter Form als

$$U = f_U(S,V) \tag{4.37}$$

und nehmen an, die Funktion f_U sei bekannt. Temperatur und Druck lassen sich dann ebenfalls explizit in der Form

$$T = f_T(S,V) = \left(\frac{\partial f_U}{\partial S}\right)_V \tag{4.38}$$

und

$$p = f_p(S,V) = -\left(\frac{\partial f_U}{\partial V}\right)_S \tag{4.39}$$

angeben. In einem dritten Schritt lösen wir die Gleichung (4.38) symbolisch nach S auf und erhalten

$$S = f_T^{-1}(T,V). \tag{4.40}$$

Dabei steht das Symbol f_T^{-1} stellvertretend für die Inverse der Funktion f_T bei konstantem V. Damit können wir thermische und kalorische Zustandsgleichungen explizit in der Form

$$p(T,V) = f_p(f_T^{-1}(T,V),V) \tag{4.41}$$

und

$$U(T,V) = f_U(f_T^{-1}(T,V),V) \tag{4.42}$$

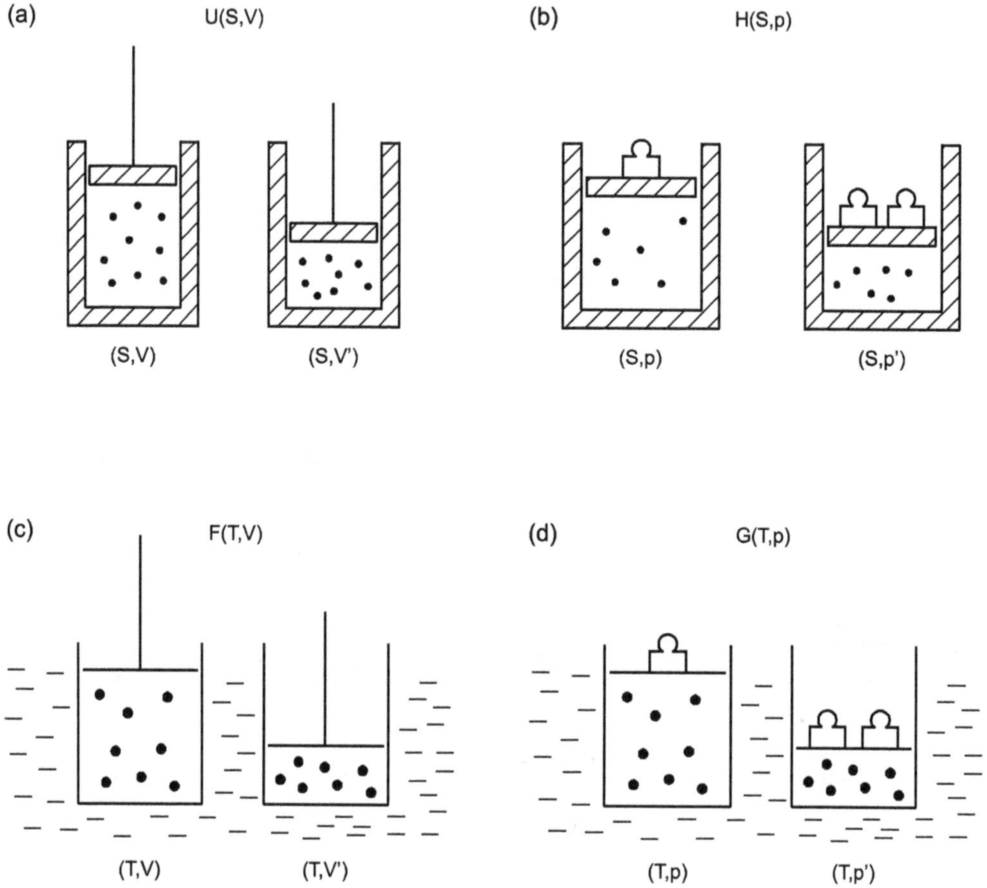

Abbildung 4.8 – Thermodynamische Potenziale und Zustandsänderungen: Überblick über Zustandsänderungen eines einfachen thermodynamischen Systems und die für die Berechnung jeweils zweckmäßigsten thermodynamischen Potenziale. (a) isentrope Zustandsänderung bei vorgegebener Volumenänderung – Berechnung mittels innerer Energie, (b) isentrope Zustandsänderung bei vorgegebener Druckänderung – Berechnung mittels Enthalpie, (c) isotherme Zustandsänderung bei vorgegebener Volumenänderung – Berechnung mittels freier Energie, (d) isotherme Zustandsänderung bei vorgegebener Druckänderung – Berechnung mittels freier Enthalpie.

angeben. Nun steht fest, dass $U(S,V)$ tatsächlich ein thermodynamisches Potenzial ist. Es bleibt anzumerken, dass die Aussage „Die innere Energie ist ein thermodynamisches Potenzial" ohne weitere Angaben unvollständig ist. So ist beispielsweise $U(T,V)$ kein thermodynamisches Potenzial, weil man aus dieser Funktion die thermische Zustandsgleichung nicht herleiten kann. Richtig muss es deshalb heißen: „Die innere Energie als Funktion von Entropie und Volumen ist ein thermodynamisches Potenzial".

Nachdem wir $U(S,V)$ als thermodynamisches Potenzial charakterisiert haben, wollen wir seine physikalische Bedeutung anhand der Abbildung 4.8a illustrieren. Die Funktion $U(S,V)$ erlaubt es, die nach einer isentropen Kompression von V auf V' in einem System herrschenden Größen Druck und Temperatur zu berechnen. Unter einer isentropen Kompression versteht man eine Zustandsänderung, bei der die Entropie konstant bleibt. Bildlich können wir uns hierunter die unendlich langsame Kompression eines Gases in einem thermisch gut isolierten Gefäß vorstellen. Druck und Temperatur am Ende der Kompression sind durch $p' = -(\partial U/\partial V)_S$ und $T' = (\partial U/\partial S)_V$ gegeben, wobei die partiellen Ableitungen an der Stelle (S, V') gebildet werden. Auf diese Weise könnte man zum Beispiel Druck und Temperatur der in einem Dieselmotor komprimierten Luft berechnen. Die über die innere Energie getroffenen Aussagen lassen sich in folgendem Satz zusammenfassen:

Innere Energie U(S,V) als thermodynamisches Potenzial: Die innere Energie als Funktion von Entropie und Volumen ist ein thermodynamisches Potenzial, welches es erlaubt, den nach Übergang eines Systems aus dem Zustand (S, V) in den Zustand (S', V') herrschenden Druck $p' = -(\partial U/\partial V)_S$ sowie die Temperatur $T' = (\partial U/\partial S)_V$ zu berechnen.

B – Enthalpie

Bei der Behandlung praktischer Probleme zeigt sich, dass eine Reihe wichtiger Fragen mit Hilfe der inneren Energie als thermodynamischem Potenzial nicht oder nur sehr umständlich beantwortet werden kann. Hierher gehört beispielsweise die Frage, auf welches Volumen sich ein Kubikmeter Luft verkleinert, wenn er vom Triebwerk eines Verkehrsflugzeuges angesaugt und auf das Dreißigfache seines Anfangsdruckes komprimiert wird. Dieses Problem ist in vereinfachter Form in Abbildung 4.8b dargestellt. Wollte man diese Frage anhand der Funktion $U(S, V)$ unter Annahme einer isentropen Zustandsänderung beantworten, so müsste man das Endvolumen dadurch bestimmen, dass man denjenigen Wert von V' ermittelt, an dem die Ableitung $-(\partial U/\partial V)_S$ einem vorgegebenen Wert des Druckes p' entspricht – eine recht umständliche Prozedur. Wesentlich einfacher und eleganter wäre es, wenn man p anstatt V als unabhängige Variable verwenden könnte. Das Problem, bei einer konvexen Funktion $y = f(x)$ von der unabhängigen Variable x zu einer neuen unabhängigen Variable $\xi = f'(x)$ überzugehen, die gleich der Ableitung der Funktion ist, kennen Mathematiker seit langem. Es wird durch eine sogenannte *Legendre-Transformation* gelöst. Bei dieser Transformation entsteht allerdings nicht nur eine neue unabhängige Variable, sondern auch eine neue Funktion. Diese entspricht im vorliegenden Fall einem neuen thermodynamischen Potenzial, der *Enthalpie* $H(S, p)$.

Die Legendre-Transformation ordnet einer konvexen Funktion $y = f(x)$ (vgl. Abbildung 3.8b) eine Funktion $\eta = g(\xi)$ zu, die durch $\xi = f'$ und $g = f - f' \cdot x$ definiert ist. Bildlich gesprochen, wird die Funktion statt durch ihre kartesischen Koordinaten (x, y) nunmehr durch ihren Anstieg ξ sowie durch den Schnittpunkt η ihrer Tangente im Punkt (x, y) mit der y-Achse beschrieben. Beispielsweise ist die Legendre-Transformierte der Funktion $y = x^2$ die Funktion $\eta = -\xi^2/4$. Die Legendre-Transformation ist eindeutig umkehrbar.

Die Enthalpie ist als die Legendre-Transformierte der inneren Energie bezüglich der Variablen V in der Form

$$H = U - \left(\frac{\partial U}{\partial V}\right)_S \cdot V \tag{4.43}$$

definiert. Auf den ersten Blick nimmt sich diese Definition wie eine mathematische Spielerei aus. Bei genauerem Hinsehen erweist sie sich indessen als sehr vorteilhaft. Durch die Legendre-Transformation haben wir die unabhängige Variable Volumen durch die Variable Druck ersetzt.

Somit können wir die Enthalpie auch als

$$H = U + pV \tag{4.44}$$

schreiben. Wieso hängt die Enthalpie nur von S und von p ab, wo doch das Volumen explizit in den Definitionen auftaucht? Um zu zeigen, wie man $H(S,p)$ aus $U(S,V)$ konstruieren kann, kehren wir zur expliziten Schreibweise $U = f_U(S,V)$ zurück. Nun lösen wir die Relation $p = f_p(S,V)$ symbolisch nach dem Volumen $V = f_p^{-1}(S,p)$ auf. Abschließend können wir die Gleichung (4.44) in der Form $H(S,p) = U(S, f_p^{-1}(S,p)) + p f_p^{-1}(S,p)$ schreiben, womit die Aussage bewiesen ist. Das Differenzial der Enthalpie besitzt die Form

$$dH = \left(\frac{\partial H}{\partial S}\right)_p dS + \left(\frac{\partial H}{\partial p}\right)_S dp. \tag{4.45}$$

Gleichzeitig gilt wegen (4.35) und (4.44)

$$dH = T\,dS + V dp \tag{4.46}$$

Durch Koeffizientenvergleich ergibt sich

$$T = \left(\frac{\partial H}{\partial S}\right)_p, V = \left(\frac{\partial H}{\partial p}\right)_S. \tag{4.47}$$

Aus der Vertauschbarkeit der Ableitungen $\partial^2 H/\partial S \partial p = \partial^2 H/\partial p \partial S$ ergibt sich ferner die Maxwell-Relation

$$\left(\frac{\partial T}{\partial p}\right)_S = \left(\frac{\partial V}{\partial S}\right)_p. \tag{4.48}$$

Die eingangs gestellte Frage nach dem Volumen eines Gases bei isentroper Kompression von einem Druck p auf einen Druck p' lässt sich bei Kenntnis der Enthalpie nun sehr einfach durch die Berechnung von $V' = (\partial H/\partial p)_S$ an der Stelle (S,p') beantworten. Damit hat sich gezeigt, dass die Enthalpie nicht nur eine mathematisch exakt definierte, sondern auch eine physikalisch nützliche Größe ist. Die Benutzung der Enthalpie ist immer dann von Vorteil, wenn es sich um die Analyse isentroper Prozesse mit Druckänderungen handelt. Unsere Erkenntnisse über die Enthalpie fassen wir wie folgt zusammen.

Enthalpie H(S,p) als thermodynamisches Potenzial: Die Enthalpie als Funktion von Entropie und Druck ist ein thermodynamisches Potenzial welches es erlaubt, das nach Übergang eines Systems aus dem Zustand (S,p) in den Zustand (S,p') sich einstellende Volumen $V' = (\partial H/\partial p)_S$ sowie die Temperatur $T' = (\partial H/\partial S)_p$ zu berechnen.

Neben innerer Energie und Enthalpie gibt es noch zwei weitere thermodynamische Potenziale, die freie Energie und die freie Enthalpie. Wozu müssen wir uns mit ihnen befassen? Dafür gibt es zwei Anlässe. Erstens ist es aus Gründen mathematischer Vollständigkeit interessant, die Größen $U(S,V)$ und $H(S,p)$ auch bezüglich der Variable S einer Legendre-Transformation zu unterziehen und die entstehenden Funktionen zu analysieren. Zweitens gibt es praktische Probleme, die sich mit den thermodynamischen Potenzialen U und H nicht oder nur sehr umständlich lösen lassen. Dieser Grund ist in Abbildung 4.8c und d veranschaulicht. Wir wenden uns zunächst der in Abbildung 4.8c dargestellten Zustandsänderung zu.

C – Freie Energie

Abbildung 4.8c zeigt die isotherme Kompression einer Substanz von V auf V'. Welcher Druck p' herrscht im System nach der Kompression? Wie groß ist die Entropie S' am Ende der Zustandsänderung? Weder $U(S,V)$ noch $H(S,p)$ sind geeignet, um diese Frage zu beantworten, denn in keinem der beiden thermodynamischen Potenziale taucht die Temperatur $T = (\partial U/\partial S)_V$ explizit auf. Angesichts dieser Sachlage liegt es nahe, durch die Legendre-Transformation

$$F = U - \left(\frac{\partial U}{\partial S}\right)_V \cdot S \tag{4.49}$$

statt der Entropie die Temperatur als unabhängige Variable einzuführen. Die so erhaltene Größe bezeichnet man als freie Energie. Unter Berücksichtigung der Temperaturdefinition $T = (\partial U/\partial S)_V$ nimmt die Definition der freien Energie die Form

$$F = U - TS \tag{4.50}$$

an. Wir überzeugen uns davon, dass die freie Energie als Funktion von Volumen und Temperatur dargestellt werden kann, indem wir die Funkion $T = f_T(S,V)$ symbolisch nach der Entropie auflösen. Das Resultat $S = f_T^{-1}(T,V)$ setzen wir in die Gleichung (4.50) ein und erhalten tatsächlich den gesuchten expliziten Ausdruck für die freie Energie in der Form $F(T,V) = U(f_T^{-1}(T,V),V) - Tf_T^{-1}(T,V)$. Das Differenzial der freien Energie besitzt die Form

$$dF = \left(\frac{\partial F}{\partial T}\right)_V dT + \left(\frac{\partial F}{\partial V}\right)_T dV. \tag{4.51}$$

Gleichzeitig gilt wegen (4.35) und (4.50)

$$dF = -SdT - pdV \tag{4.52}$$

Durch Koeffizientenvergleich ergibt sich

$$S = -\left(\frac{\partial F}{\partial T}\right)_V, \; p = -\left(\frac{\partial F}{\partial V}\right)_T. \tag{4.53}$$

Aus der Vertauschbarkeit der Ableitungen $\partial^2 F/\partial T\partial V = \partial^2 F/\partial V\partial T$ ergibt sich ferner die Maxwell-Relation

$$\left(\frac{\partial S}{\partial V}\right)_T = \left(\frac{\partial p}{\partial T}\right)_V. \tag{4.54}$$

Die eingangs gestellte Frage nach dem Druck eines Gases bei isothermer Kompression von V auf V' lässt sich bei Kenntnis der freien Energie nun sehr einfach durch die Berechnung von $p' = -(\partial F/\partial V)_T$ an der Stelle (T,V') beantworten. Damit hat sich gezeigt, dass auch die freie Energie eine physikalisch nützliche Größe ist. Die Benutzung der freien Energie ist immer dann von Vorteil, wenn es sich um die Analyse isothermer Prozesse mit Volumenänderungen handelt. Unsere Erkenntnisse über die freie Energie fassen wir wie folgt zusammen:

Freie Energie F(T,V) als thermodynamisches Potenzial: Die freie Energie als Funktion von Temperatur und Volumen ist ein thermodynamisches Potenzial welches es erlaubt, den nach Übergang eines Systems aus dem Zustand (T,V) in den Zustand (T,V') sich einstellenden Druck $p' = -(\partial F/\partial V)_T$ sowie die Entropie $S' = -(\partial F/\partial T)_V$ zu berechnen.

D – Freie Enthalpie

Ein Blick auf Abbildung 4.8d belehrt uns darüber, dass noch eine unbeantwortete Frage übriggeblieben ist. Dies ist die Frage nach dem Volumen V', welches sich nach einer isothermen Zustandsänderung in einem System einstellt, dessen Druck sich von p auf p' erhöht. Um diese Frage zu beantworten, gehen wir von der Enthalpie H aus und führen analog zum Übergang von innerer Energie zu freier Energie durch die Legendre-Transformation

$$G = H - \left(\frac{\partial H}{\partial S}\right)_p \cdot S \tag{4.55}$$

statt der Entropie die Temperatur als unabhängige Variable ein. Die so erhaltene Größe G bezeichnet man als freie Enthalpie. Unter Berücksichtigung von $T = (\partial H/\partial S)_p$ nimmt die Definition der freien Enthalpie die Form

$$G = H - TS \tag{4.56}$$

an. Wir überzeugen uns davon, dass die freie Enthalpie als Funktion von Druck und Temperatur dargestellt werden kann, indem wir die Funkion $T = f_T(S,p)$ symbolisch nach der Entropie auflösen. Das Resultat $S = f_T^{-1}(T,p)$ setzen wir in die Gleichung (4.56) ein und erhalten tatsächlich den gesuchten expliziten Ausdruck für die freie Energie in der Form $G(T,p) = H(f_T^{-1}(T,p),p) - Tf_T^{-1}(T,p)$. Das Differenzial der freien Energie besitzt die Form

$$dG = \left(\frac{\partial G}{\partial T}\right)_p dT + \left(\frac{\partial G}{\partial p}\right)_T dp. \tag{4.57}$$

Gleichzeitig gilt wegen (4.35) und (4.56)

$$dG = -S\,dT + V\,dp \tag{4.58}$$

Durch Koeffizientenvergleich ergibt sich

$$S = -\left(\frac{\partial G}{\partial T}\right)_p, V = \left(\frac{\partial G}{\partial p}\right)_T. \tag{4.59}$$

Aus der Vertauschbarkeit der Ableitungen $\partial^2 G/\partial T\partial p = \partial^2 G/\partial p\partial T$ ergibt sich ferner die Maxwell-Relation

$$\left(\frac{\partial S}{\partial p}\right)_T = -\left(\frac{\partial V}{\partial T}\right)_p. \tag{4.60}$$

Die eingangs gestellte Frage nach dem Volumen eines Gases bei isothermer Kompression von p auf p' lässt sich bei Kenntnis der freien Enthalpie nun sehr einfach durch die Berechnung von $V' = (\partial G/\partial p)_T$ an der Stelle (T,p') beantworten. Damit hat sich gezeigt, dass auch die freie Enthalpie eine physikalisch sinnvolle Größe ist. Die Benutzung der freien Enthalpie ist immer dann von Vorteil, wenn Temperatur und Druck als äußere Parameter vorgegeben sind oder wenn sich der Druck bei festgehaltener Temperatur ändert. Ihren herausragenden Nutzen entfaltet die freie Enthalpie indessen erst bei der Analyse von Mischungsprozessen und chemischen Reaktionen. Bei der Herleitung des Massenwirkungsgesetzes in Abschnitt 5.6 sowie bei der Analyse des Schnapsbrennens in Abschnitt 5.7 werden wir davon ausgiebig Gebrauch machen. Unsere Erkenntnisse über die freie Enthalpie fassen wir wie folgt zusammen:

$U(S,V)$ $U = H - pV$ $dU = TdS - pdV$ $\left(\frac{\partial T}{\partial V}\right)_S = -\left(\frac{\partial p}{\partial S}\right)_V$	$H(S,p)$ $H = U + pV$ $dH = TdS + Vdp$ $\left(\frac{\partial T}{\partial p}\right)_S = \left(\frac{\partial V}{\partial S}\right)_p$
$F(T,V)$ $F = U - TS$ $dF = -SdT - pdV$ $\left(\frac{\partial S}{\partial V}\right)_T = \left(\frac{\partial p}{\partial T}\right)_V$	$G(T,p)$ $G = H - TS$ $dG = -SdT + Vdp$ $\left(\frac{\partial S}{\partial p}\right)_T = -\left(\frac{\partial V}{\partial T}\right)_p$

Abbildung 4.9 – Thermodynamische Potenziale im Überblick: Zusammenstellung der wichtigsten Definitionen und Eigenschaften der inneren Energie $U(S,V)$, Enthalpie $H(S,p)$, freien Energie $F(T,V)$ und freien Enthalpie $G(T,p)$. Die jeweils in der vierten Zeile angegebenen Beziehungen sind die Maxwell-Relationen.

Freie Enthalpie G(T,p) als thermodynamisches Potenzial: Die freie Enthalpie als Funktion von Temperatur und Druck ist ein thermodynamisches Potenzial, welches es erlaubt, das nach Übergang eines Systems aus dem Zustand (T,p) in den Zustand (T,p') sich einstellende Volumen $V' = (\partial G/\partial p)_T$ sowie die Entropie $S' = -(\partial G/\partial T)_p$ zu berechnen.

In Abbildung 4.9 haben wir die wichtigsten Formeln für die thermodynamischen Potenziale zusammengestellt.

4.7 Bestimmung der Entropie einfacher Systeme

Gleichung (3.2) gibt uns im Prinzip ein Mittel in die Hand, um die Entropie eines gegebenen einfachen Systems experimentell zu bestimmen. Die in dieser Gleichung enthaltene Messvorschrift ist jedoch so abstrakt, dass sie nicht zur praktischen Entropiemessung taugt. Außerdem gibt es keine Lieb-Yngvason-Maschinen. Glücklicherweise sind diese auch gar nicht notwendig. Denn aus dem Entropieprinzip und den daraus abgeleiteten Größen folgt eine praktisch realisierbare Messvorschrift, die wir uns nun veranschaulichen wollen.

Um die Entropie eines einfachen Systems zu bestimmen, muss man an dem System zwei Messreihen durchführen. In der ersten Messreihe bestimmt man die durch $C_V = (\partial U/\partial T)_V$ definierte Wärmekapazität C_V als Funktion von Temperatur und Volumen. In der zweiten Messreihe ermittelt man die thermische Zustandsgleichung $p(T,V)$. Zur Messung der Wärmekapazität führt man dem System bei konstant gehaltenem Volumen durch kurzes elektrisches Heizen eine definierte kleine Energiemenge ΔU zu und misst die dabei entstehende Temperaturerhöhung ΔT. Unter den Bedingungen $\Delta U \ll U$ und $\Delta T \ll T$ kann man den Differenzialquotient in der Definition der Wärmekapazität durch einen Differenzenquotient ersetzen und diese durch $C_V \approx \Delta U/\Delta T$ annähern. Zur Bestimmung der thermischen Zustandsgleichung misst man den im System herrschenden Druck für verschiedene Temperaturen und Volumina und bestimmt daraus $\alpha(T,V) = (\partial p/\partial T)_V$. Die Funktionen $C_V(T,V)$ und $\alpha(T,V)$ bilden die experimentelle Basis für die Bestimmung der Entropie.

Um aus den Funktionen $C_V(T,V)$ und $\alpha(T,V)$ die Entropie zu berechnen, gehen wir von Gleichung (4.35) aus, die wir in der Form

$$dS = \frac{1}{T}dU + \frac{p}{T}dV \tag{4.61}$$

aufschreiben. Wir bilden das totale Differenzial von $U(T,V)$ und setzen es in diese Gleichung ein. Das Ergebnis lautet

$$dS = \frac{1}{T}\left(\frac{\partial U}{\partial T}\right)_V dT + \frac{1}{T}\left[\left(\frac{\partial U}{\partial V}\right)_T + p\right]dV \tag{4.62}$$

Um die Entropie $S(T,V)$ durch Integration dieses Ausdruckes berechnen zu können, müssen wir die rechte Seite durch die experimentell ermittelten Funktionen $C_V(T,V)$ und $\alpha(T,V)$ darstellen. Während wir die Ableitung der inneren Energie nach der Temperatur sofort durch die Wärmekapazität ersetzen können, erfordert der Term $(\partial U/\partial V)_T$ noch etwas Arbeit.

Da die Gleichung (4.62) ein totales Differenzial darstellt, muss zwischen den Koeffizienten die Relation

$$\frac{\partial}{\partial V}\left\{\frac{1}{T}\left(\frac{\partial U}{\partial T}\right)_V\right\}_T = \frac{\partial}{\partial T}\left\{\frac{1}{T}\left[\left(\frac{\partial U}{\partial V}\right)_T + p\right]\right\}_V \tag{4.63}$$

erfüllt sein. Nach Berechnung der Ableitungen geht diese Formel in die einfachere Relation

$$\left(\frac{\partial U}{\partial V}\right)_T = T\left(\frac{\partial p}{\partial T}\right)_V - p \tag{4.64}$$

über. Damit haben wir die Ableitung der inneren Energie nach dem Volumen durch direkt messbare Größen ausgedrückt und sind nunmehr fast am Ziel. Wir formen mittels dieser Beziehung die Gleichung (4.62) zu

$$dS = \frac{1}{T}C_V(T,V)\,dT + \alpha(T,V)\,dV \tag{4.65}$$

um, die wir nun integrieren können. Hierzu ordnen wir der Entropie für einen willkürlich herausgegriffenen Bezugspunkt (T_0, V_0) den Wert S_0 zu und integrieren Gleichung (4.65) von diesem Punkt bis zum Punkt (T,V). Da Gleichung (4.65) ein totales Differenzial ist, können wir den Integrationsweg beliebig wählen. Wir integrieren zunächst über T bei konstantem V und anschließend über V bei konstantem T und kommen zu dem Resultat

$$S(T,V) = S_0 + \int_{T'=T_0}^{T'=T} \frac{1}{T'} C_V(T',V)\, dT' + \int_{V'=V_0}^{V'=V} \alpha(T,V')\, dV'. \tag{4.66}$$

Mit dieser Formel haben wir unser Ziel erreicht, die Entropie durch direkt messbare Größen auszudrücken.

5 Konkrete Anwendungen

$1\,kg$ Wasser besitzt im flüssigen Aggregatzustand die Entropien

$$S = 151\,J/K \quad \text{bei} \quad T = 10°C,$$
$$S = 297\,J/K \quad \text{bei} \quad T = 20°C,$$
$$S = 437\,J/K \quad \text{bei} \quad T = 30°C.$$

(Siehe Moran & Shapiro 1995, Tabelle A-2, Die Entropieskala ist so normiert, dass für flüssiges Wasser am Tripelpunkt $S = 0$ gilt.) $1\,kg$ kaltes Wasser ($10°C$) und $1\,kg$ warmes Wasser ($30°C$) verwandeln sich bei Berührung spontan in lauwarmes Wasser ($20°C$), weil die Entropie im Endzustand ($297 + 297 = 594$) größer ist als im Anfangszustand ($151 + 437 = 588$). Die spontane Umkehrung dieses Vorganges ist hingegen nicht möglich, weil sich hierbei die Entropie des zusammengesetzten Systems von $594\,J/K$ auf $588\,J/K$ verringern müsste, was bei einer adiabatischen Zustandsänderung unmöglich ist.

Schon diese kleine Rechnung zeigt, dass die Entropie präzise Aussagen über Möglichkeit oder Unmöglichkeit von Zustandsänderungen thermodynamischer Systeme erlaubt. Damit haben wir das in der Einleitung formulierte Ziel, ein quantitatives Maß für die Irreversibilität thermodynamischer Prozesse zu finden, erreicht. Nun wollen wir lernen, mit diesem Maß der Entropie, zu arbeiten. Im vorliegenden Kapitel werden wir dazu eine Reihe konkreter Probleme aus Natur und Technik analysieren, deren Lösung nicht so offensichtlich ist wie im soeben genannten Beispiel. Wir werden uns deshalb auf Fragen konzentrieren, deren Beantwortung ohne Entropie entweder umständlich oder ganz und gar unmöglich ist.

5.1 Energiegewinnung aus dem Golfstrom

„Der Golfstrom befördert pro Sekunde etwa 50 Millionen Kubikmeter Wasser, 30 mal mehr als alle Flüsse der Welt zusammen. Er transportiert ungefähr 1.4 *Petawatt* ($1.4 \times 10^{15} W$) Leistung. Das entspricht der Energieproduktion von einer Million Kernkraftwerken." So schreibt die Online-Enzyklopädie Wikipedia in ihrer Version vom 1. Januar 2005. Könnte man dieses gigantische Potenzial der Natur nicht nutzen, um die Energieprobleme der Menschheit zu lösen? Das folgende Beispiel, in dem die Entropie eine zentrale Rolle spielt, leistet einen kleinen Beitrag zum Verständnis der Antwort.

A – Formulierung des Problems

Zunächst wollen wir die soeben aufgeworfene unscharfe Frage anhand von Abbildung 5.1 in ein wohldefiniertes thermodynamisches Problem übersetzen. Hierfür greifen wir aus dem Golfstrom gedanklich eine Wasserprobe mit der Masse $m = 1000\,kg$ und der Temperatur $T_H = 25\,°C$

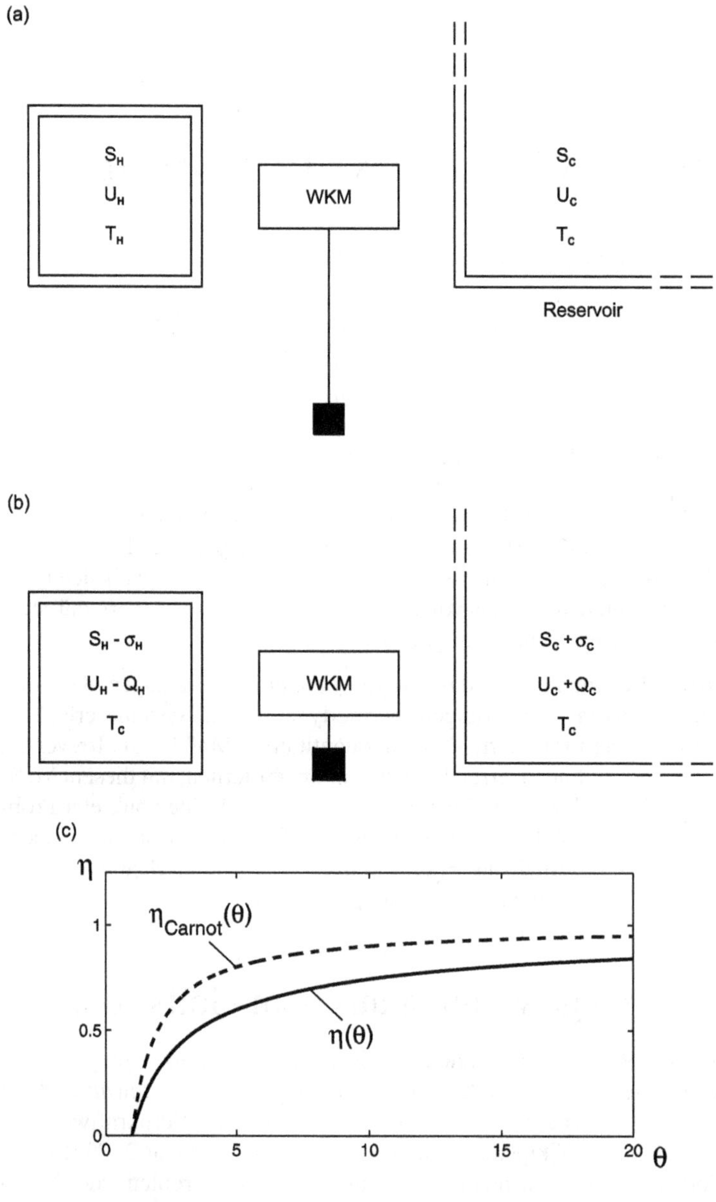

Abbildung 5.1 – Umwandlung von „Wärme" in Arbeit: (a) 1 *t* warmes Wasser und ein großes Reservoir mit kaltem Wasser werden mittels einer Wärmekraftmaschine (WKM) zur Energiegewinnung genutzt. Im Endzustand (b) besitzen beide Wassermengen die gleiche Temperatur. Die vom System geleistete Arbeit wird durch das Heben einer Last im Schwerefeld der Erde versinnbildlicht. (c) Der Wirkungsgrad η des Gesamtprozesses als Funktion der dimensionslosen Temperatur $\theta = T_H/T_C$ ist für $\theta > 1$ stets kleiner als der Carnot-Wirkungsgrad $\eta_{Carnot} = 1 - T_C/T_H$.

heraus. Dieses thermodynamische System, welches die innere Energie U_H und die Entropie S_H besitzt, sei unsere Energiequelle. Den kalten Atlantik betrachten wir als riesiges Reservoir, für dessen Masse M die Beziehung $M \gg m$ erfüllt sei und dessen Temperatur $T_C = 10\,°C$ sich auf Grund seiner schieren Größe nicht ändern möge.

Das warme Golfstromwasser besitzt gegenüber dem kalten Atlantikwasser einen Überschuss an innerer Energie, den wir als Q_H bezeichnen. Dies ist die Energie, die das Golfstromwasser abgeben müsste, um sich auf die Temperatur des Atlantiks abzukühlen. Unter Voraussetzung einer spezifischen Wärmekapazität des Wassers von $c = 4184 J/kgK$ können wir den Überschuss durch die Formel $Q_H = mc(T_H - T_C)$ zu $Q_H = 6.28 \times 10^7 J = 17.4 kWh$ berechnen. Ließe sich diese Energie vollständig in Arbeit umwandeln, so könnte man damit einen Körper mit einer Masse von $1000\,kg$ im Schwerefeld der Erde um $6400\,m$ anheben. Wie wir in Abschnitt 4.5 (Gleichung 4.25) gezeigt haben, lässt sich jedoch höchstens der Anteil $\eta_{Carnot} = 1 - T_C/T_H$ dieser Energie in Arbeit W verwandeln, der in unserem Fall 5.03% ($W = 0.87\,kWh$) beträgt. Beim Carnotschen Wirkungsgrad handelt es sich allerdings nur um eine obere Schranke. Wie groß ist der genaue Anteil? Liegt er bei 5% oder eher bei 1%? Diese Frage wollen wir im Folgenden beantworten.

Wir nehmen an, dass eine in Abbildung 5.1 dargestellte Wärmekraftmaschine dem Golfstromwasser die Energie Q_H entzieht, die Arbeit W verrichtet und die Abwärme Q_C an das kalte Atlantikwasser abgibt. Am Ende der Zustandsänderung, die man auch als *Wärmekraftprozess* bezeichnet, habe sich das Golfstromwasser auf T_C abgekühlt, die Wärmekraftmaschine sei wieder in ihren Ausgangszustand zurückgekehrt und habe – als Sinnbild für die geleistete Arbeit – ein Gewicht im Schwerefeld der Erde angehoben. Über die konkrete Konstruktion der Wärmekraftmaschine wollen wir uns zunächst keine Gedanken machen. Auf diese Frage werden wir in Abschnitt 5.4 ausführlicher eingehen. Unsere Aufgabe besteht vielmehr in der Berechnung der maximalen Arbeit, die das aus Golfstromwasser und Atlantikwasser zusammengesetzte System unter Beteiligung der Wärmekraftmaschine sowie des Gewichts zu leisten vermag. In einem ersten Schritt schreiben wir die Bedingung der Energieerhaltung in der Form

$$W = Q_H - Q_C \tag{5.1}$$

auf. Diese Gleichung ist allerdings für eine eindeutige Bestimmung von W noch nicht ausreichend. Sie erlaubt nämlich sowohl die Lösung $W = 0$ (nutzlose Wärmeabgabe an das kalte Wasser) als auch $W = Q_H$ (restlose Umwandlung der Wärme in Arbeit) sowie unendlich viele weitere Lösungen $0 \leq W \leq Q_H$. (Es gibt sogar Lösungen mit $W < 0$, doch dann handelt es sich strenggenommen nicht mehr um eine Wärmekraftmaschine, weil das Gewicht sinkt anstatt zu steigen.) Um diese Unbestimmtheit zu beseitigen, müssen wir neben der Energie- auch die Entropiebilanz in unsere Betrachtungen einbeziehen. Dazu ist es notwendig, die Entropie von Wasser zu bestimmen.

B – Entropie einer inkompressiblen Substanz

Das einfachste System, dessen Entropie sich analytisch angeben lässt, ist eine Substanz mit konstantem Volumen und temperaturunabhängiger spezifischer Wärmekapazität c. Da sich Wasser bei Änderungen von Druck und Temperatur nur geringfügig ausdehnt oder zusammenzieht, wollen wir es als eine solche *inkompressible Substanz* betrachten. Die thermische Zustandsgleichung für diesen Sonderfall lautet $V = const$. Das Volumen ist damit ebenso wie die Masse keine thermodynamische Variable mehr, und die gesamte thermodynamische Information steckt in der Funktion $S(U)$. Unsere Aufgabe beschränkt sich deshalb auf die Bestimmung der Entropie als Funktion der inneren Energie. Da die innere Energie eine eindeutige Funktion der Temperatur $T = (dS/dU)^{-1}$ ist, können wir ebensogut auch die Funktion $S(T)$ als Grundlage für die thermodynamische Beschreibung verwenden.

Ausgangspunkt für die Berechnung von $S(T)$ ist die kalorische Zustandsgleichung

$$U(T) = U_0 + mc \cdot (T - T_0) \tag{5.2}$$

einer inkompressiblen Substanz mit konstanter spezifischer Wärmekapazität (siehe zum Beispiel Moran & Shapiro 1995). Dabei bezeichnet U_0 die innere Energie der Substanz bei einer frei wählbaren Bezugstemperatur T_0. Da bei thermodynamischen Zustandsänderungen nur Differenzen der inneren Energie eine physikalische Bedeutung besitzen, kann diese Konstante beliebig gewählt werden, beispielsweise als $U_0 = 0$. Wir bilden nun von dieser Gleichung das Differenzial

$$dU = mc\,dT \tag{5.3}$$

und vergleichen es mit der Gibbsschen Fundamentalgleichung (Abschnitt 4.3, Gleichung (4.14), Sonderfall $dV = 0$)

$$dU = T\,dS. \tag{5.4}$$

Wir eliminieren dU und erhalten

$$dS = \frac{mc}{T}\,dT. \tag{5.5}$$

Nun integrieren wir diese Gleichung ausgehend von T_0 mit der Anfangsbedingung $S(T_0) = S_0$ und erhalten den gesuchten Ausdruck für die Entropie einer inkompressiblen Substanz in der Form

$$S(T) = S_0 + mc \ln \frac{T}{T_0}. \tag{5.6}$$

Das gleiche Ergebnis hätten wir auch durch Einsetzen der kalorischen Zustandsgleichung in der Form $C_V = mc$ sowie von $\alpha = 0$ in die Gleichung (4.66) erhalten. Unter Verwendung der kalorischen Zustandsgleichung (5.2) können wir die Entropie auch als Funktion der inneren Energie durch

$$S(U) = S_0 + mc \ln \left(1 + \frac{U - U_0}{mcT_0}\right) \tag{5.7}$$

ausdrücken. Die Entropie ist, wie vom Entropieprinzip gefordert, eine monotone und konkave Funktion der inneren Energie, während die innere Energie eine konvexe Funktion der Entropie darstellt. Mit Gleichung (5.6) haben wir zum ersten Mal einen konkreten Ausdruck für die

Entropie eines thermodynamischen Systems hergeleitet. Dieses Zwischenergebnis wollen wir in folgendem Satz zusammenfassen:

Entropie einer inkompressiblen Substanz: Die Entropie eines einfachen inkompressiblen thermodynamischen Systems mit temperaturunabhängiger spezifischer Wärmekapazität c hängt nicht vom Volumen ab und besitzt als Funktion der Temperatur die Form $S(T) = S_0 + mc\ln(T/T_0)$. Die Konstanten T_0 und S_0 sind frei wählbar; zum Beispiel als $T_0 = 273.15K$ und $S_0 = 0$.

Bevor wir uns wieder unserem eigentlichen Problem zuwenden, wollen wir Gleichung (5.7) noch für den wichtigen Sonderfall ($U - U_0 \ll mcT_0$) vereinfachen. In diesem Fall ändert sich die innere Energie so wenig, dass die Temperatur nahezu gleich bleibt. Daher können wir die Taylorreihenentwicklung $\ln[1 + (U - U_0)/mcT_0] \approx (U - U_0)/mcT_0$ vornehmen, aus der die Beziehung

$$S - S_0 = \frac{U - U_0}{T_0} \tag{5.8}$$

folgt. In zahlreichen Darstellungen der Thermodynamik wird eine ähnliche Relation, nämlich $dS = \delta Q/T$, zur Definition der Entropie herangezogen. Dank der Lieb-Yngvason-Theorie wissen wir jedoch, dass Entropie nicht durch Wärme und Temperatur definiert wird, sondern umgekehrt.

C – Ergebnis und Diskussion

Wir kehren zur Ausgangsfrage zurück. Unser Ziel ist es, die Unbestimmtheit der Arbeit W zu beseitigen, indem wir die Entropiebilanz in unsere Betrachtungen einbeziehen. Um die Entropieänderung des aus kaltem und warmem Wasser bestehenden thermodynamischen Systems zu berechnen, bestimmen wir zunächst die vom warmen Wasser abgegebene Entropie $\sigma_H = S(T_H) - S(T_C)$. Durch Anwendung der Gleichung (5.6) erhalten wir

$$\sigma_H = mc \ln \frac{T_H}{T_C}. \tag{5.9}$$

Das kalte Wasser ändert auf Grund der großen Masse seine Temperatur bei Aufnahme der Abwärme kaum. Deshalb können wir für die Berechnung seines Entropiezuwachses σ_C die Näherungsformel (5.8) verwenden. Das Ergebnis lautet

$$\sigma_C = \frac{Q_C}{T_C} = \frac{Q_H - W}{T_C}. \tag{5.10}$$

Wir erhalten deshalb für die Entropieänderung $\Delta S = \sigma_C - \sigma_H$ des aus kaltem und warmem Wasser bestehenden zusammengesetzten Systems unter Verwendung von $Q_H = mc(T_H - T_C)$ (Achtung, sowohl σ_C als auch σ_H sind positive Größen!) den Wert

$$\Delta S = mc\left(\frac{T_H - T_C}{T_C} - \ln \frac{T_H}{T_C}\right) - \frac{W}{T_C}. \tag{5.11}$$

Die Gleichung stellt eine Beziehung zwischen der bei unserem Wärmekraftprozess erzeugten Arbeit W und der produzierten Entropie ΔS dar. Bei unserem Vorgang handelt es sich um eine adiabatische Zustandsänderung, denn gemäß unserer Annahme besteht die einzige Veränderung außerhalb des Systems in der Höhenänderung eines Gewichts. Folglich können wir den Entropiesatz in Gestalt der Forderung $\Delta S \geq 0$ anwenden. Die linke Seite von Gleichung (5.11) kann deshalb nicht kleiner als Null werden. Daraus folgt

$$W \leq mc\left[(T_H - T_C) - T_C \ln\frac{T_H}{T_C}\right]. \qquad (5.12)$$

Die Gleichungen (5.11) und (5.12) spiegeln einen fundamentalen Zusammenhang zwischen Effizienz und Irreversibilität bei Wärmekraftprozessen wieder. Lassen wir die Energie des warmen Wassers ungenutzt in das kalte Wasser verströmen, was dem Fall $W = 0$ entspricht, so liefert Gleichung (5.11) stets $\Delta S > 0$. (Der erste Term auf der rechten Seite von (5.11) ist positiv; diese kleine Nebenrechnung sei als Übungsaufgabe empfohlen.) Folglich handelt es sich um eine irreversible Zustandsänderung. Wandeln wir hingegen einen Teil der im warmen Wasser gespeicherten Energie in Arbeit um, so wird die während des Prozesses entstehende Entropie mit wachsendem W immer kleiner, wie wir am negativen Vorzeichen des letzten Terms von Gleichung (5.11) erkennen. Erreicht W schließlich den von der Ungleichung (5.12) zugelassenen Höchstwert

$$W_{max} = mc\left[(T_H - T_C) - T_C \ln\frac{T_H}{T_C}\right], \qquad (5.13)$$

so ist die erzeugte Entropie gleich Null. Dieser Grenzfall entspricht einer reversiblen Zustandsänderung. Mit Gleichung (5.13) ist unser Ziel erreicht und die eingangs gestellte Frage beantwortet. Nebenbei haben wir etwas Nützliches über den Zusammenhang zwischen Arbeit und Irreversibilität gelernt, das wir wie folgt zusammenfassen können:

Rolle der Irreversibilität bei Wärmekraftprozessen: Ein Wärmekraftprozess zwischen zwei Reservoirs liefert die meiste Arbeit, wenn der Energieaustausch auf reversible Weise erfolgt.

Setzen wir unsere Zahlenwerte in (5.13) ein, so kommen wir zu dem Ergebnis, dass aus der verfügbaren Energie von $17.4\,kWh$ höchstens

$$W_{max} = 0.45\,kWh, \qquad (5.14)$$

das sind nur etwa 2.6%, in nutzbare Arbeit umgewandelt werden können. Diese Energie würde gerade einmal reichen, um den zu Beginn des Abschnitts erwähnten Körper auf $160\,m$ (statt $6400\,m$) anzuheben.

Unser Zahlenbeispiel verdeutlicht, dass auf Grund der relativ geringen Temperaturdifferenz nur ein sehr geringer Anteil der im Golfstrom transportierten Energie in Arbeit verwandelt werden kann. Damit ist die eingangs gestellte Frage jedoch noch nicht zufriedenstellend beantwortet. Man könnte einwenden, 2.6% der Energieproduktion von einer Million Kernkraftwerken entspräche immer noch der Leistung von 26,000 Kernkraftwerken. Dies würde für eine Versorgung der Menschheit allemal ausreichen. Die Investitions- und Betriebskosten für eine „Golfstrom-

Energiewirtschaft“ wären allerdings nach dem heutigen Stand der Technik exorbitant, so dass sie betriebswirtschaftlich nicht zu rechtfertigen sind. Von den unbekannten ökologischen Auswirkungen ganz zu schweigen.

D – Weiterführende Anregungen

Wir wollen nun unser wichtigstes Ergebnis, Gleichung (5.13), noch aus einer etwas allgemeineren Perspektive betrachten. Verwenden wir statt der dimensionsbehafteten Arbeit W den dimensionslosen Wirkungsgrad $\eta = W_{max}/mc(T_H - T_C)$ und eine durch $\theta = T_H/T_C$ definierte dimensionslose Temperatur der Wärmequelle, dann nimmt Gleichung (5.13) die besonders übersichtliche Form

$$\eta = 1 - \frac{\ln\theta}{\theta - 1} \tag{5.15}$$

an. Die in Abbildung 5.1c dargestellte Funktion $\eta(\theta)$ gibt an, welcher Anteil der in einer Energiequelle gespeicherten Energie maximal in Arbeit verwandelt werden kann. Die nach Gleichung (5.13) berechnete Größe W bezeichnet man auch als *Exergie*. Der Wirkungsgrad η ist für $\theta > 1$ stets kleiner als der Carnotsche Wirkungsgrad $\eta_{Carnot} = 1 - T_C/T_H$, den wir in dimensionsloser Form als

$$\eta_{Carnot} = \frac{\theta - 1}{\theta} \tag{5.16}$$

schreiben können. Diese Aussage, deren Beweis dem Leser als nützliche Übung anempfohlen sei, bringt zum Ausdruck, dass sich das heiße Reservoir im Laufe der Zeit abkühlt. Deshalb ist der Wirkungsgrad η kleiner als der Carnotsche Wirkungsgrad.

Die beiden Grenzfälle $\theta \to 1$ und $\theta \to \infty$ verdienen besondere Aufmerksamkeit. Im ersten Fall, der einem geringen Temperaturunterschied zwischen Wärmequelle und Reservoir entspricht, nimmt Gleichung (5.15) die Form $\eta \approx (\theta - 1)/2$ an. Davon können wir uns überzeugen, indem wir die dimensionslose Variable $x = \theta - 1$ einführen und Gleichung (5.15) für $x \ll 1$ gemäß $\ln(1+x) \approx x - x^2/2$ in eine Taylorreihe entwickeln. Übersetzen wir die erhaltene Näherungsformel zurück in dimensionsbehaftete Variablen, so erhalten wir

$$W_{max} = mc\frac{(T_H - T_C)^2}{2T_C}. \tag{5.17}$$

Die Tatsache, dass die Exergie in der Nähe von $T_H = T_C$ ein quadratisches Minimum besitzt, ist der mathematische Ausdruck für die Schwierigkeit, kleine Temperaturdifferenzen – so wie sie in der Natur vorkommen – für die Energieerzeugung nutzbar zu machen.

Im entgegengesetzten Grenzfall $\theta \to \infty$, der dem Fall einer sehr großen Temperaturdifferenz entspricht, erhalten wir $\eta \to 1$. Ausgedrückt in dimensionsbehafteten Variablen lautet dieses Resultat

$$W_{max} = mc \cdot (T_H - T_C). \tag{5.18}$$

Es besagt, dass bei großen Temperaturdifferenzen nahezu der gesamte Energieüberschuss in Arbeit verwandelt werden kann. Diese Aussage steht im Einklang damit, dass auch der Carnotsche Wirkungsgrad für $\theta \to \infty$ gegen Eins strebt.

Abschließend wollen wir noch kurz auf den Fall $T_H < T_C$ ($\theta < 1$) eingehen, bei dem die Energiequelle eine niedrigere Temperatur als das Reservoir besitzt. Hierbei strebt die in Abbildung 5.1c dargestellte Kurve gegen minus unendlich und verstößt scheinbar gegen das Prinzip, nach dem der Wirkungsgrad stets positiv und sein Betrag immer kleiner als eins ist. In Wirklichkeit ist im vorliegenden Fall η nur deshalb negativ, weil $Q_H < 0$; die vermeintliche „Energiequelle" nimmt Energie auf, anstatt abzugeben. Das scheinbare Auftreten eines Wirkungsgrades, dessen Betrag größer ist als eins, löst sich dadurch auf, dass für $\theta < 1$ die Größe η nicht mehr als Wirkungsgrad interpretiert werden darf. Denn nicht Q_H, sondern Q_C spielt jetzt die Rolle der aufgenommenen Energie. Dennoch ist es interessant festzustellen, dass für $\theta < 1$ die gewinnbare Arbeit größer sein kann, als die zum Ausgleich des Temperaturunterschiedes nötige Energie. So erhalten wir beispielsweise für $T_H = 1K$ und $T_C = 283.15K$ $\eta = -4.67$. Wir könnten also unter Zuhilfenahme eines -272.15^oC kalten Eisklumpens im Atlantik 4.67-mal mehr Arbeit erzeugen, als wir Energie zu seiner Erwärmung auf Atlantiktemperatur aufwenden müssten.

5.2 Klimatisierung von Luft

Gäbe es keine Entropie, so könnte man ein Auto mit märchenhaften Eigenschaften konstruieren. Besonders bei Hitze würde es eine segensreiche Wirkung enfalten! Sein Antriebsaggregat würde jede Sekunde $1\,kg$ (ca. $1\,m^3$) heiße Hochsommerluft mit einer Temperatur von $40°C$ ansaugen und entzöge ihm eine Energiemenge von $30\,kJ$. Diese würde vollständig in Arbeit umgewandelt und triebe das Auto mit einer Leistung von $30\,kW$ an. Durch den Energieentzug kühlte sich die Luft gleichzeitig auf angenehme $10°C$ ab und trüge zur Klimatisierung des Fahrgastraumes bei. Tanken wäre überflüssig, Klimaanlagen unnötig. Leider ist ein solches Auto Utopie, denn es wandelt innere Energie eines Reservoirs – der Außenluft – restlos in Arbeit um und widerspricht somit dem zweiten Hauptsatz der Thermodynamik in der Formulierung von Kelvin und Planck (vgl. Abschnitt 4.4B). So bleibt den Autokonstrukteuren nichts anderes übrig, als weiterhin Motoren mit immer geringerem Treibstoffverbrauch auszutüfteln und Klimaanlagen zu bauen, die möglichst wenig von der kostbaren Motorleistung abknapsen. Bevor man jedoch eine Klimaanlage entwirft, ist es wichtig zu wissen, wieviel Arbeit mindestens aufgewendet werden muss, um eine bestimmte Menge Luft auf eine vorgegebene Temperatur abzukühlen. Dieser Frage wollen wir uns im Folgenden widmen.

A – Formulierung des Problems

Wir beginnen unsere Überlegungen, indem wir die soeben formulierte Frage anhand der Abbildung 5.2 in die Sprache der Thermodynamik übersetzen. Hierzu schneiden wir $1\,kg$ Außenluft mit einer Temperatur $T_H = 40°C$ und einem Druck $p = 1.013\,bar$ (Normaldruck) gedanklich aus seiner Umgebung heraus. Wir nehmen nun an, die in Abbildung 5.2 dargestellte Kältemaschine KM entzöge der Luft die Energie Q_C und kühle sie dadurch auf $T_C = 10°C$ ab. Dabei würde an der Kältemaschine die Arbeit W verrichtet und der Außenluft, die wir als riesiges Wärmereservoir auffassen, Energie Q_H in Form von „Abwärme" zugeführt. Über die konkrete Konstruktion und Funktionsweise der Kältemaschine wollen wir uns zunächst keine Gedanken

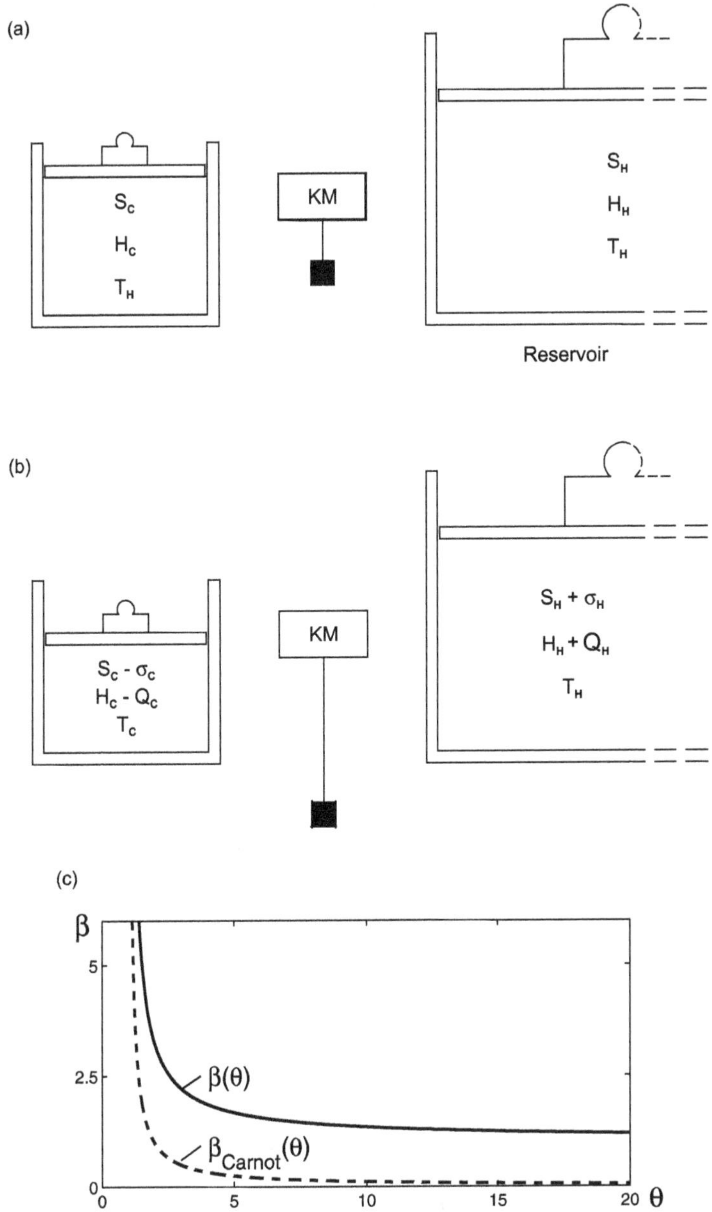

Abbildung 5.2 – Umwandlung von Arbeit in „Kälte“: (a) 1 *kg* heiße Luft wird mittels einer Kältemaschine (KM) oder einer Wärmepumpe sowie unter Zuhilfenahme eines großen Reservoirs mit ebenfalls heißer Luft abgekühlt. Im Endzustand (b) besitzt die Luft eine niedrigere Temperatur als das Reservoir. Die an der Kältemaschine verrichtete Arbeit wird durch das Absinken einer Last im Schwerefeld der Erde versinnbildlicht. (c) Der Leistungsfaktor β des Gesamtprozesses als Funktion der dimensionslosen Temperatur $\theta = T_H/T_C$ ist für $\theta > 1$ stets größer (nicht kleiner!) als der Carnot-Leistungsfaktor $\beta_{Carnot} = T_C/(T_H - T_C)$. Dieses Paradoxon wird im Text aufgelöst.

machen. Diese Frage werden wir in Abschnitt 5.5 genauer beleuchten. Wir wollen lediglich vereinbaren, dass die Kältemaschine am Ende des Prozesses wieder in ihren Ausgangszustand übergeht. Die an der Kältemaschine verrichtete Arbeit symbolisieren wir durch das Absinken eines Gewichts im Schwerefeld der Erde.

Die Energiebilanz für die in Abbildung 5.2 dargestellte Zustandsänderung lautet

$$W = Q_H - Q_C. \tag{5.19}$$

Bei der physikalischen Interpretation der Größen müssen wir einen kleinen aber wichtigen Unterschied zu dem in Abbildung 5.1 diskutierten Beispiel beachten. Im vorliegenden Fall ändert sich nämlich das Volumen der Luft während des Abkühlens, während das Wasser im ersten Beispiel als inkompressibel angenommen worden war. Deshalb ist Q_C nicht mit der Änderung der inneren Energie der kalten Luft ΔU identisch. Denn das Gewicht, welches in Abbildung 5.2a den konstant gehaltenen Druck versinnbildlicht, sinkt im Laufe des Abkühlprozesses ab und verrichtet die Arbeit $p\Delta V$ an der Luft. Folglich gilt $-Q_C = \Delta U + p\Delta V$. (Das Minuszeichen auf der linken Seite dieser Gleichung ist notwendig, damit Q_C eine positive Größe ist.) Die rechte Seite dieser Beziehung ist gleich der Änderung der Enthalpie $H = U + pV$. Damit haben wir herausgefunden, dass $-Q_C = \Delta H$. Aus diesem Grund ist in Abbildung 5.2a und b die Enthalpie, nicht die innere Energie eingetragen.

Die Energiebilanz (5.19) allein ist wie im vorgangegangenen Beispiel noch nicht ausreichend, um die gesuchte Größe W zu bestimmen. Denn nach dieser Gleichung wäre für ein gegebenes Q_C jedes $W \geq 0$ denkbar, einschließlich der vom Zweiten Hauptsatz verbotenen Möglichkeit $W = 0$, nämlich Luft ohne jegliche Arbeit abzukühlen. Um das Problem eindeutig lösen zu können, ist es erforderlich, die Entropie in unsere Betrachtung einzubeziehen. Dazu ist es jetzt notwendig, die Entropie von Luft zu berechnen.

B – Entropie eines idealen Gases

Das einfachste thermodynamische Modell für das Verhalten eines Gases ist das ideale Gas. Es wird durch die thermische Zustandsgleichung $pV = nRT$ und durch die kalorische Zustandsgleichung

$$H(T) = H_0 + nc_p \cdot (T - T_0) \tag{5.20}$$

beschrieben (Moran & Shapiro 1995). Dabei sind n die Stoffmenge des Gases mit der Einheit *mol*, $R = 8.314 J/molK$ die universelle Gaskonstante und c_p die molare Wärmekapazität bei konstantem Druck, die wir als temperaturunabhängig voraussetzen. H_0 bezeichnet die Enthalpie des Gases bei einer frei wählbaren Bezugstemperatur T_0. Da bei thermodynamischen Vorgängen nur Änderungen der Enthalpie eine physikalische Bedeutung besitzen, kann diese Konstante beliebig gewählt werden, beispielsweise als $H_0 = 0$. Wir bilden nun von dieser Gleichung das Differenzial

$$dH = nc_p dT \tag{5.21}$$

und vergleichen es mit der Gibbsschen Fundamentalgleichung für die Enthalpie (Gleichung 4.46)

$$dH = TdS + Vdp. \tag{5.22}$$

Wir eliminieren dH und erhalten

$$dS = n\left[\frac{c_p}{T}dT - \frac{R}{p}dp\right]. \tag{5.23}$$

Nun integrieren wir diese Gleichung ausgehend von T_0 und p_0 mit der Anfangsbedingung $S(T_0, p_0) = S_0$ und erhalten den gesuchten Ausdruck für die Entropie eines idealen Gases in der Form

$$S(T,p) = S_0 + n\left[c_p \ln\frac{T}{T_0} - R\ln\frac{p}{p_0}\right] \tag{5.24}$$

Um die Entropie als thermodynamisches Potenzial $S(H,p)$ aufzuschreiben, stellen wir die kalorische Zustandsgleichung nach der Temperatur um und setzen sie in die obige Gleichung ein. Das Ergebnis lautet

$$S(H,p) = S_0 + n\left[c_p \ln\left(1 + \frac{H-H_0}{nc_pT_0}\right) - R\ln\frac{p}{p_0}\right] \tag{5.25}$$

Mit Gleichung (5.24) haben wir das zweite konkrete Beispiel für die Entropie eines thermodynamischen Systems hergeleitet. Dieses Resultat fassen wir folgendermaßen zusammen:

Entropie eines idealen Gases: Die Entropie eines idealen Gases mit temperaturunabhängiger molarer Wärmekapazität c_p besitzt als Funktion von Temperatur und Druck die Form $S(T,p) = S_0 + n\left[c_p \ln(T/T_0) - R\ln(p/p_0)\right]$. Die Konstanten T_0, p_0 und S_0 sind frei wählbar; zum Beispiel als $T_0 = 273.15K$, $p_0 = 1.013\,bar$ und $S_0 = 0$.

Bevor wir uns wieder unserem Beispiel zuwenden, wollen wir die Formel (5.25) bei $p = p_0$ noch für den Fall $H - H_0 \ll nc_pT_0$ auswerten, der einer sehr kleinen Enthalpieänderung entspricht. Durch Entwicklung von (5.25) in eine Taylorreihe (zur Erinnerung: $\ln(1+x) \approx x$ für $x \ll 1$) erhalten wir das gesuchte Ergebnis

$$S - S_0 = \frac{H - H_0}{T_0}. \tag{5.26}$$

C – Ergebnis und Diskussion

Mit dem soeben hergeleiteten Entropieausdruck (5.24) können wir nun die Entropieänderung ΔS des aus kalter und warmer Luft bestehenden Systems beim Übergang vom Anfangszustand (Abbildung 5.2a) in den Endzustand (Abbildung 5.2b) berechnen. Die der Luft entzogene Entropie $\sigma_C = S(T_H, p_0) - S(T_C, p_0)$ ermitteln wir unter Verwendung der Gleichung (5.24) zu

$$\sigma_C = nc_p \ln\frac{T_H}{T_C}. \tag{5.27}$$

Da das Reservoir sehr groß ist, ändern sich seine Enthalpie und Entropie nur wenig. Wir können deshalb die zugeführte Entropie σ_H anhand der Näherungsformel (5.26) berechnen. Das Ergebnis lautet

$$\sigma_H = \frac{Q_H}{T_H} = \frac{Q_C + W}{T_H}. \tag{5.28}$$

Somit besitzt die erzeugte Entropie $\Delta S = \sigma_H - \sigma_C$ den Wert

$$\Delta S = nc_p \left(\frac{T_H - T_C}{T_H} - \ln \frac{T_H}{T_C} \right) + \frac{W}{T_H}. \tag{5.29}$$

Aus den gleichen Gründen wie in Abschnitt 5.1 handelt es sich um eine adiabatische Zustandsänderung, die der im Entropiesatz ausgedrückten Bedingung $\Delta S \geq 0$ gehorchen muss. Wenden wir diese Relation auf (5.29) an, so erhalten wir die Beziehung

$$W \geq nc_p \left[T_H \ln \frac{T_H}{T_C} - (T_H - T_C) \right]. \tag{5.30}$$

Die rechte Seite dieser Ungleichung ist stets positiv. Eine Kühlung ohne Arbeit zu verrichten ($W = 0$) ist demzufolge nicht möglich. Dies käme einer Entropieverringerung des Gesamtsystems gleich. Ähnlich wie in Abschnitt 5.1 spiegelt (5.29) den Zusammenhang zwischen Effizienz und Irreversibilität bei einem Kälteprozess wieder. Je geringer die erzeugte Entropie (ΔS auf der linken Seite von (5.29)), das heißt je „schwächer" die Irreversibilität, desto kleiner ist die zum Kühlen erforderliche Arbeit (W auf der rechten Seite von (5.29)), und desto effizienter die Kälteproduktion. Der Entropiesatz erlegt der Effizienzsteigerung allerdings eine Grenze auf, die wir erhalten, wenn wir in (5.30) das Gleichheitszeichen anwenden. Wir erhalten dann für die minimale Arbeit den Ausdruck

$$W_{min} = nc_p \left[T_H \ln \frac{T_H}{T_C} - (T_H - T_C) \right]. \tag{5.31}$$

Dies entspricht dem Fall $\Delta S = 0$, also einer reversiblen Zustandsänderung. Die gewonnene Erkenntnis können wir wie folgt zusammenfassen.

Rolle der Irreversibilität bei Kälteprozessen: Ein Kälteprozess zwischen zwei Reservoirs erfordert die geringste Arbeit, wenn der Energieaustausch auf reversible Weise erfolgt.

Um den konkreten Zahlenwert von W_{min} zu berechnen, verwenden wir für die Wärmekapazität von $1\,kg$ Luft den Wert $nc_p = 1.005 \times 10^3 J/K$. Wir setzen diesen zusammen mit $T_H = 313.15K$ und $T_C = 283.15K$ in (5.31) ein und erhalten für die zur Abkühlung notwendige minimale Arbeit

$$W_{min} = 1563\,J. \tag{5.32}$$

Damit ist unsere eingangs gestellte Frage beantwortet.

Der berechnete Zahlenwert wird anschaulicher, wenn wir uns vergegenwärtigen, dass man mit der gleichen Energie eine Masse von $1\,kg$ im Schwerefeld der Erde um etwa $160\,m$ anheben kann. Solch hoher Energieaufwand zum Abkühlen um nur dreißig Grad ist erstaunlich. Noch erstaunlicher ist indessen der Umstand, dass die Arbeit klein im Verhältnis zur entzogenen Enthalpie $Q_c = nc_p(T_H - T_C) = 30.15kJ$ ($1kg$ angehoben um ca. $3100m$) ist. Das Verhältnis der entzogenen Enthalpie zur aufgewendeten Arbeit beträgt somit $\beta = 19.5$ und drückt aus, dass wir nur $1\,J$ an Arbeit aufwenden müssen, um der Luft $19.5\,J$ an Enthalpie zu entziehen.

D – Weiterführende Anregungen

Nachdem unsere eingangs gestellte Frage beantwortet ist, wollen wir unser zentrales Ergebnis, Gleichung (5.31), noch aus einer etwas allgemeineren Perspektive betrachten. Verwenden wir statt der dimensionsbehafteten Arbeit W_{min} den dimensionslosen Leistungsfaktor $\beta = Q_C/W_{min}$ und das durch $\theta = T_H/T_C$ definierte dimensionslose Temperaturverhältnis, dann nimmt Gleichung (5.31) die besonders übersichtliche Form

$$\beta = \left(\frac{\theta \ln \theta}{\theta - 1} - 1 \right)^{-1} \tag{5.33}$$

an. Diese Abhängigkeit ist in Abbildung 5.2c dargestellt. Kleine Temperaturdifferenzen, die für die Umwandlung von Wärme in Arbeit ein Fluch waren, entpuppen sich für die Kälteerzeugung als Segen: Der Leistungsfaktor wird umso größer, je geringer die bei der Kühlung zu überwindende Temperaturdifferenz ist und divergiert im Grenzfall $T_C \to T_H$. Für sehr große Temperaturdifferenzen strebt der Leistungsfaktor gegen null.

Die beiden Grenzfälle $\theta \to 1$ und $\theta \to \infty$ wollen wir etwas genauer beleuchten. Im ersten Fall, der einem geringen Temperaturunterschied entspricht, nimmt Gleichung (5.33) die Form $\beta \approx (\theta - 1)^{-1}$ an. Davon können wir uns überzeugen, indem wir die dimensionslose Variable $x = \theta - 1$ einführen und Gleichung (5.33) unter Berücksichtigung der Beziehung $\ln(1+x) \approx x$ für $x \ll 1$ in eine Taylorreihe entwickeln. Übersetzen wir die erhaltene Näherungsformel zurück in dimensionsbehaftete Variablen, so erhalten wir

$$W_{min} = nc_p \frac{(T_H - T_C)^2}{2T_C}. \tag{5.34}$$

Die Tatsache, dass die zur Kühlung notwendige Arbeit in der Nähe von $T_H = T_C$ ein quadratisches Minimum besitzt, ist der mathematische Ausdruck für die Leichtigkeit, kleine Temperaturdifferenzen zu erzeugen.

Im entgegengesetzten Grenzfall $\theta \to \infty$, der dem Fall einer sehr großen zu überwindenden Temperaturdifferenz entspricht, erhalten wir $\beta \approx 1/\ln\theta$. Ausgedrückt in dimensionsbehafteten Variablen lautet dieses Resultat

$$W_{min} = nc_p \cdot (T_H - T_C) \ln \frac{T_H}{T_C} \tag{5.35}$$

und besagt, dass bei großen Temperaturdifferenzen die aufzuwendende Arbeit wesentlich größer ist als die dem System zu entziehende Enthalpie $nc_p(T_H - T_C)$.

An dieser Stelle wollen wir noch auf ein Paradoxon aufmerksam machen. Der Leistungsfaktor in unserem Zahlenbeispiel beträgt $\beta = 19.5$. Berechnen wir den Carnotschen Leistungsfaktor

$\beta_{Carnot} = T_C/(T_H - T_C)$, den wir unter Verwendung unserer dimensionslosen Temperatur θ in der Form

$$\beta = (\theta - 1)^{-1} \tag{5.36}$$

schreiben können, so erhalten wir nur $\beta = 9.43$! Wieso kann der Carnotsche Leistungsfaktor kleiner sein als der wirkliche Leistungsfaktor? Der scheinbare Widerspruch löst sich bei genauer Betrachtung der Voraussetzung zur Herleitung des Carnotschen Leistungsfaktors in Abschnitt 4.5 auf. Gleichung (5.36) gilt nur unter der Voraussetzung, dass T_H und T_C die Temperaturen des heißen beziehungsweise kalten Reservoirs *zu Beginn* des Kühlprozesses sind. Im vorliegenden Fall sind beide Temperaturen zu Beginn jedoch gleich. Somit kann Gleichung (5.36) nicht direkt mit Gleichung (5.33) verglichen werden. Will man die Gleichungen dennoch gegenüberstellen – wie wir in Abbildung 5.2c – so sollte man sich nicht darüber wundern, dass stets $\beta(\theta) > \beta_{Carnot}(\theta)$ gilt. Denn bei unserer Zustandsänderung ist die mittlere Temperatur, bei der die Enthalpie entzogen wird, stets größer als T_C, während für die Herleitung von Gleichung (5.36) die mittlere Enthalpieabgabetemperatur kleiner oder höchstens gleich T_C ist. Den Beweis dieser Aussage empfehlen wir als Übungsaufgabe.

Jede Kältemaschine kann im Prinzip auch als Wärmepumpe eingesetzt werden, wie wir bereits in Abschnitt 4.5 erwähnt haben. Mit der soeben entwickelten Methode sind wir in der Lage, auch die Frage zu beantworten, wieviel Arbeit eine Wärmepumpe leisten muss, um 1 kg Luft von $T_C = 10°C$ bei konstantem Druck auf $T_H = 40°C$ zu erwärmen. Durch eine kleine Modifikation unserer obigen Berechnung lässt sich zeigen, dass die mindestens erforderliche Arbeit durch den Ausdruck

$$W_{min} = nc_p \left[(T_H - T_C) - T_C \ln \frac{T_H}{T_C} \right] \tag{5.37}$$

und der maximale Leistungsfaktor $\beta = Q_H/W_{min}$ durch

$$\beta = \left(1 - \frac{\ln \theta}{\theta - 1} \right)^{-1} \tag{5.38}$$

gegeben sind.

Bei den bisherigen Überlegungen sind wir davon ausgegangen, dass die spezifische Wärmekapazität der Luft unabhängig von der Temperatur ist. Diese Näherung ist bei großen Temperaturunterschieden nicht mehr gerechtfertigt. Innere Energie und Enthalpie eines idealen Gases sind im allgemeinen Fall durch die Relationen $dU = nc_V(T)dT$ beziehungsweise $dH = nc_p(T)dT$ charakterisiert, wobei die spezifischen Wärmekapazitäten bei konstantem Volumen beziehungsweise konstantem Druck durch die Beziehung $c_p(T) - c_V(T) = R$ miteinander verknüpft sind. Eine kurze Rechnung, die wir als Übung empfehlen, führt zu dem Ergebnis, dass in diesem Falle die Entropie $S(T, p)$ die Form

$$S(T, p) = S_0 + n \left\{ \int_{T'=T_0}^{T'=T} \frac{c_p(T')}{T'} dT' - R \ln \frac{p}{p_0} \right\} \tag{5.39}$$

besitzt, während $S(T,V)$ durch

$$S(T,V) = S_0 + n\left\{ \int_{T'=T_0}^{T'=T} \frac{c_V(T')}{T'} dT' + R \ln \frac{V}{V_0} \right\} \tag{5.40}$$

beschrieben werden kann (siehe zum Beispiel Moran & Shapiro 1995).

5.3 Gleiten eines Schlittschuhs

Warum kann man auf Eis Schlittschuh laufen, jedoch nicht auf einer ebenso glatten Glasplatte? Die Antwort auf diese Frage hat mit der Druckabhängigkeit der Schmelztemperatur von Eis zu tun. Unter Normaldruck schmilzt Eis bei $0°C$. Setzt man es hingegen einem höheren Druck aus, so bleibt es selbst bei Minusgraden flüssig, denn sein Schmelzpunkt hat sich erniedrigt. Am Auflagepunkt des Schlittschuhs herrscht ein hoher Druck, der das Eis in einem räumlich eng begrenzten Bereich zum Schmelzen bringt und einen hauchdünnen Wasserfilm bildet. Auf diesem gleitet der Schlittschuh reibungsarm dahin. Wie groß ist dieser Effekt? Hängt die Schmelzpunkterniedrigung womöglich mit der Tatsache zusammen, dass Wasser beim Erstarren sein Volumen vergrößert und dass man es durch hohen Druck regelrecht in den flüssigen Aggregatzustand „hineinpresst"? Diese Fragen wollen wir im Folgenden beantworten.

A – Formulierung des Problems

Zunächst wollen wir die soeben formulierten Fragen anhand der Abbildung 5.3 in ein eindeutig gestelltes thermodynamisches Problem umwandeln. Hierzu betrachten wir $1\,kg$ Wasser, welches bei konstantem Druck einer Variation der Temperatur unterzogen wird.

Wie in Abbildung 5.3 dargestellt, beträgt beim Druck $p = 1.013\,bar$ (Normaldruck) die Schmelztemperatur $T_0 = 0°C$. Aus Experimenten ist bekannt, dass Wasser unter einem höheren Druck, beispielsweise bei $p = 10\,bar$, bei einer niedrigeren Temperatur gefriert. Unser Ziel ist es, die Schmelztemperatur als Funktion des Druckes zu berechnen. Dabei interessiert uns besonders die Frage, ob eine solche Berechnung allein auf der Grundlage experimenteller Daten *bei Normaldruck* möglich ist. Ferner wollen wir wissen, ob die Verringerung der Erstarrungstemperatur bei wachsendem Druck etwas mit der Tatsache zu tun hat, dass sich Wasser – im Gegensatz zu den meisten Substanzen – beim Gefrieren ausdehnt. Wie wir sehen werden, sind unsere Ergebnisse in ihrer Gültigkeit nicht auf das Nebeneinander von festem und flüssigem Zustand eines Stoffes beschränkt, sondern lassen sich sinngemäß auch auf den Übergang vom flüssigen in den gasförmigen Aggregatzustand – das Sieden – sowie auf die direkte Umwandlung einer festen in eine gasförmige Phase – das Sublimieren – übertragen. Die Kenntnis der Entropie ist in jedem Fall eine unabdingbare Voraussetzung zur Beantwortung der gestellten Fragen.

B – Entropie eines Zweiphasensystems

Unser System besteht aus einer chemisch einheitlichen Substanz, die gleichzeitig im festen und flüssigen Zustand vorliegt. Ein solches System bezeichnen wir als *Zweiphasensystem.* Um sei-

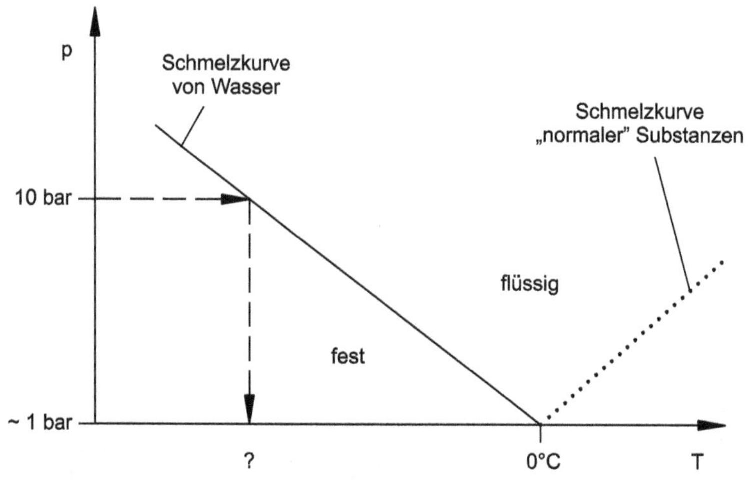

Abbildung 5.3 – Schmelzen von Eis unter Druck: Ausschnitt aus dem Phasendiagramm von Eis, welches die Absenkung des Schmelzpunktes bei Druckerhöhung verdeutlicht. Im Gegensatz zu Wasser wächst bei den meisten Substanzen die Schmelztemperatur mit dem Druck an. Dies wird durch die punktierte Linie verdeutlicht, die von $T = 0°C$ ausgeht.

ne Entropie zu bestimmen, führen wir das in Abbildung 5.4a dargestellte Gedankenexperiment durch. Da der Schmelzprozess bei konstantem Druck abläuft, ist es für die folgenden Betrachtungen günstig, die Enthalpie anstatt der inneren Energie zu verwenden. Wir erwärmen gedanklich $1\,kg$ Eis, indem wir seine Enthalpie H in kleinen Schritten erhöhen und dabei die Temperatur messen. Für $H < H_1$ steigt die Temperatur des Eises mit wachsender Enthalpie an. Bei weiterer Erhöhung der Enthalpie über den Wert $H = H_1$ hinaus (Zustand A), steigt die Temperatur nicht weiter an. Vielmehr wandelt sich das Eis allmählich in flüssiges Wasser um. Gleichzeitig verringert sich das Volumen des Systems (Zustand B). Hat die Enthalpie den Wert $H = H_2$ erreicht, so ist das gesamte Wasser flüssig (Zustand C). Weitere Enthalpieerhöhung führt nun wieder zum Anwachsen der Temperatur und des Volumens. Im Folgenden betrachten wir ausschließlich den Bereich $H_1 < H < H_2$, wo wir es mit einem Zweiphasensystem zu tun haben.

Beim Betrachten von Abbildung 5.4b fällt uns eine wichtige Eigenschaft von Zweiphasensystemen auf: Bei gegebenem Druck liegt auch die Temperatur fest. Sie ist somit keine unabhängige Variable mehr. Um das thermodynamische System dennoch stets eindeutig charakterisieren zu können, müssen wir neben dem Druck noch eine weitere unabhängige Variable einführen. Als solche verwenden wir entweder die Enthalpie oder den *Flüssigkeitsgehalt* $x = (H - H_1)/(H_2 - H_1)$ der den relativen Anteil des flüssigen Wassers an der Gesamtmasse angibt. Bei Phasenübergängen zwischen flüssigem und gasförmigem Zustand wird die analog definierte Größe als *Dampfgehalt* bezeichnet.

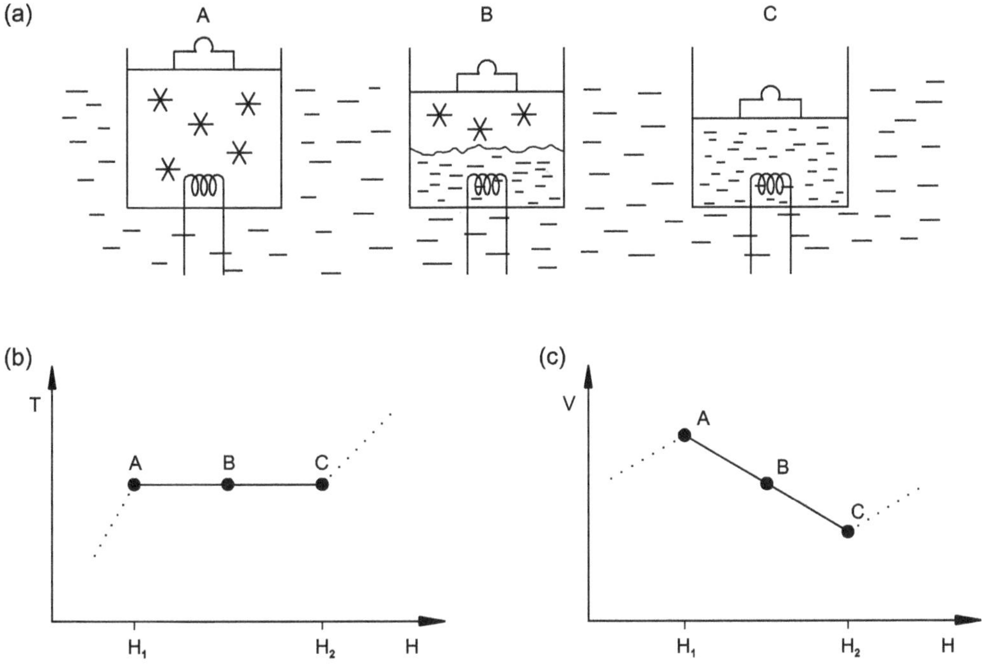

Abbildung 5.4 – Experimentelle Grundlage für die Bestimmung der Entropie eines Wasser-Eis-Gemisches: (a) Schmelzen von Eis bei konstantem Druck durch Energiezufuhr mittels einer Heizwendel. (b) Während des Schmelzvorganges bleibt die Temperatur konstant, (c) das Volumen des Systems verkleinert sich beim Schmelzen. Die Volumenänderung ist nicht maßstabsgerecht dargestellt.

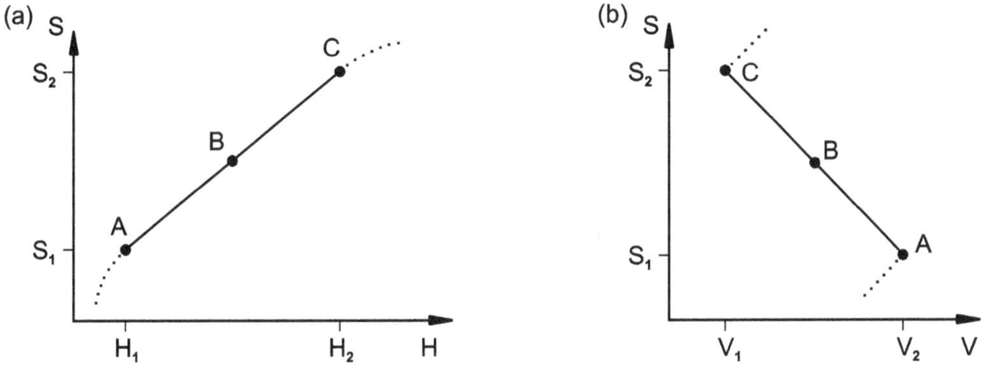

Abbildung 5.5 – Entropie eines Wasser-Eis-Gemisches: Schematische Darstellung der Entropie (a) als Funktion der Enthalpie und (b) als Funktion des Volumens jeweils bei konstantem Druck und konstanter Temperatur. Man beachte die Mehrdeutigkeit der Entropie $S(V,p)$ als Funktion des Volumens bei konstantem Druck auf Grund der Volumenvergrößerung des Wassers bei Erstarrung. Die Funktion $S(U,V)$ ist allerdings eindeutig, wie vom Entropieprinzip vorgeschrieben. Die Symbole A, B, C beziehen sich auf die in Abbildung 5.4a dargestellten Zustände.

Da der Druck bei der in Abbildung 5.4 dargestellten Zustandsänderung konstant ist, vereinfacht sich die Gibbssche Fundamentalgleichung (4.46) zu $dH = TdS$. Wie wir gesehen haben, ist die Temperatur, die man statt durch die bekannte Formel $T = (\partial U/\partial S)_V$ auch als $T = (\partial H/\partial S)_p$ darstellen kann, im Zweiphasengebiet bei gegebenem Druck konstant. Deshalb muss die Entropie eine lineare Funktion der Enthalpie sein. Dieser Sachverhalt ist in Abbildung 5.5a verdeutlicht. Bezeichnen wir die Entropie für $H = H_1$ mit S_1, so erhalten wir durch Integration des obigen Differenzials mit der Anfangsbedingung $S(H_1) = S_1$ den Ausdruck

$$S(H,p) = S_1 + \frac{H - H_1}{T} \tag{5.41}$$

Hierbei ist zu beachten, dass die Größen S_1, H_1 und T Funktionen des Druckes sind, die sich experimentell bestimmen lassen. Die Größe $H_2 - H_1$ heißt *Schmelzenthalpie*. Eine alternative Darstellung der Entropie gewinnen wir, indem wir in Gleichung (5.41) die Enthalpie durch den oben definierten Flüssigkeitsgehalt x ausdrücken und die Entropie des flüssigen Wassers als $S_2 = S_1 + (H_2 - H_1)/T$ schreiben. Nach einer kurzen Nebenrechnung ergibt sich

$$S(x,p) = (1-x)S_1 - xS_2. \tag{5.42}$$

Diese Beziehung kann man anschaulich deuten: Die Entropie eines Zweiphasensystems ist das gewichtete Mittel der Entropien des reinen Feststoffs und der reinen Flüssigkeit. Die Funktionen $S_1(p)$ und $S_2(p)$ sind tabelliert, beispielsweise in Tabelle A-2 des Lehrbuches Moran & Shapiro (1995). Eine wichtige Konsequenz des Entropieausdruckes (5.41) besteht darin, dass die freie Enthalpie $G = H - TS$ im Zweiphasengebiet konstant ist. Mit der Relation (5.41) haben wir das dritte konkrete Beispiel für die Entropie eines thermodynamischen Systems hergeleitet. Dieses Resultat fassen wir folgendermaßen zusammen:

Entropie eines Zweiphasensystems: Die Entropie eines Zweiphasensystems ist eine linear ansteigende Funktion der Enthalpie und besitzt als Funktion von Enthalpie und Druck die Form $S(H,p) = S_1 + (H - H_1)/T$. Die Größen $S_1(p)$, $H_1(p)$ und $T(p)$ sind experimentell bestimmbar und in der Regel aus Tabellen zu entnehmen.

C – Ergebnis und Diskussion

Was nützt uns die Entropie, wo wir doch eigentlich die Schmelztemperatur bestimmen wollten? Die Entropie bildet ein entscheidendes Kettenglied der Verbindung zwischen gesuchter Schmelztemperatur und gut messbarer Schmelzenthalpie. Das zweite Kettenglied ist die Maxwell-Relation $(\partial S/\partial V)_T = (\partial p/\partial T)_V$, die wir in Abschnitt 4.6B (Gleichung 4.48) abgeleitet hatten. Auf Grund der in Abbildung 5.5b illustrierten linearen Beziehung zwischen Entropie und Volumen lässt sich die linke Seite dieser Relation als

$$\left(\frac{\partial S}{\partial V}\right)_T = \frac{S_2 - S_1}{V_2 - V_1} \tag{5.43}$$

schreiben. Da der Druck nur von einer Variablen, nämlich der Temperatur, abhängt, können wir die partielle Ableitung auf der rechten Seite der Maxwell-Relation durch die totale Ableitung

$$\left(\frac{\partial p}{\partial T}\right)_V = \frac{dp}{dT} \tag{5.44}$$

ersetzen. Die Maxwell-Relation nimmt damit die Form

$$S_2 - S_1 = \frac{dp}{dT} \cdot (V_2 - V_1) \tag{5.45}$$

an. Gleichzeitig lässt sich der Entropieausdruck (5.41) für $H = H_2$ als

$$S_2 - S_1 = \frac{1}{T}(H_2 - H_1) \tag{5.46}$$

schreiben. Wir eliminieren die Entropiedifferenz aus den beiden letzten Gleichungen und erhalten das Ergebnis

$$\frac{dp}{dT} = \frac{1}{T} \cdot \frac{H_2 - H_1}{V_2 - V_1}. \tag{5.47}$$

Diese Gleichung heißt *Clapeyron-Gleichung* und enthält die Antworten auf alle eingangs gestellten Fragen. Gleichung (5.47) verknüpft den Anstieg dp/dT der in Abbildung 5.3 dargestellten Schmelzkurve $p(T)$ mit den Enthalpie- und Volumendifferenzen zwischen flüssiger und fester Phase.

Zwei Eigenschaften dieser Gleichung seien besonders hervorgehoben. Erstens besitzt der Anstieg der Schmelzkurve stets das gleiche Vorzeichen wie die Volumendifferenz $V_2 - V_1$ zwischen Flüssigkeit und Festkörper, denn $H_2 - H_1$ ist immer positiv. Da bei Wasser $V_2 - V_1 < 0$ gilt (Wasser zieht sich beim Schmelzen zusammen), besitzt $p(T)$ wie in Abbildung 5.3 dargestellt, einen negativen Anstieg und die Schmelztemperatur wird bei wachsendem Druck kleiner. Zweitens verknüpft die Clapeyron-Gleichung Enthalpien und Volumina bei einem gegebenen Druck, zum Beispiel bei Normaldruck, mit dem Schmelzpunkt für benachbarte Druckwerte. Ist die Krümmung der Kurve $p(T)$ nicht allzu groß, so können wir Schmelztemperatur und Druck in der Nähe des Punktes (T_0, p_0) durch den linearisierten Näherungsausdruck

$$p(T) \approx p_0 + \left(\frac{dp}{dT}\right) \cdot (T - T_0) \tag{5.48}$$

oder

$$T(p) \approx T_0 + \left(\frac{dp}{dT}\right)^{-1} \cdot (p - p_0) \tag{5.49}$$

miteinander verknüpfen. Um etwa die Schmelztemperatur von Eis bei $100\,bar$ näherungsweise zu berechnen, brauchen wir somit nur die Schmelzenthalpie und die Volumenänderung bei Normaldruck zu messen. Dies ist ein Beispiel für eine weitreichende Folge des Entropieprinzips.

Zur Veranschaulichung der Clapeyron-Gleichung berechnen wir den Schmelzpunkt von Eis bei hohem Druck. Ausgehend von den Zahlenwerten $H_1 = -333kJ, H_2 = 0, V_1 = 1.0908 \times 10^{-3} m^3$, $V_2 = 1.0002 \times 10^{-3} m^3$ erhalten wir

$$\frac{dp}{dT} = -135 \frac{bar}{K}. \tag{5.50}$$

Unter der Voraussetzung, dass die Schmelzkurve von Eis in der Nachbarschaft von p_0 linear verläuft, ergibt sich daraus unter Verwendung von Gleichung (5.49) bei $10\,bar$ eine Schmelztemperatur von

$$T \approx -0.074°C. \tag{5.51}$$

Damit ist unsere Berechnung beendet. Die Ausgangsfrage bleibt indessen unbeantwortet, denn die ermittelte Absenkung der Schmelztemperatur ist nicht besonders groß. Selbst wenn wir den Druck unter einem Schlittschuh großzügig aufrunden und mit $1000\,bar$ ansetzen – das entspricht einem $100\,kg$ schweren Schlittschuhläufer, dessen Gewicht auf $10\,mm^2$ ruht – erhalten wir eine Schmelztemperatur des Eises von $-7.4°C$. Wäre unsere Ausgangshypothese richtig, so dürfte Schlittschuhlaufen bei Temperaturen unterhalb von $-7.4°C$ nicht möglich sein. Doch es ist bekannt, dass man diesen Sport selbst bei $-30°C$ noch betreiben kann. Wo liegt unser Fehler?

Die physikalischen Vorgänge beim Eislaufen und übrigens auch beim Skifahren sind wesentlich vielfältiger als wir es bisher angenommen hatten. Für die Gleiteigenschaften von Schlittschuhen auf Eis sind neben der Druckabhängigkeit der Schmelztemperatur vor allem die Reibungswärme sowie die besonderen Eigenschaften von Eisoberflächen verantwortlich, die erst in den letzten Jahren aufgeklärt worden sind (Engemann et al. 2004). Eine populärwissenschaftliche Darstellung dieses faszinierenden Themas an der Schnittstelle zwischen Thermodynamik, Strömungsmechanik und Festkörperphysik ist in dem Artikel (Rosenberg 2005) zu finden.

D – Weiterführende Anregungen

Die Gültigkeit der Clapeyron-Gleichung ist nicht auf den Phasenübergang zwischen festem und flüssigem Aggregatzustand beschränkt. Dies sei anhand eines Zahlenbeispiels zur *Siedepunktverschiebung* von Wasser veranschaulicht. Bei Normaldruck beträgt der Siedepunkt von Wasser $T = 100°C$. Die Verdampfungsenthalpie von $1\,kg$ Wasser besitzt den Wert $H_2 - H_1 = 2257\,kJ$; die Volumenänderung beträgt $V_2 - V_1 = 1.676\,m^3$. Durch Anwendung der Clapeyron-Gleichung erhalten wir daraus den Wert

$$\frac{dp}{dT} = +0.036\frac{bar}{K} \tag{5.52}$$

für den Anstieg der Funktion $p(T)$, die man bei einem aus Flüssigkeit und Gas bestehenden System auch als *Dampfdruckkurve* bezeichnet. Wenden wir wieder die linearisierte Gleichung (5.49) an, so kommen wir zu dem Schluss, dass ein Überdruck (Unterdruck) von $0.036\,bar$ den Siedepunkt von Wasser um ein Grad erhöht (erniedrigt). Auf dem Gipfel des Mount Everest herrscht nur ein Viertel des normalen Luftdruckes, also $p \approx 0.25\,bar$. Wasser siedet dort gemäß Gleichung (5.49) bereits bei $T \approx 80°C$. Dadurch kann sich die Garzeit für Speisen deutlich verlängern. Deshalb müssen Alpinisten bei Expeditionen auf solch leckere Dinge wie Thüringer Klöße verzichten und sich stattdessen mit fader Industrienahrung begnügen. In einem Schnellkochtopf herrschen hingegen etwa $2\,bar$. Dies bewirkt eine Erhöhung des Siedepunktes auf $T \approx 127°C$ und verkürzt die Zubereitungszeit von Speisen.

Als Anregung zum Selbststudium sei an dieser Stelle noch der Spezialfall erwähnt, bei dem die bei Enthalpieerhöhung entstehende Phase gasförmig ist, der durch die Zustandsgleichung des idealen Gases $pV_2 = nRT$ beschrieben werden kann und ein viel größeres Volumen als die

Ausgangsphase ($V_2 \gg V_1$) besitzt. Dieser Fall tritt entweder beim Sieden oder bei der Sublimation auf. In diesem Fall können wir im Nenner der Gleichung (5.47) V_1 gegenüber V_2 vernachlässigen und V_2 durch die Zustandsgleichung des idealen Gases ausdrücken. Schreiben wir außerdem die Verdampfungsenthalpie in der Form $H_2 - H_1 = n\Delta h$ auf, bringen den Druck auf die linke Seite und benutzen $p^{-1}dp = d(\ln p)$, so nimmt die Clapeyron-Gleichung die Gestalt

$$\frac{d\ln p}{dT} = \frac{\Delta h}{RT^2} \tag{5.53}$$

an. Diese Beziehung heißt *Clausius-Clapeyron Gleichung*. Diese Gleichung erlaubt es, aus der Messung der molaren Verdampfungsenthalpie Δh den Anstieg der Dampfdruckkurve $p(T)$ zu berechnen, oder umgekehrt. Sie stellt insofern eine bemerkenswerte Konsequenz des Entropieprinzips dar, als sie eine Extrapolation des Verhaltens eines Systems bei hohem Druck auf alleiniger Grundlage von Messdaten bei Normaldruck erlaubt. Hängt zudem die Verdampfungsenthalpie nur schwach vom Druck ab, so können wir Δh als Konstante betrachten und die Clausius-Clapeyron Gleichung mit der Anfangsbedingung $p(T_0) = p_0$ integrieren. Das Resultat lautet

$$p(T) = p_0 \frac{\exp(-\Delta h/RT)}{\exp(-\Delta h/RT_0)} \tag{5.54}$$

und gibt uns einen expliziten Ausdruck für den Dampfdruck einer Substanz in die Hand.

Abschließend wollen wir uns anhand der Abbildung 5.6 einen Überblick über die Bereiche des Zustandsraums verschaffen, für die die Beschreibung der Entropie mittels Gleichung (5.41) zutrifft. In Abbildung 5.6a sind die Zustände von Wasser in einem Enthalpie-Druck-Diagramm dargestellt. Der Entropieausdruck (5.41) ist für die drei Zweiphasengebiete anwendbar. Sie grenzen die Einphasengebiete voneinander ab, in denen die Substanz ausschließlich im festen, flüssigen oder gasförmigen Aggregatzustand vorliegt. Die Zweiphasengebiete berühren einander im Tripelpunkt, der bei Wasser durch die Werte $T = 0.01°C$, $p = 0.00611\,bar$ gekennzeichnet ist.

Abbildung 5.6 macht deutlich, dass es sich bei diesem strenggenommen nicht um einen Punkt handelt, sondern im H-p-Diagramm um eine Tripellinie und im U-V-Diagramm um eine Tripelfläche. Wir hatten bereits in Abschnitt 2.5 (Abbildung 2.4) gesehen, dass am Tripelpunkt nur die Koordinaten U und V eine eindeutige Bestimmung des Zustandes eines thermodynamischen Systems sicherstellen. Jetzt hat sich diese Erkenntnis am konkreten Beispiel des Wassers bestätigt.

5.4 Berechnung einer Wärmekraftanlage

Wie kann man die in Abschnitt 5.1 behandelte Temperaturdifferenz zwischen warmem und kaltem Ozeanwasser in nutzbare mechanische Arbeit umwandeln? Dies erfolgt in einer *Wärmekraftanlage*. Im vorliegenden Abschnitt wollen wir erläutern, wie eine solche Anlage funktioniert und wie man mit Hilfe der Entropie ihren Wirkungsgrad berechnen kann. Wir werden unsere Analyse anhand einer fiktiven OTEC-Anlage (Ocean Thermal Energy Conversion) vornehmen. Solche Systeme, auch *Meereswärmekraftwerke* genannt, wurden nach der Ölkrise in den Jahren 1970 bis 1985 auf der Grundlage einer 1881 formulierten Idee des französischen

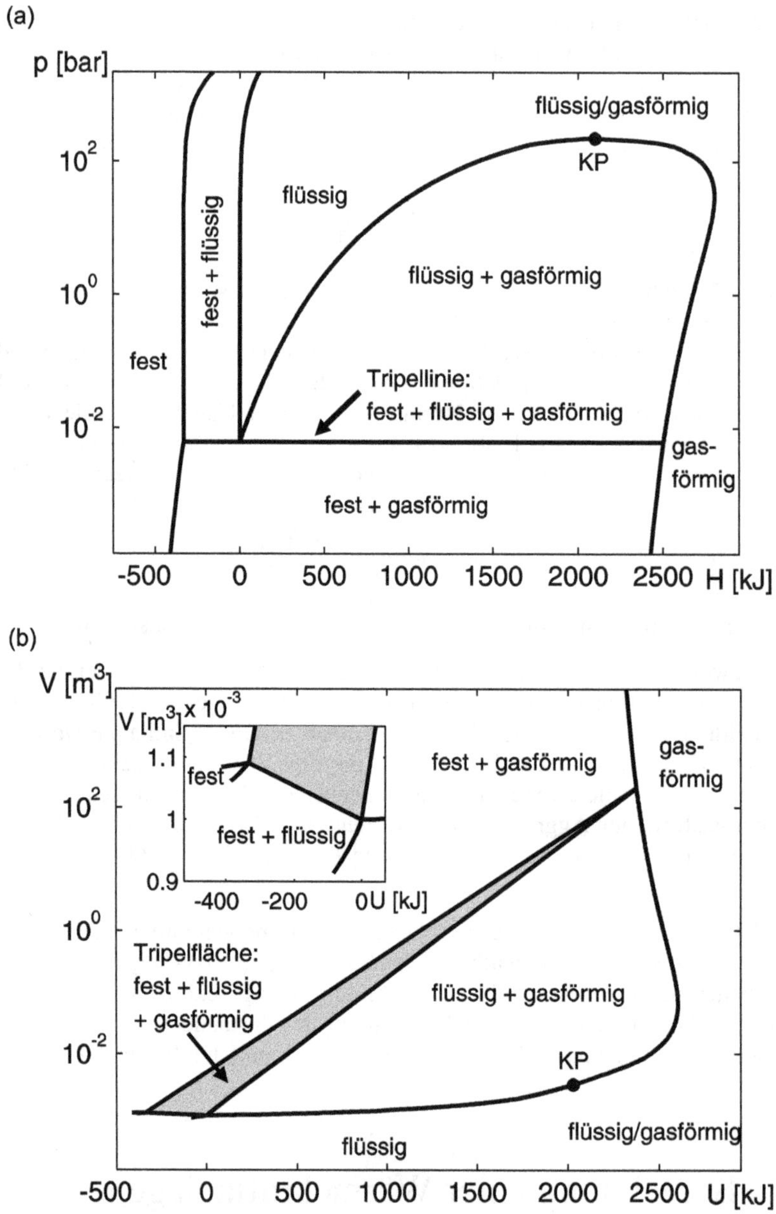

Abbildung 5.6 – Zustandsdiagramme von Wasser: Quantitative Darstellung der Ein-, Zwei- und Dreiphasengebiete von Wasser (a) im H-p-Diagramm, (b) im U-V-Diagramm. Der Tripelpunkt entspricht im H-p-Diagramm einer Tripellinie, im U-V-Diagramm einer Tripelfläche. In den Zweiphasengebieten gilt Gleichung (5.41) für die Entropie. Der kritische Punkt ist mit KP gekennzeichnet.

Wissenschaftlers Arsene d'Arsonval entwickelt (Avery & Wu 1994). Sie spielen heutzutage keine wirtschaftliche Rolle. Doch sie veranschaulichen, dass Wärmekraftprozesse nicht nur bei großen Temperaturunterschieden zum Einsatz kommen können wie sie beim Verbrennen von Kohle oder Öl typisch sind. Auch bei niedrigen Temperaturen und kleinen Temperaturdifferenzen lassen sich Wärmekraftanlagen anwenden. Die im Folgenden verwendeten Methoden lassen sich, abgesehen von Zahlenwerten, unverändert auf die Analyse von Wärmekraftanlagen in Kohle- und Kernkraftwerken übertragen.

A – Formulierung des Problems

Zunächst wollen wir die soeben formulierte unscharfe Fragestellung anhand der Abbildung 5.7 in ein präzises thermodynamisches Problem übersetzen. Die Abbildung zeigt die Funktionsweise einer speziellen Art von Wärmekraftanlagen, die als *Dampfkraftanlage* bezeichnet wird. Eine Dampfkraftanlage ist dadurch gekennzeichnet, dass sie Energie aus einem Reservoir mit hoher Temperatur aufnimmt, Energie an ein Reservoir mit niedriger Temperatur abgibt und die Differenz dieser Energien in Arbeit verwandelt. Die Besonderheit der Dampfkraftanlage besteht darin, dass sie mit einem Arbeitsstoff gefüllt ist, der in einem Kreisprozess periodische Wechsel zwischen flüssigem und gasförmigem Aggregatzustand durchläuft. Beim OTEC-Prozess verwendet man Ammoniak als Arbeitsstoff, während bei der Energieerzeugung in Kohle- und Kernkraftwerken – der wirtschaftlich wichtigsten Anwendung von Dampfkraftanlagen – Wasser eingesetzt wird.

Warmes Ozeanwasser strömt durch ein Rohrsystem, den *Dampferzeuger* (bei OTEC-Systemen auch als Verdampfer bezeichnet), und gibt hier Energie an das Ammoniak ab. Zur Vereinfachung der Analyse wollen wir annehmen, die Fördermenge des Ozeanwassers sei so groß, dass seine Temperaturabnahme beim Durchlaufen des Dampferzeugers vernachlässigt werden kann und die Temperatur näherungsweise den konstanten Wert $T_H = 20°C$ besitzt. Nach Verlassen des Dampferzeugers hat sich die innere Energie einer Masseneinheit Ozeanwasser somit um den Betrag Q_H und die Entropie um Q_H/T_H verringert.

Wir betrachten nun das Schicksal einer kleinen Ammoniakmenge, die als Flüssigkeit im Zustand 1 mit hohem Druck in den Dampferzeuger eintritt und durch Aufnahme der Energie Q_H verdampft. Im Zustand 2 besitzt sie nun ein vielfach größeres Volumen, da sie gasförmig ist. Beim Entspannen in der *Dampfturbine* verrichtet das Ammoniak Arbeit, die mittels eines *Generators* tritt das Ammoniak mit niedriger Temperatur und im entspannten Zustand 3 aus der Turbine aus. Im Ergebnis der Temperaturabnahme kondensiert ein Teil des Ammoniaks, so dass die aus der Turbine austretende Substanz ein Gemisch aus gasförmigem Ammoniak und flüssigen Ammoniaktröpfchen ist. Im *Kondensator* gibt das Ammoniak die Energie Q_C als Abwärme an das kalte Ozeanwasser ab und geht dabei vollständig in den flüssigen Aggregatzustand 4 über. Das kalte Ozeanwasser erhöht dadurch seine innere Energie und Entropie um den Betrag Q_C beziehungsweise Q_C/T_C, wobei wir wieder annehmen, dass die Temperatur des kalten Ozeanwassers $T_C = 10°C$ näherungsweise konstant sei. Im letzten Schritt wird das Ammoniak von einer *Speisepumpe* auf den hohen Druck des Ausgangszustandes 1 gebracht und wiederholt dann seinen Zyklus.

Im einem Durchlauf hat das Ammoniaktröpfchen die Energie Q_H aufgenommen, die Energie Q_C abgegeben und die Arbeit W geleistet, deren Wert auf Grund der Erhaltung der Energie durch $W = Q_H - Q_C$ gegeben ist. Unser Ziel ist es, bei gegebenen Temperaturen T_H und T_C den

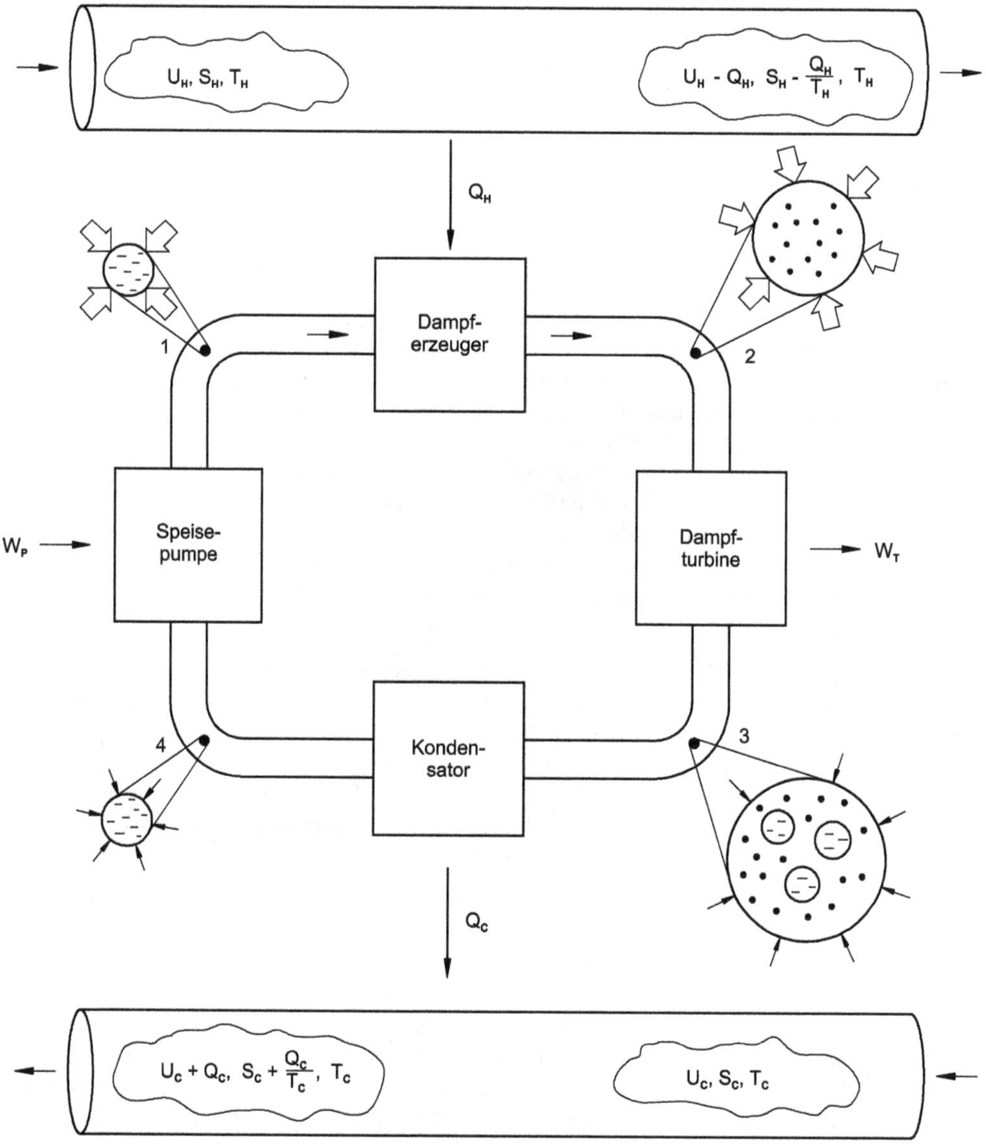

Abbildung 5.7 – Prinzip einer Dampfkraftanlage: Schematische Darstellung der vier Bestandteile einer Dampfkraftanlage sowie ihrer Wechselwirkung mit dem Energieträger (oberes Rohr) und der Kühlflüssigkeit (unteres Rohr). Die Ausschnittsvergrößerungen verdeutlichen die Aggregatzustände des Arbeitsstoffes. Die Dicke der Pfeile symbolisiert den Druck. Da sich das Volumen des flüssigen Arbeitsstoffes beim Durchlaufen der Speisepumpe kaum ändert, ist die Kompressionsarbeit nahezu Null. Wieso muss die Speisepumpe dennoch die Arbeit W_P verrichten? Dieser scheinbare Widerspruch wird in Abschnitt D und aufgelöst. Die mit Q_H und Q_C beschrifteten Pfeile versinnbildlichen den Energieaustausch. In Wirklichkeit erfolgt dieser jedoch direkt im Dampferzeuger und im Kondensator.

Wirkungsgrad $\eta = W/Q_H$ der Anlage zu berechnen. Um diese Aufgabe zu lösen, benötigen wir die thermodynamischen Daten von Ammoniak, insbesondere die Entropie.

B – Entropie von Ammoniak

Während des in Abbildung 5.7 dargestellten Prozesses liegt das Ammoniak in den Zuständen 1 und 4 als Flüssigkeit, im Zustand 2 als Gas und im Zustand 3 als Zweiphasensystem vor. Die Entropie dieser verschiedenartigen Zustände lässt sich nicht in Form einer einfachen analytischen Formel darstellen wie dies in den vergangenen drei Abschnitten der Fall war. Deshalb verwendet man in der industriellen Praxis entweder grafische Darstellungen wie das in Abbildung 5.8a gezeigte Entropie-Temperatur-Diagramm oder Tabellen wie in Abbildung 5.8b. Diese Daten werden in der Regel aus genauen Experimenten gewonnen. Der sichere Umgang mit grafischen und tabellarischen Entropiedaten gehört zum Handwerk eines auf dem Gebiet der Energietechnik tätigen Ingenieurs.

(a)

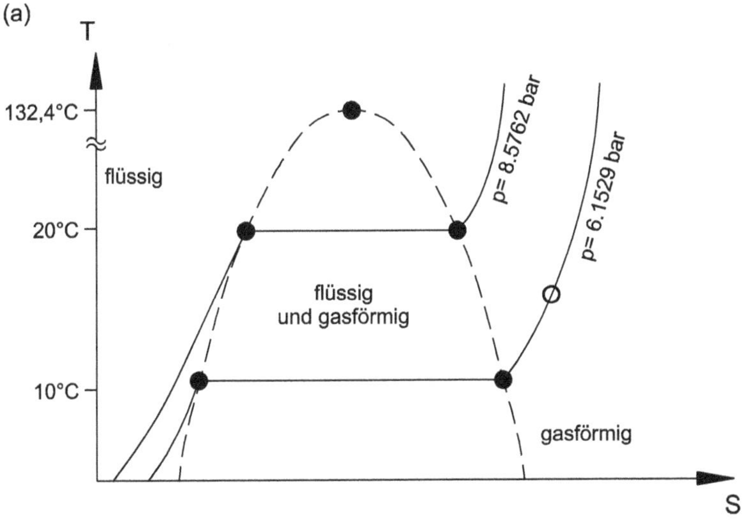

(b)

T [°C]	p [bar]	V_f [m³]	V_g [m³]	S_f [kJ/K]	S_g [kJ/K]	H_f [kJ]	H_g [kJ]
10	**6.1529**	**0.001601**	0.2054	**0.8769**	5.2033	**226.75**	1451.78
20	**8.5762**	0.001639	0.1492	1.0404	**5.0849**	274.26	**1459.90**

Abbildung 5.8 – Entropie von Ammoniak: (a) grafische und (b) tabellarische Darstellung wichtiger thermodynamischer Zustandsgrößen von Ammoniak. Die in der Tabelle fett gedruckten Zahlenwerte benötigen wir für die Berechnung des Wirkungsgrades im Abschnitt C. Alle Zahlenwerte wurden aus Moran & Shapiro (1995) entnommen. Im deutschen Sprachraum werden statt V_f, V_g, S_f, S_g häufig die Symbole V', V'', S', S'' verwendet. Die Darstellung in (a) ist nicht maßstabsgerecht. Die Zahlenwerte beziehen sich auf 1 kg Ammoniak.

In den in Abbildung 5.8a mit gasförmig und flüssig gekennzeichneten Einphasengebieten ist die Entropie eine eindeutige Funktion von Temperatur und Druck. So ergibt sich etwa die Entropie von gasförmigen Ammoniak bei $T = 15°C$ und $p = 6.1529\,bar$ aus dem mit einem offenen Kreis gekennzeichneten Schnittpunkt der entsprechenden Isobare mit einer bei $T = 15°C$ gedachten horizontalen Linie. Gleiches gilt für den flüssigen Aggregatzustand im linken Teil des Diagramms. Für die numerische Darstellung in den Einphasengebieten muss die Entropie als Funktion von T und von p tabelliert werden.

Im Zweiphasengebiet, welches in Abbildung 5.8a durch eine parabelähnliche Linie begrenzt wird, ist nur eine der beiden Größen T und p frei wählbar. Bei gegebener Temperatur $T = 20°C$ stellt sich bei Ammoniak der Dampfdruck $p = 8.5762\,bar$ ein; die Entropie ist unbestimmt. Erst bei Angabe des Dampfgehaltes x kann die Entropie des aus flüssigem Ammoniak mit der Entropie S_f und gasförmigem Ammoniak mit der Entropie S_g bestehenden Zweiphasensystems über die Formel $S = (1-x)S_f + xS_g$ bestimmt werden. Die Entropien S_f und S_g, die zugehörigen Volumina V_f und V_g sowie die Enthalpien H_f und H_g werden als Funktionen von Temperatur oder Druck üblicherweise in Form sogenannter *Dampftafeln* angegeben. Abbildung 5.8b zeigt einen Ausschnitt aus einer Dampftafel, die aus dem Lehrbuch Moran & Shapiro (1995) entnommen wurde. Die Zahlenwerte sind auf 1 kg Ammoniak bezogen. Sie sind für die vier Punkte angegeben, die in Abbildung 5.8a mit Vollkreisen markiert sind und zu $T_C = 10°C$ sowie zu $T_H = 20°C$ gehören. Die *kritische Temperatur* $T_c = 132.4°C$ ist die maximale Temperatur, bei der eine flüssige und eine gasförmige Phase miteinander koexistieren. Die kritische Temperatur T_c (kleines c) ist nicht mit der Temperatur des kalten Ozeanwassers T_C (großes C) zu verwechseln.

Die Berechnung des Wirkungsgrades einer Wärmekraftanlage erfordert sowohl Stoffdaten aus den Einphasengebieten, als auch aus dem Zweiphasengebiet. Wir werden jedoch gleich einige vereinfachende Annahmen treffen, die es uns erlauben, allein mit Daten aus dem Zweiphasengebiet auszukommen. Dadurch wird die Rechnung einfacher und übersichtlicher.

C – Ergebnis und Diskussion

Um anhand der in Abbidlung 5.8b angegebenen Stoffdaten den gesuchten Wirkungsgrad zu berechnen, gilt es zuerst, den in Abbildung 5.7 dargestellten Zuständen bestimmte Punkte im S-T-Diagramm zuzuordnen. Hierfür betrachten wir Abbildung 5.9.

Wir greifen wieder ein Massenelement Ammoniak mit der Referenzmasse heraus und nehmen an, es befinde sich auf seinem Weg durch die Dampfkraftanlage stets in einem Gleichgewichtszustand. Wir haben es also mit einer quasistatischen Zustandsänderung zu tun, deren Eigenschaften wir in Abschnitt 4.3 kennengelernt hatten. Besonders nützlich ist für uns die Tatsache, dass bei quasistatischen Zustandsänderungen die Größen Arbeit und Wärme ohne Informationen über die Umgebung des Systems berechnet werden können.

Wir beschreiben den Vorgang der Energieaufnahme im Dampferzeuger als einen isobaren Vorgang, der das Massenelement aus dem flüssigen Zustand 1 in den gasförmigen Zustand 2 überführt. Während dieses Vorganges bleibt das Ammoniak zunächst flüssig, und seine Temperatur wächst, bis sie den Wert T_H erreicht hat. Sobald das Ammoniak zu sieden beginnt, erhöht sich die Temperatur nicht weiter und die Flüssigkeit verdampft. Dies entspricht einer horizontalen Bewegung im S-T-Diagramm. Wir nehmen an, dass das Ammoniak am Ende der Energiezufuhr als *Sattdampf* im Zustand 2 vorliege. Die Energieübertragung vom Ozeanwasser auf das Ammoniak ist im Allgemeinen mit Entropieproduktion verbunden, denn zur Erzeugung eines

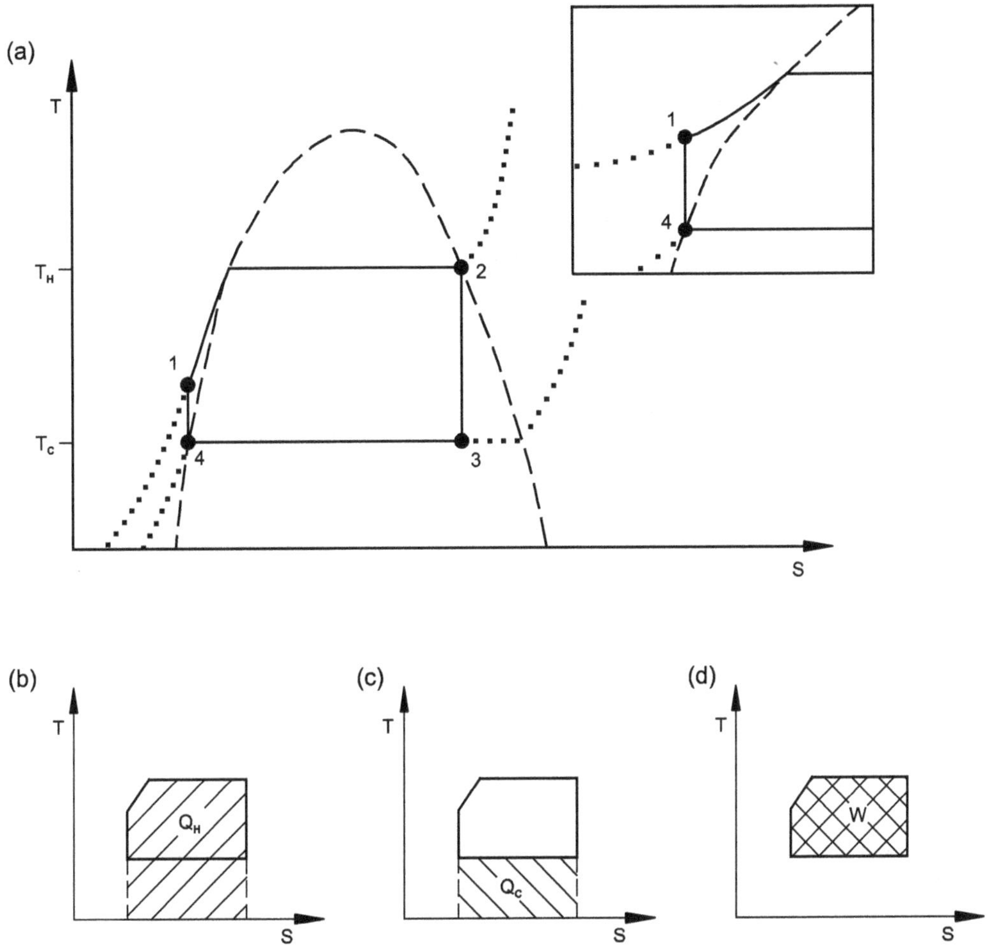

Abbildung 5.9 – Rankine-Prozess: (a) Zustandsänderungen des thermodynamischen Arbeitsstoffes beim Durchlaufen eines Rankine-Prozesses, dargestellt im Entropie-Temperatur-Diagramm unter Verwendung der in Abbildung 5.7 eingeführten Nummerierung. Die Ausschnittsvergößerung zeigt den in der Speisepumpe ablaufenden Teilprozess. Die Grafiken (b), (c), (d) verdeutlichen die geometrische Bedeutung der dem heißen Reservoir entzogenen Energie Q_H, der ans kalte Reservoir abgegebenen Energie Q_C sowie der verrichteten Arbeit W. Die t die einfachste, am stärksten idealisierte Variante des Rankine-Prozesses, nämlich ohne Überhitzung, Zwischenüberhitzung und Speisewasservorwärmung.

Wärmestroms ist eine Temperaturdifferenz zwischen Ozeanwasser und Ammoniak notwendig. Im idealisierten Grenzfall, in dem diese gegen Null strebt, verschwindet die Entropieproduktion und man spricht von *reversibler Wärmeübertragung*. Der Nobelpreisträger Richard Feynman hat im Thermodynamik-Kapitel seines berühmten Physiklehrbuches (Feynman et al. 1963) die reversible Wärmeübertragung treffenderweise als das thermodynamische Gegenstück zur reibungsfreien Bewegung in der Mechanik bezeichnet. Das Konzept der reversiblen Wärmeübertragung wird in Anhang B näher erläutert.

Die Entspannung des Ammoniakdampfes in der Turbine, die im Zustand 3 endet, beschreiben wir als einen isentropen quasistatischen Prozess. Damit verknüpfen wir nicht nur die idealisierte Vorstellung von einem unendlich langsamen Vorgang, sondern wir vernachlässigen dadurch auch die innere Reibung im expandierenden Gas. Dem Entspannungsvorgang folgt eine quasistatische isobare Energieabgabe im Kondensator. Der letzte Teilschritt ist eine Kompression in der Speisepumpe, die wir als isentrop und ebenfalls quasistatisch betrachten wollen.

Eine quasistatische Zustandsänderung, bei der Anfangs- und Endzustand übereinstimmen, bezeichnet man als einen *Kreisprozess*. Der vorliegende Kreisprozess trägt den Namen *Rankine-Prozess* und bildet ein wichtiges Modellsytem für die Analyse energietechnischer Probleme.

Zur Berechnung des thermischen Wirkungsgrades benötigen wir die Größen Q_H und Q_C, deren geometrische Deutung in Abbildung 5.9b beziehungsweise c dargestellt ist. Die vom Ammoniak im Dampferzeuger aufgenommene Energie

$$Q_H = \int_{S_1}^{S_2} T dS \tag{5.55}$$

kann unter Verwendung der Gibbsschen Fundamentalgleichung $dH = TdS + Vdp$ im vorliegenden Spezialfall eines isobaren Prozesses ($dp = 0$) durch

$$Q_H = H_2 - H_1 \tag{5.56}$$

ausgedrückt werden. H_2 kann direkt aus der Tabelle in Abbildung 5.8 abgelesen werden, doch H_1 liegt im Einphasengebiet (flüssige Phase) und wird von dieser Tabelle nicht erfasst. Wir können die Enthalpie H_1 des flüssigen Ammoniaks unter hohem Druck jedoch mittels des Näherungsausdruckes

$$H_1 \approx H_4 + (p_1 - p_4)V_4 \tag{5.57}$$

auf die Enthalpie H_4 des Ammoniaks bei $p_4 = 6.1529\,bar$ zurückführen. Diese Näherungsformel können wir aus der Beziehung $dH = Vdp$ für eine quasistatische isentrope Zustandsänderung aus dem Zustand 4 in den Zustand 1 herleiten, wenn wir voraussetzen, dass sich das flüssige Ammoniak wie eine inkompressible Flüssigkeit verhält und deshalb $V_1 = V_4$ gilt.

Die vom Ammoniak im Kondensator abgegebene Energie lässt sich in der Form

$$Q_C = \int_{S_3}^{S_4} T dS = T_C(S_4 - S_3) \tag{5.58}$$

aufschreiben. Sie ist negativ, doch wir wollen zur Verfeinfachung der Schreibweise das Vorzeichen ignorieren und Q_C als positive Größe betrachten. Unter Verwendung der letzten drei

Gleichungen können wir den Wirkungsgrad $\eta = 1 - Q_C/Q_H$ als

$$\eta = 1 - \frac{T_C(S_3 - S_4)}{H_2 - H_4 - (p_1 - p_4)V_4} \tag{5.59}$$

darstellen.

Alle zur Berechung notwendigen Größen stehen uns zur Verfügung und sind in der Tabelle in Abbildung 4.8 fett gedruckt. S_3 steht zwar nicht explizit in der Tabelle, ist jedoch mit $S_2 = S_g(20°C)$ identisch, denn die Expansion in der Turbine ist laut Voraussetzung eine isentrope Zustandsänderung. Durch Einsetzen der Zahlenwerte, die sich auf $1\,kg$ Ammoniak beziehen, erhalten wir für die aufgenommene und die abgegebene Energie sowie für die geleistete Arbeit

$$Q_H = 1233\,kJ \approx 0.34\,kWh, \tag{5.60}$$

$$Q_C = 1192\,kJ \approx 0.33\,kWh, \tag{5.61}$$

$$W = 41\,kJ \approx 0.011\,kWh, \tag{5.62}$$

und schließlich für den Wirkungsgrad

$$\eta = 3.35\%. \tag{5.63}$$

Zum Vergleich: der Carnotsche Wirkungsgrad $\eta_{Carnot} = 1 - T_C/T_H$ beträgt 3.41%. Damit ist unsere eingangs gestellte Frage beantwortet. Zwei Eigenschaften des betrachteten Systems seien besonders hervorgehoben. Zum einen liegt der berechnete Wirkungsgrad in der Nähe des Carnot-Wirkungsgrades. Daran wird deutlich, dass bei dem vorliegenden Rankine-Prozesses ein großer Teil des maximal möglichen Spielraumes für die Erzeugung von Arbeit ausgenutzt wird. Dies ist nicht immer der Fall. Bei Rankine-Prozessen in Kohlekraftwerken liegt der Wirkungsgrad deutlich unter dem eines Carnot-Prozesses. Zum anderen veranschaulicht unser Beispiel, dass der Wirkungsgrad trotz technischer Raffinessen auf Grund der geringen Temperaturunterschiede sehr klein ist.

D – Weiterführende Anregungen

Bei der soeben berechneten Arbeit W handelt es sich um die „Nettoarbeit“, die in Abbildung 5.9d eingezeichnet ist. Bei dem Versuch, diese Arbeit als die Differenz zwischen einer von der Turbine verrichteten „Bruttoarbeit“ und der zum Betrieb der Speisepumpe erforderlichen „Hilfsarbeit“ zu interpretieren, stößt man auf einen scheinbaren Widerspruch. Da sich das Volumen des flüssigen Ammoniaks bei der Kompression vom Zustand 4 in den Zustand 1 nicht ändert ($V_4 = V_1$), ergibt sich für die Arbeit, die die Pumpe am flüssigen Ammoniak verrichtet

$$W_P = -\int_{V_4}^{V_1} p\,dV = 0. \tag{5.64}$$

Wieso ist die Pumpenarbeit Null? Muss man nicht die Arbeit p_1V_1 aufwenden, um das Ammoniak in den Dampferzeuger hineinzudrücken? Gewinnt man nicht die Arbeit p_4V_4, wenn

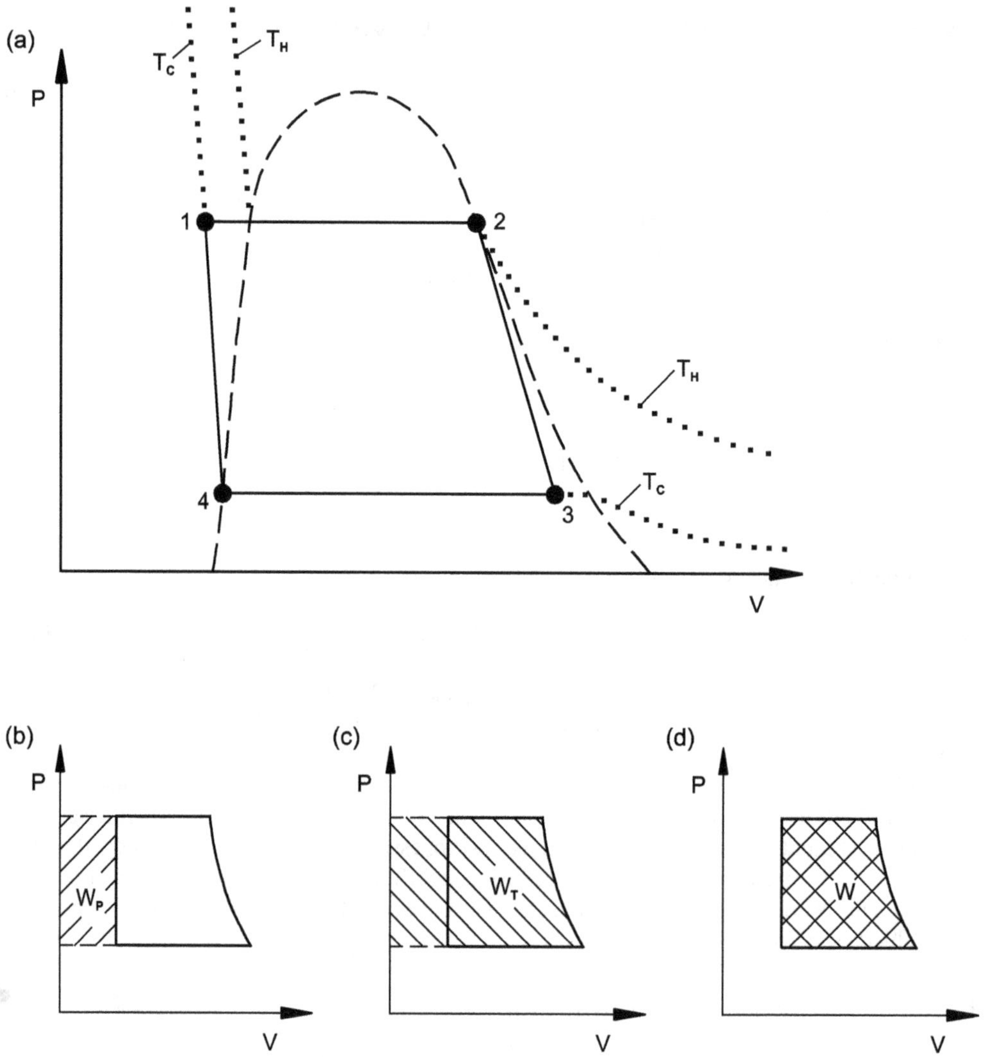

Abbildung 5.10 – Technische Arbeit: (a) Rankine-Prozess im Volumen-Druck-Diagramm, (b) und (c) geometrische Interpretation der technischen Arbeit $\int V(p)dp$ als Fläche links von einer $V(p)$-Kurve, (d) Nettoarbeit als Differenz der technischen Arbeiten in Speisepumpe und Turbine. Die Verbindungslinie zwischen den Punkten 1 und 4 würde senkrecht verlaufen, wenn der Arbeitsstoff im flüssigen Zustand inkompressibel wäre.

das Ammoniak aus dem Kondensator in die Speisepumpe eintritt? Und muss die Pumpenarbeit somit nicht den Wert $W_P = p_1V_1 - p_4V_4 = (p_1 - p_4)V_4$ besitzen?

Der Widerspruch löst sich anhand von Abbildung 5.10 auf, die unseren Rankine-Prozess im V-p-Diagramm zeigt. Die am flüssigen Ammoniak verrichtete Kompressionsarbeit $-\int p dV$ (Integration von V_4 bis V_1) ist zwar tatsächlich Null, denn $V_4 = V_1$. (Sie ist in Realität wegen der endlichen Kompressibilität der Flüssigkeit nicht exakt Null. Deshalb wurde die in Abbildung 5.10a dargestellte Verbindungslinie zwischen 4 und 1 nicht ganz vertikal gezeichnet.) Die von der Pumpe zu verrichtende Arbeit $(p_1 - p_4)V_4$ ist trotzdem von Null verschieden, denn die Pumpe muss die inkompressible Flüssigkeit gegen die Druckdifferenz $p_1 - p_4$ transportieren. Die Größe $(p_1 - p_4)V_4$ ist gleich der in Abbildung 5.10b dargestellten Fläche zwischen der nahezu vertikalen Kurve 4-1 und der Ordinate. Diese Interpretation legt es nahe, die auf beliebige quasistatische Zustandsänderungen verallgemeinerte Größe

$$W_T = \int V(p)dp \tag{5.65}$$

mit einem speziellen Namen zu versehen. Man bezeichnet sie als *technische Arbeit*. An Abbildung 5.10c und d können wir erkennen, dass die Nettoarbeit W als Differenz der technischen Arbeiten in Pumpe und Turbine interpretiert werden kann.

Anhand der Gibbsschen Fundamentalgleichung $dH = TdS + Vdp$ können wir uns zudem durch Bildung des Integrals davon überzeugen, dass bei einer quasistatischen isentropen Zustandsänderung ($dS = 0$) die technische Arbeit gleich der Differenz der Enthalpien zu Beginn und am Ende der Zustandsänderung ist.

Als Anregung zum Selbststudium wollen wir hier darauf hinweisen, dass bei den meisten Kraftwerksprozessen nicht Ammoniak, sondern Wasser als Arbeitsstoff verwendet wird. Deshalb widmen sich die meisten Lehrbücher der Thermodynamik der Analyse von Rankine-Prozessen mit Wasserdampf, die in Kohlekraftwerken sowie in Kernkraftwerken Anwendung finden und mit denen derzeit der größte Teil der Elektroenergie erzeugt wird. Die bei Kohle- und Kernkraftwerken vorliegenden Temperaturdifferenzen von über $300°C$ sind für den Betrieb einer Dampfturbine mit Wasser groß genug. Bei kleinen Temperaturdifferenzen und niedrigen Temperaturen, so wie beim betrachteten OTEC-Prozess, würden die Differenzen der Dampfdrücke von Wasser hingegen nur etwa $0.01\,bar$ betragen und für den Betrieb einer Wasserdampfturbine zu gering sein. Deshalb muss in diesem Fall ein Arbeitsstoff wie Ammoniak verwendet werden, der bei niedrigen Temperaturen und kleinen Temperaturdifferenzen wesentlich größere Druckänderungen als Wasser zeigt. Dieses Beispiel verdeutlicht, wie wichtig die Auswahl eines geeigneten Arbeitsstoffes ist.

5.5 Berechnung einer Kältemaschine

Wie kann man die in Abschnitt 5.2 betrachtete Abkühlung heißer Außenluft auf niedrige Temperaturen bei der Klimatisierung eines Autos praktisch bewerkstelligen? Hierzu dient eine Klimaanlage, die auf dem gleichen physikalischen Prinzip wie ein Haushaltskühlschrank beruht. Im vorliegenden Abschnitt wollen wir die Funktionsweise einer solchen Maschine etwas genauer kennenlernen. Insbesondere wollen wir ausrechnen, wieviel Arbeit erforderlich ist, um eine bestimmte Menge an „Kälte“ zu erzeugen. Wie wir sehen werden, spielt auch bei dieser Frage die Entropie eine zentrale Rolle.

A – Formulierung des Problems

Wir beginnen den Abschnitt mit einer präzisen Formulierung der eingangs gestellten Frage in der Sprache der Thermodynamik. Hierzu wenden wir uns der Abbildung 5.11 zu, die die Funktion einer speziellen Art von Kältemaschinen, nämlich einer *Kaltdampf-Kompressionskältemaschine* verdeutlicht. Hinter dem sperrigen Begriff verbirgt sich ein einfaches Kühlprinzip, welches uns aus dem Alltag gut bekannt ist. Steigt man an einem windigen Tag nach dem Baden aus dem Wasser, verspürt man Kälte auf der Haut, die auf die Verdunstung des Wassers zurückzuführen ist.

Eine Kaltdampf-Kompressionskältemaschine nutzt dieses Prinzip aus. Sie ist dadurch gekennzeichnet, dass sich in ihr ein Arbeitsstoff – das sogenante *Kältemittel* – in einem geschlossenen Kreislauf bewegt. Bei PKW-Klimaanlagen verwendet man als Kältemittel oft die Substanz Tetrafluorethan ($C_2H_2F_4$), die in der Fachsprache der Kältetechniker als R134a bezeichnet wird. R134a ist ein nahezu geruchloses Gas, welches bei Zimmertemperatur oberhalb eines Druckes von etwa 6 *bar* in den flüssigen Aggregatzustand übergeht.

Um die Kältemaschine in Abbildung 5.11 zu verstehen, verfolgen wir das sich stets wiederholende monotone Schicksal einer kleinen Menge Kältemittel. Es tritt im Zustand 4, einer Mischung aus Tröpfchen und Gas, in den *Verdampfer* ein. Hier wandeln sich die Tröpfchen, wie der Name sagt, vollständig in Dampf um und entziehen dabei dem zu kühlenden Luftstrom die Energie Q_C. Ein *Kompressor*, auch Verdichter genannt, drückt nun das gasförmige Kältemittel zusammen (Zustand 2), wobei es sich erwärmt. Anschließend gibt das Kältemittel im *Verflüssiger*, der auch als Kondensator bezeichnet wird, die Energie Q_H ab und verlässt ihn im flüssigen Aggregatzustand, den wir in Abbildung 5.11 als Zustand 3 bezeichnen. Zuletzt strömt das Kältemittel durch ein *Expansionsventil*, welches oft aus einer Kapillare besteht, kühlt sich dabei ab und steht nun im Zustand 4 wieder für die Kälteerzeugung zur Verfügung.

Wir wollen annehmen, im Verdampfer herrsche eine konstante Temperatur $T_C = 0°C$ und das Kältemittel verlasse den Verflüssiger mit einer Temperatur $T_H = 40°C$. In einem Duchlauf habe das Kältemittel der zu kühlenden Luft die Energie Q_C entzogen und die Energie Q_H als Abwärme an die Umgebung abgegeben. Die hierzu im Kompressor aufgewendete Arbeit W ist auf Grund der Energieerhaltung mit den genannten Energien über die Relation $W = Q_H - Q_C$ verknüpft. Unser Ziel ist es, bei gegebenen Temperaturen T_H und T_C den Leistungsfaktor $\beta = Q_C/W$ zu berechnen. Bevor wir diese Aufgabe angehen können, müssen wir uns mit den thermodynamischen Eigenschaften von R134a, insbesondere mit seiner Entropie, vertraut machen.

B – Entropie des Kältemittels R134a

Das Kältemittel liegt bei dem in Abbildung 5.11 dargestellten Prozess in den Zuständen 1 und 2 als Gas, im Zustand 3 als Flüssigkeit und im Zustand 4 als Zweiphasensystem vor. Ebenso wie in Abschnitt 5.4, lässt sich die Entropie dieser Zustände nicht in Form einer einfachen analytischen Formel angeben. Wir greifen deshalb auch hier zu grafischen und tabellarischen Daten, die in Abbildung 5.12 zusammengetragen sind. Die Zahlenwerte beziehen sich auf 1 *kg* Kältemittel.

Im Unterschied zum vergangenen Abschnitt benötigen wir für die Analyse einer Kältemaschine nicht nur Daten aus dem Zweiphasengebiet (Abbildung 5.12b), sondern auch aus dem Einphasengebiet (Abbildung 5.12c). In Letzterem sind sowohl Temperatur als auch Druck unabhängi-

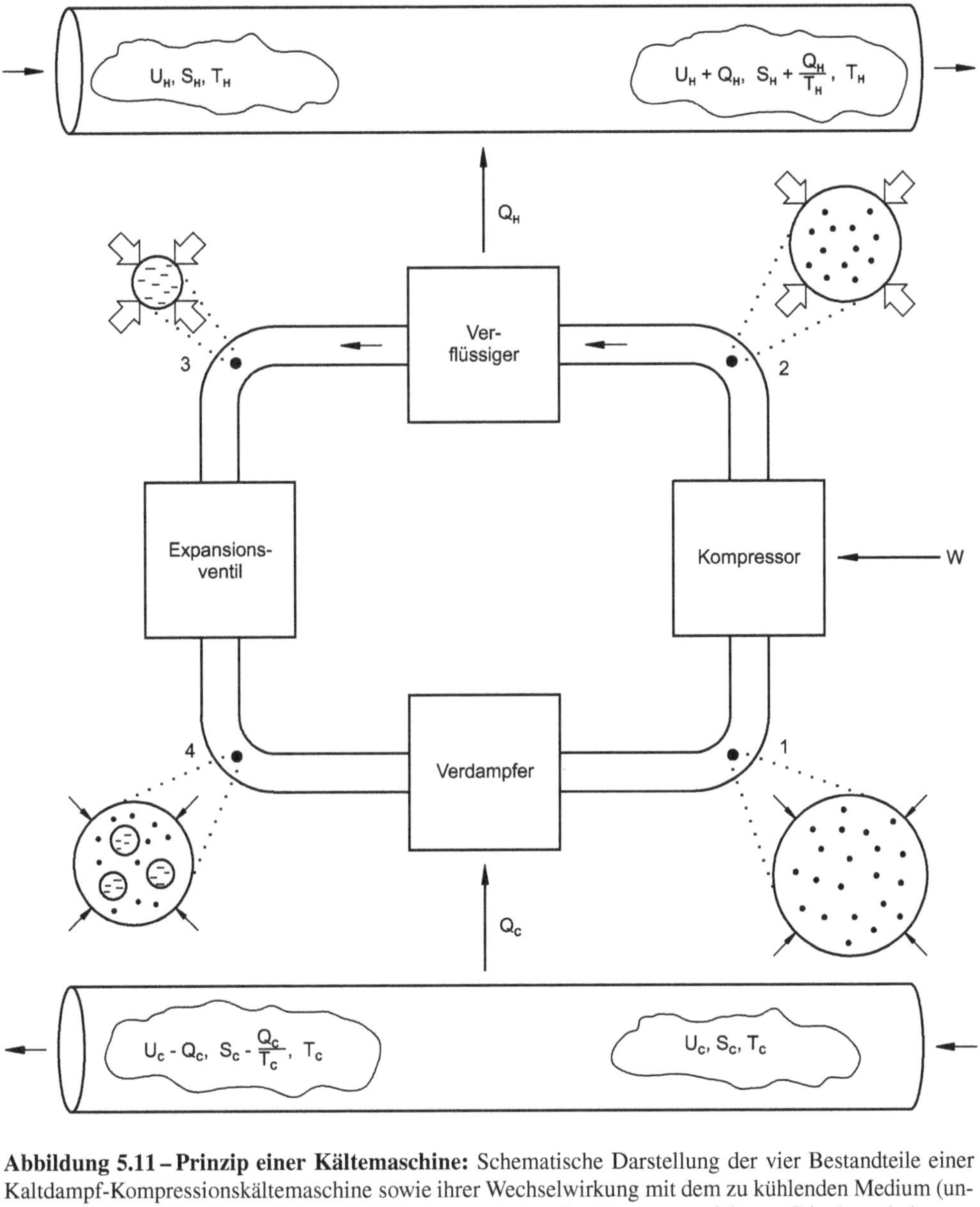

Abbildung 5.11 – Prinzip einer Kältemaschine: Schematische Darstellung der vier Bestandteile einer Kaltdampf-Kompressionskältemaschine sowie ihrer Wechselwirkung mit dem zu kühlenden Medium (unteres Rohr) und dem Kühlmedium (oberes Rohr), welches die Abwärme aufnimmt. Die Ausschnittsvergrößerungen verdeutlichen die Aggregatzustände des Arbeitsstoffes. Die Dicke der Pfeile symbolisiert den Druck. Die mit Q_H und Q_C beschrifteten Pfeile versinnbildlichen den Energieaustausch. In Wirklichkeit strömen jedoch das zu kühlende Medium unmittelbar am Verdampfer und das Kühlmedium direkt am Verflüssiger vorbei.

(a)

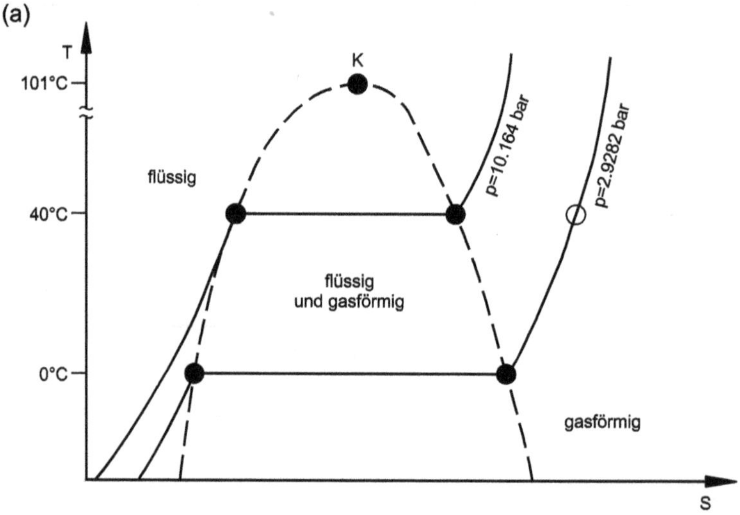

(b)

T [°C]	p [bar]	V_f [m³]	V_g [m³]	S_f [kJ/K]	S_g [kJ/K]	H_f [kJ]	H_g [kJ]
0	2.9282	0.007721	0.0689	0.1970	**0.9190**	50.02	**247.2**
40	**10.164**	0.008714	0.0199	0.3866	0.9041	**106.19**	268.24

(c)

T [°C]	p [bar]	V [m³]	S [kJ/K]	H [kJ]
40	10	0.02029	**0.9066**	**268.68**
50	10	0.02171	**0.9428**	**280.19**
50	12	0.01712	**0.9164**	**275.52**

Abbildung 5.12 – Entropie des Kältemittels R134a: (a) grafische Darstellung, (b) tabellarische Darstellung im Zweiphasengebiet, (c) tabellarische Darstellung im Einphasengebiet. Die in den Tabellen fett gedruckten Zahlenwerte benötigen wir für die Berechnung des Leistungsfaktors im Abschnitt C. Im deutschen Sprachraum werden statt V_f, V_g, S_f, S_g häufig die Symbole V', V'', S', S'' verwendet. Die Darstellung in (a) ist nicht maßstabsgerecht. Der kritische Punkt ist mit K gekennzeichnet. Alle Zahlenwerte wurden aus Moran & Shapiro (1995) entnommen und beziehen sich auf 1 *kg* R134a.

ge Variablen. Wie aus Abbildung 5.12b erkennbar wird, besitzt R134a bei der Kondensatortemperatur $0°C$ im Zweiphasengebiet einen Druck von 2.9282 *bar* und bei $40°C$ einen Druck von 10.165 *bar*. Die beiden zugehörigen Isobaren sind in Abbildung 5.12a eingezeichnet. Wollten wir etwa die Entropie von gasförmigem R134a bei $40°C$ und 2.9282 *bar* ermitteln, so müssten wir den Wert von S für den mit einem offenen Kreis gekennzeichneten Schnittpunkt der $40°C$-Isotherme mit der 2.9282 *bar*-Isobare ablesen. Für die Eigenschaften im Zweiphasengebiet gilt sinngemäß das im vorangegangenen Abschnitt über Ammoniak Gesagte.

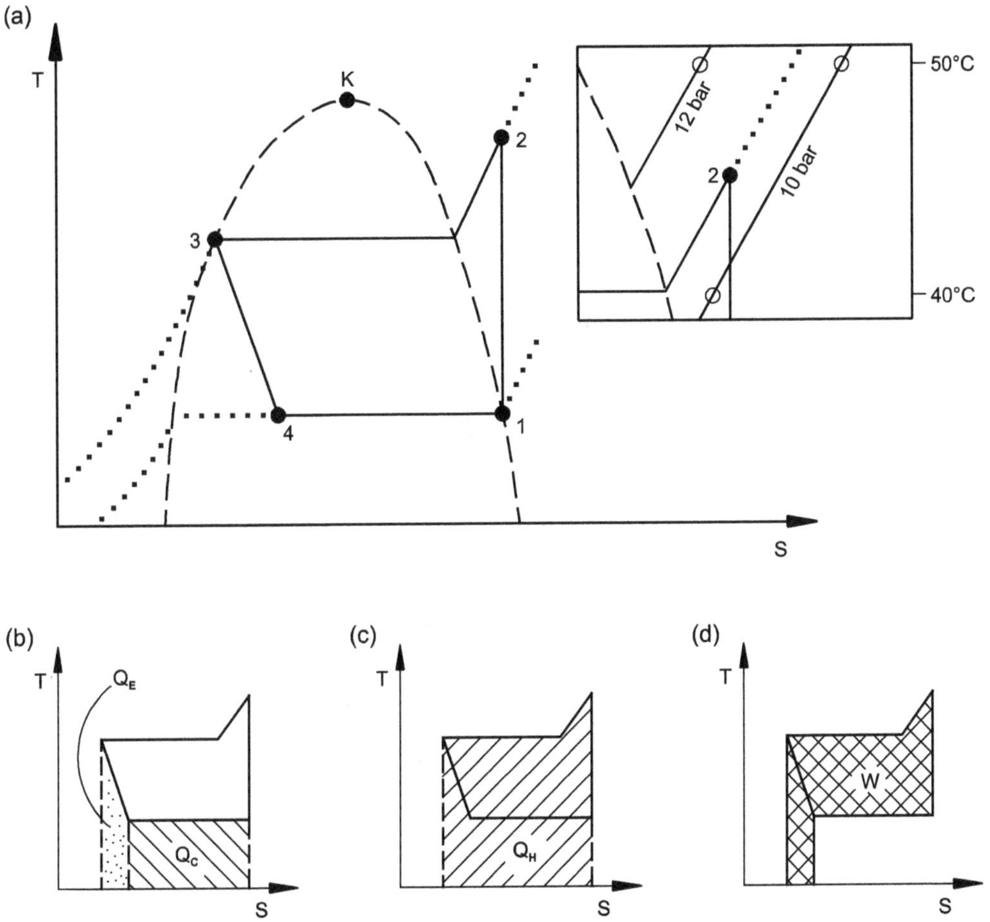

Abbildung 5.13 – Kaltdampf-Kompressionskältemaschine: (a) Zustandsänderungen des thermodynamischen Arbeitsstoffes dargestellt im Entropie-Temperatur-Diagramm unter Verwendung der in Abbildung 5.11 eingeführten Nummerierung. Die Ausschnittsvergrößerung zeigt als offene Kreise die tabellierten Stoffdaten, aus denen wir durch Interpolation die Enthalpie im Punkt 2 berechnen. Die Grafiken (b), (c), (d) verdeutlichen die geometrische Bedeutung der dem kalten Reservoir entzogenen Energie Q_C, der ans heiße Reservoir abgegebenen Energie Q_H sowie der verrichteten Arbeit W. Die Energie Q_E in (b) entsteht im Expansionsventil und ist gleich dem Betrag der beim Übergang vom Zustand 3 in den Zustand 4 geleisteten technischen Arbeit (vgl. Abschnitt 5.4C, insbesondere und Gleichung (5.65)). K ist der kritische Punkt.

C – Ergebnis und Diskussion

Zur Berechnung des Leistungsfaktors der Kältemaschine auf der Grundlage der Stoffdaten aus Abbildung 5.12 müssen wir zunächst den in Abbildung 5.11 dargestellten Zuständen eindeutige Positionen im S-T-Diagramm zuordnen. Hierzu betrachten wir Abbildung 5.13.

Wie im vergangenen Abschnitt, beschreiben wir sämtliche Vorgänge als quasistatische Zustandsänderungen. Wir nehmen an, bei der Kompression aus dem Zustand 1 in den Zustand 2 handle es sich um einen isentropen Prozess, der auf der 2.9282-*bar*-Isobare beginne und auf der 10.164-*bar*-Isobare ende. Der Kompressor muss also einen Druckunterschied von 7.2358 *bar* überwinden. Das Kältemittel verlasse den Kompressor als überhitzter Dampf, dessen Temperatur größer als $40°C$ sei. Wir wollen weiterhin annehmen, das Kältemittel durchlaufe den Kondensator bei konstantem Druck und gebe dabei seine Energie an die Umgebung ab. Die Energieabgabe sei beendet, sobald das Kältemittel vollständig verflüssigt sei und im Zustand 3 vorliege. Nun lassen wir die Substanz durch das Expansionsventil strömen, ohne dass sie dabei mit der Außenwelt Energie austausche. Dabei verringere sich die Temperatur auf $0°C$ (Zustand 4). Nun beginne der eigentliche Prozess der „Kälteerzeugung“: Das Kältemittel verdampfe unter Aufnahme von Energie, bis es im vollständig gasförmigen Zustand 1 den Verdampfer verlasse.

Wie bei der Wärmekraftmaschine in Abschnitt 5.4, handelt es sich sowohl bei der Energieaufnahme als auch bei der Energieabgabe um isobare Zustandsänderungen. Deshalb können wir die Beträge der aufgenommenen beziehungsweise abgegebenen Energien in analoger Weise als

$$Q_H = H_2 - H_3 \tag{5.66}$$
$$Q_C = H_1 - H_4 \tag{5.67}$$

aufschreiben. Während die Zustände 1, 2 und 3 eindeutig bestimmt sind, fehlt uns bislang noch eine Information, um den Zustand 4 genau zu lokalisieren. Um diese zu erhalten, machen wir von unserer Voraussetzung Gebrauch, dass das Kältemittel im Expansionsventil mit seiner Umgebung keine Energie austauscht. Seine innere Energie ändert sich deshalb nur durch das Hineinschieben ins Expansionsventil um den Wert p_3V_3 und durch das Herausschieben aus dem Expansionsventil um den Wert $-p_4V_4$. Somit gilt $U_4 - U_3 = p_3V_3 - p_4V_4$. Dies ist gleichbedeutend mit $U_4 + p_4V_4 = U_3 + p_3V_3$ und wegen der Enthalpiedefinition $H = U + pV$ mit

$$H_3 = H_4. \tag{5.68}$$

Damit haben wir gezeigt, dass die Expansion im Expansionsventil eine *isenthalpische Zustandsänderung* ist. Deshalb können wir den Leistungsfaktor $\beta = Q_C/W = Q_C/(Q_H - Q_C)$ in der Form

$$\beta = \frac{H_1 - H_3}{H_2 - H_1} \tag{5.69}$$

aufschreiben. Jetzt müssen wir nur noch die Enthalpien H_1, H_2 und H_3 berechnen. Diese Aufgabe erfordert keine neuen physikalischen Überlegungen, sondern lediglich etwas rechnerische Fleißarbeit. Wir gehen davon aus, dass in unserem System 1 *kg* Kältemittel zirkuliere. Aus der in Abbildung 5.12b angegebenen Tabelle entnehmen wir dann $H_1 = 247.2\,kJ$. Die Bestimmung von H_2 erfordert etwas mehr Rechenarbeit, weil wir die Temperatur T_2 am Ende des Kompressionsprozesses nicht kennen. Hier hilft uns die Entropie weiter, wie die Ausschnittsvergrößerung in Abbildung 5.13a zeigt. Da der Übergang von 1 nach 2 ein isentroper Prozess ist, gilt $S_2 = S_1 = 0.919\,kJ/K$. Aus Abbildung 5.12c kennen wir die Enthalpie $H(S,p)$ für drei Wertepaare von (S,p), die in Abbildung 5.13a (Ausschnittsvergrößerung) als drei offene Kreise dargestellt sind. Aus diesen drei Wertepaaren müssen wir durch Interpolation den Wert von H für $S = 0.919\,kJ/K$ und $p = 10.164\,bar$ bestimmen.

Für die Interpolation ist folgende kleine Nebenrechnung erforderlich: Wir beschreiben die unbekannte Funktion $H(S,p)$ näherungsweise durch eine Ebene, die von den drei in der Tabelle angegebenen Werten für S, p und H aufgespannt wird. Eine solche Ebene können wir in der Form

$$H(S,p) = a + bS + cp \tag{5.70}$$

darstellen. Zur Bestimmung der drei unbekannten Koeffizienten a, b und c setzen wir nacheinander die drei in der Tabelle gegebenen Wertegruppen ein, woraus sich das lineare Gleichungssystem

$$268.68 = a + 0.9066b + 10c \tag{5.71}$$

$$280.19 = a + 0.9428b + 10c \tag{5.72}$$

$$275.52 = a + 0.9164b + 12c \tag{5.73}$$

ergibt. Da wir hier eine rein mathematische Aufgabe vor uns haben, ignorieren wir für einen Moment alle Maßeinheiten. Es handelt sich hier um ein lineares algebraisches Gleichungssystem für a, b und c, dessen Lösung wir dem Leser als Übungsaufgabe überlassen. Das Ergebnis $a \approx 38.204$, $b \approx 317.96$, $c \approx 1.8621$ liefert uns mit (5.70) für $S = 0.919\,kJ/K$ und $p = 10.164\,bar$ die gesuchte Enthalpie $H_2 = 272.9\,kJ$. Als kleinen Abstecher haben wir mittels einer analogen Interpolation noch die Temperatur $T_2 = 44°C$ berechnet. Sie wird jedoch für die weitere Untersuchung nicht benötigt und dient lediglich der Illustration.

Der letzte noch fehlende Enthalpiewert $H_3 = 106.19\,kJ$ ist schnell aus der Tabelle in Abbildung 5.12b gewonnen. Daraus erhalten wir mit den Gleichungen (5.66) $Q_C = 141\,kJ$, $Q_H = 167\,kJ$ und $W = 26\,kJ$ schließlich den gesuchten Leistungsfaktor

$$\beta = 5.42. \tag{5.74}$$

Im Vergleich dazu beträgt der Carnot-Leistungsfaktor

$$\beta_{Carnot} = 6.28. \tag{5.75}$$

Er ist wie erwartet größer als der reale Leistungsfaktor. Der Leistungsfaktor gibt uns an, dass wir bei den gegebenen Parametern mit $1\,kW$ Kompressorarbeit eine *Kälteleistung* von $5.42\,kW$ erzeugen. Damit ist unsere eingangs gestellte Frage beantwortet.

D – Weiterführende Anregungen

Die isenthalpische Zustandsänderung $3 \to 4$ im Expansionsventil ist es wert, noch etwas genauer beleuchtet zu werden. Die dabei umgesetzte technische Arbeit $W_t = \int V(p)dp$ wird im Unterschied zur technischen Arbeit in einer Dampfturbine (vgl. Abschnitt 5.4D) nicht nach außen abgegeben, sondern sofort in Wärme umgewandelt, die im System verbleibt und in Abbildung 5.13b als Q_E bezeichnet wird (E steht für Expansion). Da die Gibbssche Fundamentalgleichung für einen isenthalpischen Prozess die Form $0 = TdS + Vdp$ annimmt, gilt $|Q_E| = |W_t|$, das heißt, im Expansionsventil wird „gute" Arbeit in „schlechte" Wärme umgewandelt. Dieser Umstand wirkt sich nachteilig auf den Leistungsfaktor aus, wie in Abbildung 5.13d dargestellt. Es muss in der Tat mehr Arbeit geleistet werden, als bei einem System, in dem der Prozess $3 \to 4$ isentrop verläuft.

Wir haben bis jetzt nicht danach gefragt, wie die Temperaturen T_C und T_H in der Praxis gewählt werden müssen. Die Methode zu ihrer Festlegung beim Entwurf einer Kältemaschine bildet ein anschauliches Beispiel dafür, wie eng die Thermodynamik mit dem benachbarten Fachgebiet Wärmeübertragung verflochten ist. Ginge es bei der Konstruktion lediglich um einen möglichst großen Leistungsfaktor, so müsste man die Verflüssigungstemperatur T_H möglichst klein und die Verdampfungstemperatur T_C möglichst groß wählen. Dies ist der Fall, wenn T_C mit der Temperatur des zu kühlenden Mediums und T_H mit der Temperatur des wärmeaufnehmenden Mediums übereinstimmen. Gleichwohl würde in einem solchen Fall, wie in Anhang B erläutert, die Übertragung der Energien Q_H und Q_C unendlich lange dauern. Gemäß den Gesetzmäßigkeiten der Wärmeübertragung, die sich im Gegensatz zur Thermodynamik mit der Geschwindigkeit von Wärmeausgleichsprozessen beschäftigt, ist es für einen intensiven Wärmestrom hingegen vorteilhaft, wenn die Temperaturdifferenz zwischen Verflüssiger und Kühlmedium einerseits und Verdampfer und zu kühlendem Medium andererseits möglichst groß sind. Das wiederum verschlechtert den Leistungsfaktor. Die sich widersprechenden Forderungen nach hohem Leistungsfaktor und schneller Wärmeübertragung werden in Lehrbüchern der Kältetechnik ausführlich abgehandelt, deren Studium wir dem Leser an dieser Stelle empfehlen.

Abschließend wollen wir darauf hinweisen, dass es neben den Kaltdampf-Kompressionskältemaschinen noch zwei weitere wichtige Arten von Kälteanlagen gibt, nämlich die *Absorptionskältemaschinen* und die *Gaskältemaschinen*. Absorptionskältemaschinen ermöglichen es, mit einem geringen Aufwand an Kompressionsarbeit Kälte zu erzeugen. Sie sind deshalb für die Nutzung von Abwärme in Kraftwerken und von Solarenergie geeignet. Sie verwenden als Arbeitsstoff eine Mischung, die zum Beispiel aus Wasser und Ammoniak besteht. Gaskältemaschinen eignen sich zum Erzeugen sehr tiefer Temperaturen und verwenden einen Arbeitsstoff, der während des Kälteprozesses stets im gasförmigen Aggregatzustand bleibt, zum Beispiel Helium. Sie werden beispielsweise zum Kühlen supraleitender Magnete in Magnetresonanz-Tomographen (MRT) verwendet.

5.6 Herstellung von Ammoniak

Eine zuverlässige Versorgung mit hochwertigen Lebensmitteln ist für uns heute eine Selbstverständlichkeit. Noch im zwanzigsten und erst recht in den früheren Jahrhunderten wurde die Menschheit hingegen oft von Hungersnöten heimgesucht, die in erster Linie dem Fehlen wissenschaftlicher Methoden zur systematischen Steigerung von Erträgen geschuldet waren. Es ist zum großen Teil dem Ammoniak als Grundstoff für zahlreiche synthetische Düngemittel zu verdanken, dass uns durch eine intensive und auf wissenschaftlicher Grundlage betriebene Landwirtschaft die existenziellen Sorgen unserer Vorfahren unbekannt sind. Ammoniak ist einer der wichtigsten Grundstoffe der chemischen Industrie. Ammoniak wird nach dem Haber-Bosch-Verfahren aus Stickstoff und Wasserstoff hergestellt. Diesem Prozess liegt die Reaktion

$$N_2 + 3H_2 \rightleftarrows 2NH_3 \tag{5.76}$$

zugrunde. Welches sind die optimalen Werte von Temperatur und Druck für die Gewinnung von Ammoniak? Wieviel Ammoniak kann man aus einer gegebenen Menge Stickstoff und Wasserstoff maximal herstellen? Diese Fragen wollen wir im vorliegenden Abschnitt beantworten.

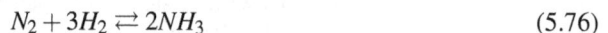

A – Formulierung des Problems

Wir übersetzen zunächst die eingangs gestellten Fragen anhand der Abbildung 5.14 in die Sprache der Thermodynamik. Dazu betrachten wir einen Reaktionsbehälter, der wie in Bild (a) gezeigt, mit einem Mol Stickstoff und drei Mol Wasserstoff gefüllt ist und dessen Temperatur und Druck konstant gehalten werden. Dieser Zustand ist kein Gleichgewichtszustand. Überlassen wir das System nämlich sich selbst, so beobachten wir, dass die beiden Gase miteinander zu Ammoniak reagieren. Würde man die Stoffmengen der drei an der Reaktion beteiligten Gase als Funktion der Zeit messen, so ergäbe sich der in Bild (b) qualitativ dargestellte Verlauf. Nach einer bestimmten Zeit, deren Dauer nicht Gegenstand der Thermodynamik ist, stellt sich ein Gleichgewichtszustand ein, siehe Bild (c), in dem sich die Stoffmengen nicht mehr ändern. Wir wollen wissen, wie groß in diesem Zustand die Stoffmengen n_{N_2}, n_{H_2} und n_{NH_3} sind.

Auf den ersten Blick scheint sich dieses Problem lösen zu lassen, indem man die Entropie $S(T,p,n_{N_2},n_{H_2},n_{NH_3})$ des in Abbildung 5.14c dargestellten Zustandes aufschreibt und bei konstant gehaltenen Werten von T und p sowie bei konstanter Zahl von Stickstoffatomen $N_{N_2} = 2\cdot n_{N_2} + 1\cdot n_{NH_3}$ und Wasserstoffatomen $N_{H_2} = 2\cdot n_{H_2} + 3\cdot n_{NH_3}$ das Maximum von S bezüglich der Stoffmengen bestimmt. Dies ist jedoch ein Trugschluss, denn der Übergang aus dem Anfangszustand (Abbildung 5.14a) in den Endzustand (Abbildung 5.14c) ist keine adiabatische Zustandsänderung, auf die wir den Entropiesatz anwenden könnten. Die Reaktion ist nämlich exotherm; der Reaktionsbehälter gibt zur Aufrechterhaltung konstanter Temperatur Wärme an seine Umgebung ab.

Um den Gleichgewichtszustand dennoch berechnen zu können, müssen wir bei Anwendung des Entropiesatzes sowohl den Reaktionsbehälter als auch seine Umgebung in unsere Betrachtungen einbeziehen. Dies tun wir in Abbildung 5.15. Wir nehmen an, die Temperatur im Reaktionsbehälter werde konstant gehalten, indem wir ihn mit einem sehr großen Reservoir thermisch verbinden. Ferner wollen wir bei der Analyse davon ausgehen, dass das aus Reaktionsbehälter und Reservoir bestehende zusammengesetzte System eine adiabatische Zustandsänderung aus dem Anfangszustand gemäß Abbildung 5.15a in den Endzustand gemäß Abbildung 5.15b durchläuft, die die Besonderheit besitzt, dass sich die Zustände nur um einen infinitesimalen Betrag der Entropie voneinander unterscheiden. Auf diese Zustandsänderung können wir den Entropiesatz anwenden, um festzustellen, ob eine Umverteilung zwischen den Ausgangsprodukten N_2 und H_2 einerseits und dem Reaktionsprodukt NH_3 andererseits die Entropie des Gesamtsystems vergrößert. Obwohl der Anfangszustand strenggenommen kein Gleichgewichtszustand sein kann, ähnlich wie bei einem aus seiner Gleichgewichtslage ausgelenkten Pendel, ist es trotzdem sinnvoll, die Entropien der beiden Zustände zu vergleichen.

Bei der betrachteten Zustandsänderung verringere sich die Stoffmenge des Stickstoffs zwischen Abbildung 5.15a und Abbidung 5.15b um $d\xi$. Der Parameter ξ wird als *Reaktionslaufzahl* bezeichnet. Da ein Stickstoffmolekül stets mit drei Wasserstoffmolekülen reagiert, verringert sich gleichzeitig die Wasserstoffmenge um $3d\xi$ und die Ammoniakmenge wächst um $2d\xi$. Bei der Zustandsänderung bleibt ferner die Enthalpie des zusammengesetzten Systems unverändert, denn in beiden Teilsystemen herrscht konstanter Druck und sie tauschen nur untereinander Energie aus. Daraus folgt, dass eine Enthalpiezunahme um dH im Reaktionsbehälter von einer Enthalpieänderung um $-dH$ (Abnahme) im Reservoir begleitet sein muss.

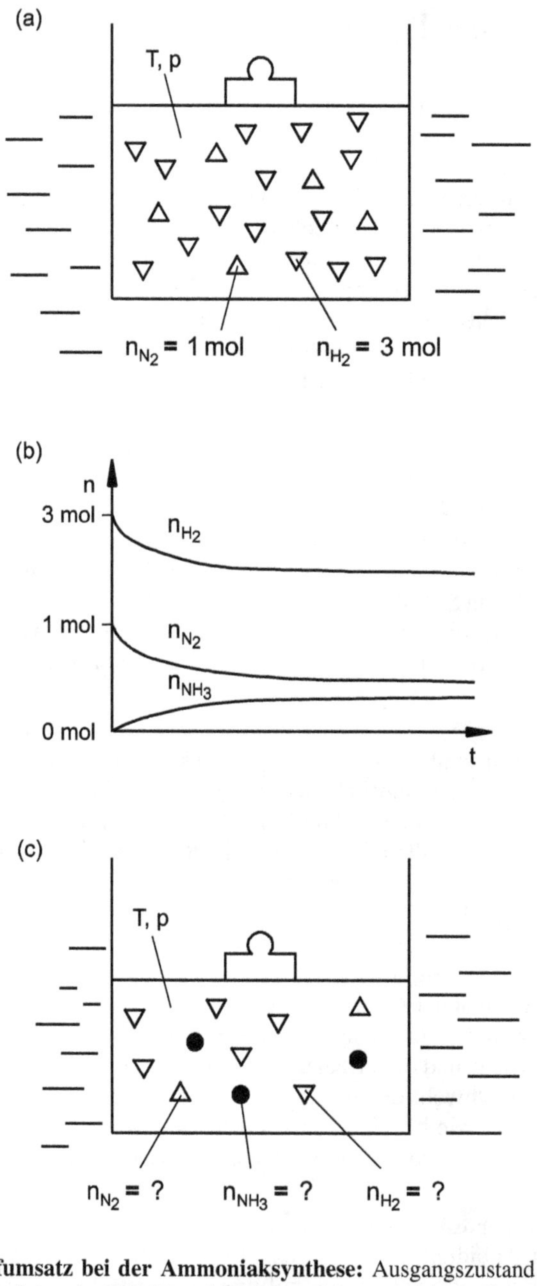

Abbildung 5.14 – Stoffumsatz bei der Ammoniaksynthese: Ausgangszustand (a), Stoffmengen während der Reaktion als Funktion der Zeit (b) und Gleichgewichtszustand (c). Gesucht sind die Stoffmengen n_{N_2}, n_{H_2} und n_{NH_3} im thermodynamischen Gleichgewicht, welches sich nach hinreichend langer Zeit bei konstant gehaltenen Werten von T und p einstellt. Der Ausgangszustand ist kein Gleichgewichtszustand. Ihm kann demzufolge strenggenommen keine Entropie zugeordnet werden. Trotzdem ist es zu Vergleichszwecken sinnvoll, seine mutmaßliche Entropie zu berechnen, falls er ein Gleichgewichtszustand wäre. Der Maßstab der Abszisse ist aus Gründen der Übersichtlichkeit zu wachsendem n hin gestaucht.

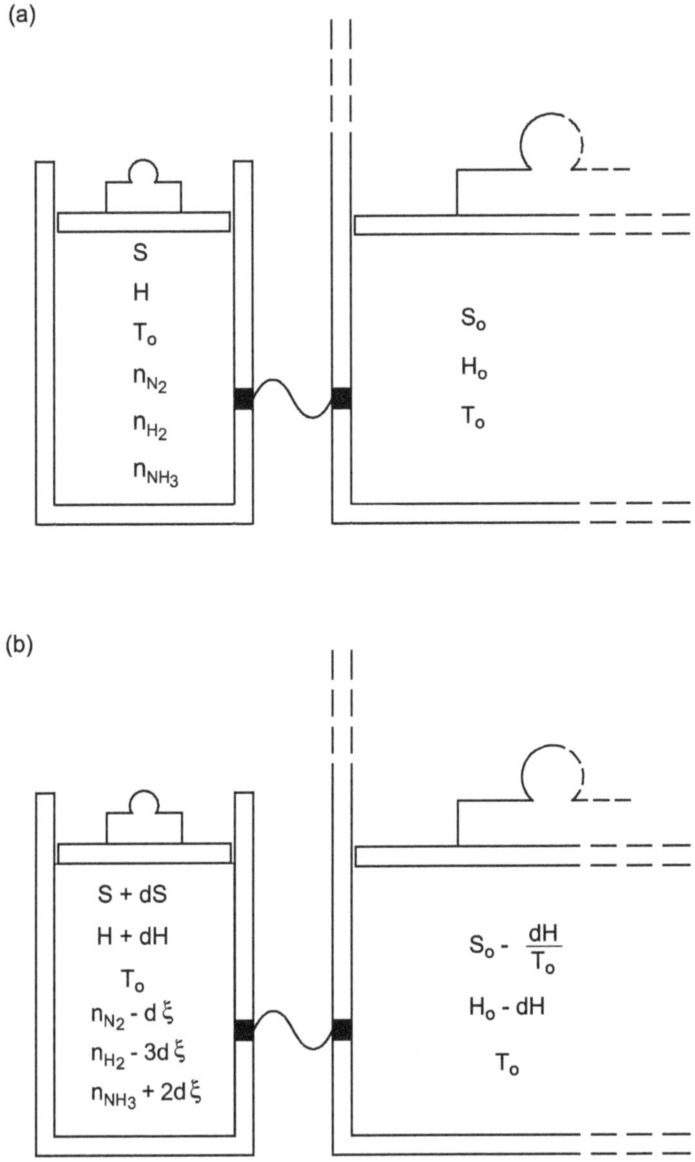

Abbildung 5.15 – Minimumsprinzip der freien Enthalpie: Eine Mischung aus Stickstoff, Wasserstoff und Ammoniak durchlaufe bei konstanter Temperatur und bei konstantem Druck eine infinitesimale adiabatische Zustandsänderung aus dem Zustand (a) in den Zustand (b). Die Entropie des aus Gasmischung und Reservoir bestehenden zusammengesetzten Systems (a) ist genau dann maximal, wenn die freie Enthalpie der Gasmischung bezüglich der Reaktionslaufzahl ξ ein Minimum annimmt. Diese Aussage gilt unabhängig von den speziellen Eigenschaften des Reservoirs und ist insbesondere auch dann richtig, wenn dieses eine Substanz mit konstantem Volumen statt mit konstantem Druck enthält. Obwohl nur einer der beiden Zustände (a) oder (b) ein Gleichgewichtszustand mit einer eindeutig definierten Entropie ist, hat es Sinn, die Entropie beider Zustände zu Vergleichszwecken zu betrachten.

Ausgehend von diesen Überlegungen können wir die Entropieänderung berechnen. Die Entropie des Gesamtsystems besitzt im Anfangszustand den Wert

$$S + S_0. \tag{5.77}$$

Im Endzustand beträgt die Entropie des Systems

$$S + dS + S_0 - \frac{dH}{T}. \tag{5.78}$$

Die im letzten Term dieser Gleichung auftauchende Beziehung dH/T für die Entropieänderung eines Reservoirs mit konstanter Temperatur hatten wir in Abschnitt 5.2 hergeleitet. Durch Vergleich der Formeln (5.77) und (5.78) kommen wir zu dem Schluss, dass sich die Entropie um

$$\Delta S = dS - \frac{dH}{T} \tag{5.79}$$

geändert hat. Da die Entropie gemäß dem Entropiesatz im Laufe einer adiabatischen Zustandsänderung nicht abnehmen kann ($\Delta S \geq 0$), folgt hieraus

$$dS - \frac{dH}{T} \geq 0. \tag{5.80}$$

Dies ist gleichbedeutend mit

$$dH - TdS \leq 0 \tag{5.81}$$

Auf der linken Seite dieser Ungleichung steht das bei konstanter Temperatur gebildete Differenzial der freien Enthalpie $G = H - TS$ (vgl. Abschnitt 4.6D). Somit kommen wir zu dem wichtigen Resultat

$$dG \leq 0, \tag{5.82}$$

welches eine Konsequenz des Entropiesatzes ist. Diese Beziehung besagt, dass bei der betrachteten Zustandsänderung die freie Enthalpie nicht ansteigen kann. Entspricht der Anfangszustand (Abbildung 5.15a) bereits einem Minimum der freien Enthalpie bezüglich der Reaktionslaufzahl, so kann das System diesen Zustand nicht spontan verlassen. Folglich handelt es sich dann um den gesuchten Gleichgewichtszustand. Dieses Resultat können wir folgendermaßen zusammenfassen:

Minimumsprinzip der freien Enthalpie: Ein thermodynamisches System befindet sich bei gegebenen Werten von Temperatur und Druck in einem Gleichgewichtszustand, wenn die freie Enthalpie bezüglich der verbleibenden Koordinaten ein Minimum besitzt.

An dieser Stelle sei vor einer Fehlinterpretation dieses Minimumsprinzips gewarnt. Man ist häufig geneigt, thermodynamischen Systemen ein „Streben" nach Minimierung der freien Enthalpie zuzuschreiben, vergleichbar mit einem talwärts rasenden Schlittenfahrer, der dem Minimum seiner potenziellen Energie zustrebt. Im Unterschied zum Schlitten, dessen Verhalten sowohl während der Fahrt als auch im Ruhezustand von den Gesetzen der Mechanik beschrieben wird, erstreckt sich die Thermodynamik ausschließlich auf Gleichgewichtszustände, vergleichbar mit dem stabilen Gleichgewicht des Schlittens im Tal und dem instabilen Gleichgewicht auf einem

Gipfel. Die Thermodynamik kann deshalb keine Aussagen über die Geschwindigkeit von Zustandsänderungen geschweige denn über „Bestrebungen“ eines thermodynamischen Systems machen. Die „Sehnsucht“ eines mit Wasserstoff und Sauerstoff gefüllten Behälters nach der erlösenden Knallgasreaktion bleibt unerfüllt, selbst wenn er eine Million Jahre lang geduldig wartet. Dass ein brennendes Streichholz Abhilfe schafft, ist strenggenommen nicht Gegenstand der Thermodynamik. Das Minimumsprinzip der freien Enthalpie stellt lediglich fest, dass sich Wasser nicht durch eine spontane adiabatische Zustandsänderung in Knallgas zurückverwandelt.

Um den Gleichgewichtszustand in Abbildung 5.14c zu berechnen, müssen wir folglich die freie Enthalpie unseres Systems $G(T,p,n_{N_2},n_{H_2},n_{NH_3})$ bestimmen, die Stoffmengen als Funktion der Reaktionslaufzahl ξ ausdrücken und das Minimum von G bezüglich dieses freien Parameters ermitteln. Hierzu ist es in einem Zwischenschritt erforderlich, die Entropie und die freie Enthalpie eines Gemisches aus mehreren Gasen auszudrücken.

B – Entropie und freie Enthalpie einer Mischung idealer Gase

Die in Abbildung 5.14c dargestellte Mischung besteht aus drei Gasen. Beim Entwickeln einer Theorie sollte man stets mit dem einfachsten Fall beginnen. Deshalb betrachten wir die Gase im Folgenden als ideale Gase. Wir wollen die Entropie und die freie Enthalpie von Mischungen zunächst nur für zwei Gase mit den symbolischen Namen A und B ausdrücken, weil die entstehenden Formeln leichter zu überschauen sind und die Verallgemeinerung auf beliebig viele Gase unkompliziert ist.

Die Entropie eines idealen Gases ist uns aus Abschnitt 5.2B (Gleichung 5.24) bekannt. Wir schreiben diese Gleichung noch einmal in der Form

$$S(T,p) = n\left[s_0 + c_p \ln(T/T_0) - R\ln(p/p_0)\right] \tag{5.83}$$

auf. Zur Erinnerung: s_0, T_0 und p_0 sind frei wählbare Konstanten, zum Beispiel $s_0 = 0$, $T_0 = 273.15K$ und $p_0 = 1\,bar$.

Da es sich bei A und B um ideale Gase handelt, verhält sich jedes so, als ob es im gegebenen Volumen V allein vorläge. Folglich gehorcht es jeweils der Zustandsgleichung $p_AV = n_ART$ und $p_BV = n_BRT$ wobei die Drücke p_A und p_B als *Partialdrücke* der Komponenten A und B bezeichnet werden. Der Gesamtdruck $p = p_A + p_B$ setzt sich additiv aus den Partialdrücken zusammen. Hieraus folgt erstens $pV = nRT$ (mit $n = n_A + n_B$), zweitens $p_A = (n_A/n)p$ und drittens $p_B = (n_B/n)p$. Da die Gase nicht miteinander wechselwirken, besitzen sie die Entropien

$$S_A = n_A\left[s_{0A} + c_{pA}\ln(T/T_0) - R\ln(p_A/p_0)\right] \tag{5.84}$$
$$S_B = n_B\left[s_{0B} + c_{pB}\ln(T/T_0) - R\ln(p_B/p_0)\right] \tag{5.85}$$

und die Gesamtentropie setzt sich gemäß $S = S_A + S_B$ aus den Entropien der einzelnen Gase zusammen. Ersetzen wir in (5.84) und (5.85) die Partialdrücke durch die weiter oben stehenden Relationen, so erhalten wir für die Gesamtentropie $S = S_A + S_B$ das Resultat

$$\begin{aligned} S(T,p,n_A,n_B) = & n_A\left[s_{0A} + c_{pA}\ln(T/T_0) - R\ln(p/p_0)\right] \\ & + n_B\left[s_{0B} + c_{pB}\ln(T/T_0) - R\ln(p/p_0)\right] \\ & - R\left[n_A\ln(n_A/n) + n_B\ln(n_B/n)\right] \end{aligned} \tag{5.86}$$

Die Struktur dieser Formel wird durch die symbolische Schreibweise

$$S = n_A s_A + n_B s_B + \Sigma \tag{5.87}$$

besonders deutlich. Dieses Ergebnis wollen wir wie folgt zusammenfassen:

Entropie einer Mischung idealer Gase: Die Entropie einer Mischung idealer Gase ist gleich der Summe der Entropien ihrer Bestandteile zuzüglich einer nur von den Stoffmengen der Gase jedoch nicht von Temperatur und Druck abhängigen Größe Σ, die als Mischungsentropie bezeichnet wird und im Fall zweier Gase die Form $\Sigma(n_A, n_B) = -R\,[n_A \ln(n_A/n) + n_B \ln(n_B/n)]$ mit $n = n_A + n_B$ besitzt.

Die Mischungsentropie ist stets positiv und zeigt uns, dass die Mischung zweier idealer Gase eine irreversible adiabatische Zustandsänderung ist. Die Höhenlinien der Mischungsentropie sind in Abbildung 5.16 für den Fall zweier Gase dargestellt. Ihre wichtigsten Eigenschaften sind in Anhang C zusammengefasst, ebenso der Grund für die Bezeichnung *Mischungs*entropie.

Zur Berechnung der freien Enthalpie $G = H - TS$ unseres Gasgemisches benötigen wir noch seine Enthalpie. Die Enthalpie eines idealen Gases mit temperaturunabhängiger molarer Wärmekapazität c_p lautet

$$H(T) = n\,[h_0 + c_p(T - T_0)] \tag{5.88}$$

Die Enthalpie des Gemisches ist folglich durch die Summe

$$H(T) = n_A\,[h_{0A} + c_{pA}(T - T_0)] + n_B\,[h_{0B} + c_{pB}(T - T_0)] \tag{5.89}$$

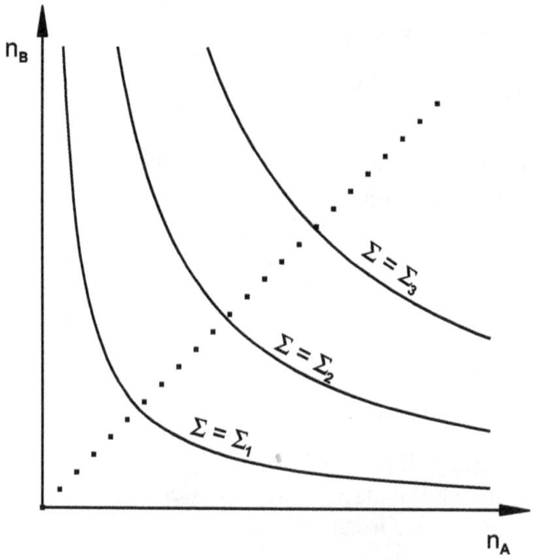

Abbildung 5.16 – Mischungsentropie zweier idealer Gase: Die Mischungsentropie $\Sigma(n_A, n_B)$ ist mit einem Gebirge vergleichbar, dessen Höhenlinien $\Sigma_1 < \Sigma_2 < \Sigma_3$ konvex sind, von Südwest nach Nordost ansteigen und bezüglich der gestrichelten Linie $n_A = n_B$ symmetrisch verlaufen.

gegeben. Damit erhalten wir für die freie Enthalpie

$$\begin{aligned} G(T,p,n_A,n_B) = n_A \{ & h_{0A} + c_{pA}(T-T_0) - T[s_{0A} + c_{pA}\ln(T/T_0) - R\ln(p/p_0)]\} \\ + n_B \{ & h_{0B} + c_{pB}(T-T_0) - T[s_{0B} + c_{pB}\ln(T/T_0) - R\ln(p/p_0)]\} \\ + RT & [n_A \ln(n_A/n) + n_B \ln(n_B/n)] \,. \end{aligned} \tag{5.90}$$

Auch dieser Audruck vereinfacht sich durch Übergang zur symbolischen Schreibweise

$$G = n_A g_A + n_B g_B - T\Sigma \tag{5.91}$$

erheblich. Dies ist das wichtigste Ergebnis des vorliegenden Abschnittes. Es lässt sich wie folgt zusammenfassen:

Freie Enthalpie einer Mischung idealer Gase: Die freie Enthalpie einer Mischung idealer Gase ist gleich der Summe der freien Enthalpien ihrer Bestandteile abzüglich des Terms $T\Sigma$, wobei Σ die Mischungsentropie darstellt.

C – Ergebnis und Diskussion

Zur Berechnung der gesuchten Stoffmengen n_{N_2}, n_{H_2}, n_{NH_3} im chemischen Gleichgewicht gehen wir von der freien Enthalpie eines Gemisches aus Stickstoff, Wasserstoff und Ammoniak aus. Um die Formeln nicht durch doppelte Indices zu verunstalten, wollen wir statt n_{N_2}, n_{H_2}, n_{NH_3} ab jetzt einfach n_A, n_B und n_C schreiben und die Symbole A, B, C stellvertretend für Stickstoff, Wasserstoff und Ammoniak verwenden. Ausgehend von der soeben für den Fall zweier Gase abgeleiteten Gleichung (5.91) können wir die freie Enthalpie für drei Gase durch

$$G = n_A g_A + n_B g_B + n_C g_C - T\Sigma \tag{5.92}$$

ausdrücken, wobei die freien Enthalpien der einzelnen Gase als

$$\begin{aligned} g_A(T,p) = \quad & h_{0A} + c_{pA}(T-T_0) - T[s_{0A} + c_{pA}\ln(T/T_0) - R\ln(p/p_0)] \\ g_B(T,p) = \quad & h_{0B} + c_{pB}(T-T_0) - T[s_{0B} + c_{pB}\ln(T/T_0) - R\ln(p/p_0)] \\ g_C(T,p) = \quad & h_{0C} + c_{pC}(T-T_0) - T[s_{0C} + c_{pC}\ln(T/T_0) - R\ln(p/p_0)] \end{aligned} \tag{5.93}$$

und die Mischungsentropie als

$$\Sigma(n_A,n_B,n_C) = -R[n_A \ln(n_A/n) + n_B \ln(n_B/n) + n_C \ln(n_C/n)] \tag{5.94}$$

mit $n = n_A + n_B + n_C$ gegeben sind.

Bei der Berechnung des Minimums der freien Enthalpie müssen wir beachten, dass die drei Stoffmengen nicht unabhängig von einander variiert werden können. Verringert sich etwa die Stickstoffmenge um $1\,mol$, so verringert sich wegen der Reaktionsgleichung (5.76) gleichzeitig die Wasserstoffmenge um $3\,mol$ und die Ammoniakmenge wächst um $2\,mol$ an. Diesem Umstand tragen wir durch Verwendung der bereits erwähnten Reaktionslaufzahl ξ Rechnung. Unsere Reaktion (5.76) stellt den Sonderfall der allgemeinen Reaktionsgleichung

$$aA + bB \rightleftarrows cC \tag{5.95}$$

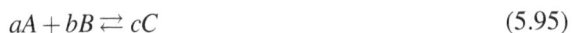

mit $a = 1$, $b = 3$ und $c = 2$ dar. Die Reaktionslaufzahl beschreibt die Gesamtheit aller bei einer gegebenen Zahl von Atomen möglichen Stoffmengen, angefangen beim Fall $n_A = a$, $n_B = b$, $n_C = 0$ ($\xi = 0$, nur Ausgangsstoffe) bis zum Grenzfall $n_A = 0$, $n_B = 0$, $n_C = c$ ($\xi = 1$, nur Reaktionsprodukte). Im Falle einer *stöchiometrischen Mischung* stehen die Stoffmengen der Ausgangsstoffe zueinander im Verhältnis a/b, so dass sie rückstandsfrei reagieren können. Dann sind die Stoffmengen durch

$$n_A = a \cdot (1 - \xi), \qquad n_B = b \cdot (1 - \xi), \qquad n_C = c \cdot \xi \tag{5.96}$$

gegeben und ändern sich bei einem infinitesimal kleinen Reaktionsschritt um

$$dn_A = -a d\xi, \qquad dn_B = -b d\xi, \qquad n_C = c d\xi. \tag{5.97}$$

Die Aufgabe der Bestimmung des Gleichgewichtszustandes besteht nun darin, die freie Enthalpie als Funktion der Reaktionslaufzahl, nämlich in der Form $G(T, p, \xi)$ zu betrachten und bei festgehaltenen Werten von T und p ihr Minimum bezüglich ξ zu berechnen. Dazu müssen wir die Nullstelle der Ableitung $\partial G / \partial \xi$ ermitteln. Diese Bedingung lautet unter Berücksichtigung der Kettenregel

$$\frac{\partial G}{\partial \xi} = \left(\frac{\partial G}{\partial n_A}\right) \frac{dn_A}{d\xi} + \left(\frac{\partial G}{\partial n_B}\right) \frac{dn_B}{d\xi} + \left(\frac{\partial G}{\partial n_C}\right) \frac{dn_C}{d\xi} = 0. \tag{5.98}$$

Unter Verwendung der Relationen (5.92), (5.93), (5.94), (5.97) erhalten wir nach einer etwas längeren aber elementaren Rechnung die Gleichgewichtsbedingung

$$-a\,[g_A + RT \ln(n_A/n)] - b\,[g_B + RT \ln(n_B/n)] + c\,[g_C + RT \ln(n_C/n)] = 0. \tag{5.99}$$

Daraus ergibt sich durch Umstellen das Resultat

$$\frac{\left(\frac{n_C}{n}\right)^c}{\left(\frac{n_A}{n}\right)^a \left(\frac{n_B}{n}\right)^b} = K(T, p) \tag{5.100}$$

mit

$$K(T, p) = \exp\left[\frac{a g_A + b g_B - c g_C}{RT}\right]. \tag{5.101}$$

Diese Gleichung heißt *Massenwirkungsgesetz*. Das Massenwirkungsgesetz gilt nicht nur für stöchiometrische, sondern für beliebige Mischungen und besagt, dass die Konzentrationen der Ausgangsstoffe und Reaktionsprodukte nur von Druck und Temperatur des Systems abhängen. Die auf der rechten Seite von Gleichung (5.100) stehende Funktion heißt *Gleichgewichtskonstante*. Kennt man die freien Enthalpien aller an der Reaktion beteiligten Stoffe, so kann man die Gleichgewichtskonstante und aus ihr die Konzentration aller Reaktionspartner wie folgt berechnen:

Bei der Ammoniaksynthese gilt $a = 1$, $b = 3$ und $c = 2$. Somit nimmt Gleichung (5.96) die Form

$$n_A = 1 - \xi, \qquad n_B = 3 - 3\xi, \qquad n_C = 2\xi \tag{5.102}$$

an. Für die Gesamtstoffmenge $n = n_A + n_B + n_C$ haben wir $n = 4 - 2\xi$ wobei ξ die Reaktionslaufzahl ist. Setzen wir diese Relationen auf der linken Seite von Gleichung (5.100) ein, so erhalten wir die Beziehung

$$\frac{16\xi^2(2-\xi)^2}{27(1-\xi)^4} = K(T,p). \tag{5.103}$$

Dies ist eine implizite nichtlineare algebraische Gleichung, aus deren Lösung sich bei gegebenen Werten von Temperatur und Druck die Reaktionslaufzahl $\xi(T,p)$ berechnen lässt. Aus ξ folgen unter Verwendung der Relationen (5.102) die Stoffmengen der Ausgangsprodukte und des Ammoniaks im thermodynamischen Gleichgewicht. Abbildung 5.17 zeigt das Resultat, welches eine solche Rechnung liefern würde. Damit ist unsere eingangs gestellte Frage beantwortet. Es ist bemerkenswert, dass der Inhalt einer solch umfangreichen Tabelle durch eine recht einfache und überschaubare Formel beschrieben werden kann.

Anhand der in Abbildung 5.17 reproduzierten Tabelle können wir zwei wichtige Eigenschaften der Reaktion (5.76) erkennen: Die Ammoniakkonzentration wächst mit dem Druck und fällt mit der Temperatur. So beträgt die Gleichgewichtskonzentration des Ammoniaks bei $T = 300\,^oC$ und $p = 1000\,bar$ beachtliche 93.39%, während sie bei $T = 600\,^oC$ und $p = 50\,bar$ nur magere 2.28% ausmacht. Um eine möglichst hohe Ausbeute an Ammoniak zu erreichen, erscheint es daher auf den ersten Blick sinnvoll, die Synthese bei möglichst hohen Drücken und niedrigen Temperaturen ablaufen zu lassen.

Während Fritz Haber und Carl Bosch zu Beginn des zwanzigsten Jahrhunderts an der Entwicklung eines industriellen Syntheseverfahrens für Ammoniak arbeiteten, stellte sich heraus, dass hoher Druck in der Tat einer Steigerung der Reaktionsausbeute zuträglich ist. Allerdings zeigte es sich auch, dass sich die Reaktionsgeschwindigkeit, eine Größe die die Thermodynamik nicht vorhersagen kann, bei niedrigen Temperaturen stark vermindert. Als die Badische Anilin & Soda Fabrik (BASF) im September 1913 in Oppau die erste großtechnische Ammoniakproduktion nach dem Haber-Bosch-Verfahren aufnahm, hatte man sich für ein Verfahren bei etwa $100\,bar$ und $600\,^oC$ entschieden, dessen Arbeitstemperatur einen Kompromiss zwischen den sich widersprechenden Forderungen nach hoher Gleichgewichtskonzentration (niedrige Temperatur) und hoher Reaktionsgeschwindigkeit (hohe Temperatur) darstellte.

D – Weiterführende Anregungen

Die Abhängigkeit der Gleichgewichtskonzentrationen von Druck und Temperatur wird zwar durch Gleichung (5.100) eindeutig beschrieben und durch die Tabelle in Abbildung 5.17 widergespiegelt, doch ist keine dieser beiden Darstellungen besonders einfach zu überschauen. Zum besseren physikalischen Verständnis ist es deshalb vorteilhaft, die Druckabhängigkeit der Gleichgewichtskonstante $K(T,p)$ explizit auszuschreiben. Wir spalten hierzu die vom Druck abhängigen Terme der freien Enthalpien in Gleichung (5.101) ab und erhalten nach einer Rechnung, deren Durchführung wir dem Leser als Übungsaufgabe überlassen, das Ergebnis

$$\frac{\left(\frac{n_C}{n}\right)^c}{\left(\frac{n_A}{n}\right)^a \left(\frac{n_B}{n}\right)^b} = p^{a+b-c} K_p(T). \tag{5.104}$$

Diese Gleichung drückt aus, dass bei einer Reaktion mit Volumenvergrößerung ($a+b-c<0$) die rechte Seite mit wachsendem Druck kleiner wird und somit auch die Konzentration der Re-

T, °C	p, Mpa										
	5	10	20	30	40	50	60	70	80	90	100
300	39.38	52.79	66.43	74.20	79.49	83.38	86.37	88.72	90.61	92.14	93.39
310	36.21	49.63	63.63	71.75	77.35	81.51	84.73	87.29	89.35	91.03	92.42
320	33.19	46.51	60.79	69.23	75.12	79.53	82.98	85.74	87.98	89.83	91.35
330	30.33	43.45	57.92	66.64	72.79	77.46	81.13	84.09	86.52	88.52	90.20
340	27.64	40.48	55.04	63.99	70.39	75.29	79.18	82.34	84.95	87.12	88.94
350	25.12	37.60	52.17	61.31	67.93	73.04	77.14	80.49	83.28	85.62	87.59
360	22.79	34.84	49.33	58.61	65.41	70.72	75.01	78.55	81.52	84.02	86.15
370	20.64	32.21	46.53	55.89	62.85	68.33	72.80	76.52	79.66	82.33	84.61
380	18.67	29.71	43.79	53.19	60.26	65.89	70.53	74.42	77.72	80.54	82.97
390	16.87	27.36	41.12	50.50	57.66	63.41	68.19	72.23	75.69	78.67	81.25
400	15.23	25.15	38.53	47.86	55.06	60.91	65.81	69.99	73.59	76.71	79.43
410	13.74	23.08	36.04	45.26	52.47	58.39	63.40	67.69	71.42	74.68	77.54
420	12.40	21.16	33.65	42.72	49.91	55.87	60.96	65.36	69.20	72.58	75.57
430	11.19	19.38	31.37	40.26	47.39	53.37	58.50	62.99	66.93	70.43	73.53
440	10.10	17.74	29.20	37.87	44.92	50.88	56.05	60.60	64.63	68.22	71.43
450	9.12	16.23	27.15	35.57	42.50	48.43	53.61	58.20	62.29	65.97	69.28
460	8.24	14.84	25.21	33.36	40.16	46.03	51.19	55.80	59.95	63.69	67.08
470	7.46	13.57	23.39	31.26	37.89	43.67	48.81	53.42	57.60	61.39	64.85
480	6.75	12.41	21.69	29.55	35.71	41.38	46.46	51.06	55.25	59.09	62.60
490	6.12	11.36	20.10	27.34	33.61	39.16	44.17	48.74	52.92	56.78	60.33
500	5.56	10.39	18.61	25.54	31.60	37.02	41.94	46.46	50.62	54.48	58.06
510	5.05	9.52	17.24	23.84	29.68	34.95	39.77	44.22	48.36	52.20	55.80
520	4.59	8.72	15.96	22.24	27.86	32.97	37.68	42.05	46.13	49.96	53.55
530	4.19	8.00	14.77	20.74	26.13	31.07	35.65	39.94	43.96	47.75	51.32
540	3.82	7.34	13.68	19.34	24.49	29.26	33.71	37.89	41.84	45.58	49.13
550	3.49	6.74	12.67	18.02	22.95	27.54	31.85	35.92	39.79	43.47	46.97
560	3.20	6.20	11.74	16.80	21.49	25.90	30.06	34.02	37.80	41.41	44.86
570	2.93	5.70	10.88	15.65	20.13	24.35	28.37	32.20	35.88	39.41	42.81
580	2.69	5.26	10.09	14.59	18.84	22.88	26.75	30.46	34.04	37.48	40.81
590	2.47	4.85	9.36	13.60	17.64	21.50	25.22	28.80	32.26	35.62	38.87
600	2.28	4.48	8.69	12.69	16.52	20.20	23.76	27.22	30.57	33.83	37.00

Abbildung 5.17 – Gleichgewichtszustand der chemischen Reaktion $N_2 + 3H_2 \rightleftarrows 2NH_3$**:** Ammoniakkonzentration n_C/n (in Prozent) bei der Ammoniaksynthese für den Fall, dass die Stoffmengen von Stickstoff und Wasserstoff zueinander im stöchiometrischen Verhältnis 1:3 stehen. Den in der Tabelle angegebenen Zahlenwerten liegt nicht die vereinfachte Form der freien Enthalpie (5.92), sondern ein genauerer (jedoch komplizierterer) Ausdruck zugrunde. Zahlenwerte aus Appl (1999), Nachdruck mit freundlicher Genehmigung des Wiley-VCH-Verlages, Weinheim.

aktionsprodukte sinkt. Umgekehrt fördert bei einer Reaktion mit Volumenverkleinerung ($a + b - c > 0$) wie der Ammoniaksynthese eine Druckerhöhung die Bildung von Reaktionsprodukten. Die Funktion K_p, bei der es sich ebenfalls um eine Gleichgewichtskonstante handelt, auf deren explizite Darstellung wir jedoch nicht eingehen wollen, hängt nur von der Temperatur ab. Der tiefere Sinn, der sich hinter dem Index „p“ verbirgt, erschließt sich uns, wenn wir die Stoffmengenanteile gemäß $n_A/n = p_A/p$, $n_B/n = p_B/p$ und $n_C/n = p_C/p$ durch die Partialdrücke ausdrücken. Dann nimmt das Massenwirkungsgsesetz die besonders einfache Form

$$\frac{p_C^c}{p_A^a p_B^b} = K_p(T) \tag{5.105}$$

an.

Als Anregung für das weitergehende Studium des Massenwirkungsgesetzes wollen wir noch kurz auf die Temperaturabhängigkeit der Gleichgewichtskonstante $K(T,p)$ eingehen. Leider ist es nicht möglich, diese Abhängigkeit in einer ähnlich einfachen Form wie die Druckabhängigkeit in Gleichung (5.104) anzugeben. Durch Differenziation von $K(T,p)$ lässt sich jedoch die wichtige Relation

$$\left(\frac{\partial \ln K}{\partial T}\right)_p = \frac{\Delta h}{RT^2} \tag{5.106}$$

herleiten, wobei Δh die *Reaktionsenthalpie* ist. Bei einem exothermen Prozess wie dem Haber-Bosch-Verfahren gilt $\Delta h < 0$; somit verringert sich die Gleichgewichtskonstante mit wachsender Temperatur in Übereinstimmung mit unserer Beobachtung aus Abbildung 5.17.

Abschließend weisen wir darauf hin, dass das Massenwirkungsgesetz selbstverständlich auf den Fall beliebig vieler Ausgangsstoffe und Reaktionsprodukte verallgemeinert werden kann. Dies sei am Beispiel der Reaktion

$$aA + bB \rightleftarrows cC + dD. \tag{5.107}$$

verdeutlicht. Bei dieser Gelegenheit können wir nebenbei noch Bekanntschaft mit einer Schreibweise schließen, die in der physikalischen Chemie häufig Verwendung findet. Hier wird das Massenwirkungsgesetz nicht für Stoffmengenanteile wie zum Beispiel n_A/n, sondern für dimensionslose Volumenkonzentrationen wie beispielsweise $[A]$ formuliert, die durch

$$[A] = \frac{n_A/V}{1\,mol/l} \tag{5.108}$$

definiert sind. So gilt beispielsweise $[NH_3] = 2$, wenn die Ammoniakkonzentration 2 Mol pro Liter beträgt. Stellen wir die Quotienten n_A/V, n_B/V ... mittels der Zustandsgleichung des idealen Gases als $n_A/V = p_A/RT$, $n_B/V = p_B/RT$ ... dar, so erhalten wir aus Gleichung (5.108) $p_A = RT \cdot (1\,mol/l)[A]$. Dies setzen wir in das soeben diskutierte Massenwirkungsgesetz (5.105), ergänzt um den vierten Reaktionspartner D, ein und erhalten nach einer kurzen Nebenrechnung

$$\frac{[C]^c[D]^d}{[A]^a[B]^b} = K_c(T). \tag{5.109}$$

Die Gleichgewichtskonstante K_c, deren Index „c" für Konzentration (englisch „concentration") steht, ist mit K_p aus Gleichung (5.104) über die Beziehung

$$K_c(T) = (RT \cdot 1\,mol/l)^{a+b-c-d}\, K_p(T) \tag{5.110}$$

verknüpft. Die drei Formulierungen des Massenwirkungsgesetzes (5.100), (5.104) und (5.109) sind physikalisch gleichbedeutend, doch scheint die bei Chemikern beliebte Form (5.109) die ästhetisch ansprechendste zu sein. Wir wollen uns deshalb diese Schreibweise einprägen.

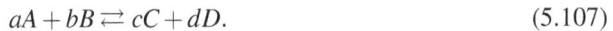

5.7 Schnapsbrennen

Die jahrhundertealte Kunst des Herstellens hochprozentiger alkoholischer Getränke hat sich ohne tieferes Wissen um die Gesetze der Thermodynamik entwickelt. Ganz gleich ob wir Nordhäuser Doppelkorn, russischen Wodka, Obstbrände aus dem Schwarzwald, französischen Cognac, schottischen Whisky oder chinesischen Lao Long Kou genießen, wir verdanken die Existenz dieser wohlschmeckenden Kulturgüter in erster Linie der Kunstfertigkeit und Sorgfalt erfahrener Brennmeister, die ihr Wissen und ihre Erfahrung von Generation zu Generation weitergeben. Doch die Thermodynamik hat in den letzten Jahrzehnten einen wichtigen Beitrag dazu geleistet, dass es heute möglich ist, die genannten Getränke industriell in großer Menge und mit gleichbleibend hoher Qualität herzustellen. Wir wollen uns deshalb im vorliegenden Abschnitt mit den thermodynamischen Grundlagen der Destillation vertraut machen, bei deren Verständnis die Entropie eine tragende Rolle spielt. Die Schlüsselfrage beim Schnapsbrennen lautet: Wie ist es möglich, dass aus einem Ausgangsprodukt mit relativ niedrigem Alkoholgehalt ein Endprodukt mit hohem Alkoholgehalt entsteht? Diese Frage wollen wir im Folgenden behandeln.

A – Formulierung des Problems

Wir übersetzen zunächst die soeben gestellte Frage anhand von Abbildung 5.18 in die exakte Sprache der Thermodynamik. Hierbei müssen wir zu einer drastischen Vereinfachung greifen, die der Genießer zu recht als Frevel bezeichnen darf. Wir lassen nämlich alle Stoffe außer Wasser und Alkohol außer Acht und betrachten im Folgenden ein System, welches nur aus diesen beiden Substanzen besteht. Die exakte chemische Bezeichnung für Alkohol lautet Ethanol, doch wir bleiben in der vorliegenden Darstellung bei dem bekannten umgangssprachlichen Begriff.

Ausgangsprodukt für das Schnapsbrennen ist eine Flüssigkeit mit niedrigem Alkoholgehalt, die als Maische bezeichnet wird. Wir betrachten die Maische als eine homogene Mischung aus Wasser und Alkohol. Um mit konkreten Zahlenwerten zu arbeiten, analysieren wir gemäß Abbildung 5.18 1 kg Maische mit einem Alkoholgehalt von 5 Massenprozent bei einer Temperatur von $T = 20°C$ und Normaldruck. Wir kennzeichnen das Wasser mit dem Symbol A und den Alkohol mit B. In der Maische befinden sich somit $n_A = 52.7\,mol$ Wasser und $n_B = 1.09\,mol$ Alkohol.

Beim Destillationsprozess wird die Maische erwärmt und zum Sieden gebracht. Dabei entsteht Dampf, der aus Wasserdampf und Alkoholdampf besteht. Die Destillation beruht auf der Tatsache, dass dieser Dampf einen höheren Alkoholgehalt besitzt, als die Maische. Leitet man ihn durch ein gekühltes Rohr, so kondensiert er und verwandelt sich in eine hochprozentige Flüssigkeit, den sogenannten Brand. Der Prozess des Siedens, sozusagen der Produktionszustand, wird in Abbildung 5.18b veranschaulicht. Unser thermodynamisches System besteht nun aus zwei Phasen, einer flüssigen und einer gasförmigen, die wir im Folgenden mit „1“ beziehungsweise „2“ kennzeichnen wollen. Unsere Aufgabe besteht darin, bei gegebenem Druck die Siedetemperatur sowie die Alkoholkonzentrationen x und y in der flüssigen beziehungsweise gasförmigen Phase zu bestimmen. Um diese Aufgabe zu bewältigen, müssen wir die Entropie und die freie Enthalpie unseres Systems berechnen, welches aus zwei Komponenten (Wasser und Alkohol) und zwei Phasen (flüssig und gasförmig) besteht. Hierzu berechnen wir zuerst die genannten Größen für die Gasphase, anschließend für dic Flüssigphase und zuletzt für das Gesamtsystem.

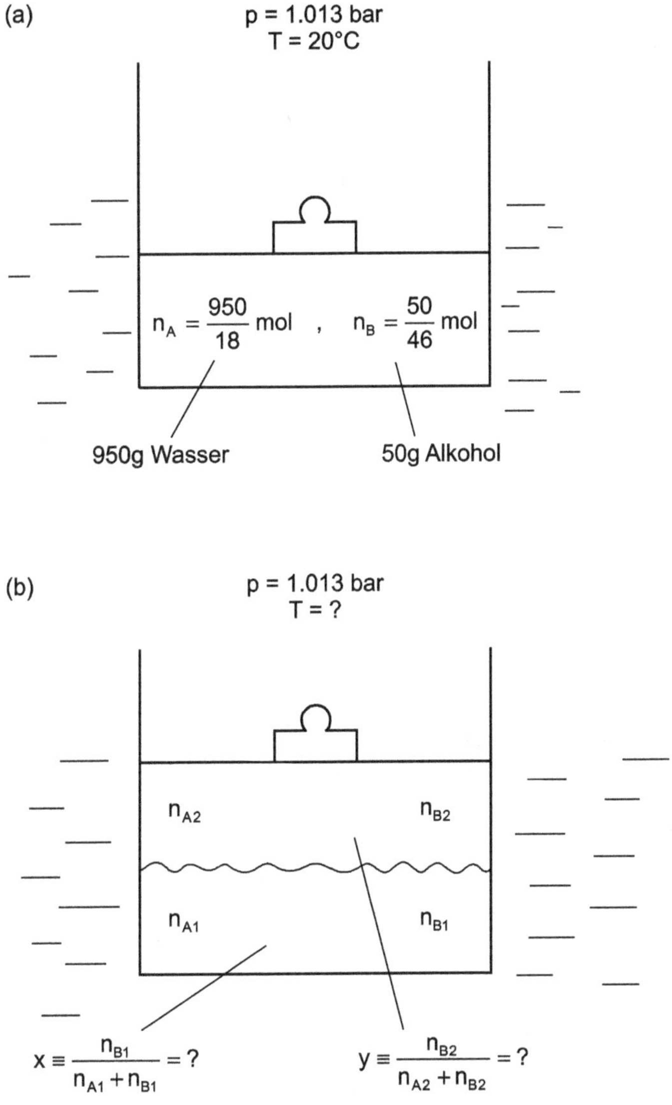

Abbildung 5.18 – Alkoholkonzentrationen beim Schnapsbrennen: (a) Ausgangszustand bestehend aus $1\,kg$ Maische mit einer Alkoholkonzentration von 5 Massenprozent (molare Alkoholkonzentration $x = n_B/(n_A + n_B) \approx 2\%$), (b) Produktionszustand, bei dem die Maische siedet und eine Mischung aus Wasser- und Alkoholdampf absondert. Gesucht sind die Siedetemperatur T sowie die Stoffmengenanteile des Alkohols x und y in der Maische beziehungsweise im Dampf. (Im Unterabschnitt E wird gezeigt, dass eine dieser drei Größen gegeben sein muss, um die beiden anderen eindeutig bestimmen zu können.) Bei der in (a) dargestellten Berechnung der Stoffmengen n_A und n_B gehen wir von den molaren Massen $18\,g/mol$ für Wasser und $46\,g/mol$ für Alkohol (C_2H_5OH) aus. Der Außendruck sei stets konstant und betrage $p_0 = 1.013\,bar$.

B – Entropie und freie Enthalpie einer verdünnten Mischung zweier idealer Gase

Wir haben bereits im Abschnitt über die Ammoniakherstellung die allgemeinen Ausdrücke (5.86) und (5.90) für die Entropie und die freie Enthalpie einer Mischung idealer Gase hergeleitet. Wir wollen diese Ausdrücke nun für den Sonderfall einer *verdünnten Mischung* vereinfachen. Eine verdünnte Mischung ist durch die Bedingung $n_B << n_A$ definiert; das heißt die Stoffmenge der Komponente B (zum Beispiel Alkohol) ist viel kleiner als die der anderen (zum Beispiel Wasser). In diesem Fall lässt sich der allgemeine Ausdruck für die Mischungsentropie

$$\Sigma(n_A, n_B) = -R\left(n_A \ln\frac{n_A}{n} + n_B \ln\frac{n_B}{n}\right) \tag{5.111}$$

durch die Umformungen

$$\ln\left(\frac{n_A}{n_A+n_B}\right) = \ln\left(\frac{1}{1+n_B/n_A}\right) \approx \ln\left(1-\frac{n_B}{n_A}\right) \approx -\frac{n_B}{n_A} \tag{5.112}$$

$$\ln\left(\frac{n_B}{n_A+n_B}\right) = \ln\left(\frac{n_B/n_A}{1+n_B/n_A}\right) \approx \ln\frac{n_B}{n_A} \tag{5.113}$$

zu

$$\Sigma_d(n_A, n_B) = n_B R\left(1 - \ln\frac{n_B}{n_A}\right) \tag{5.114}$$

vereinfachen. Bei den Umformungen haben wir die Größe $\varepsilon \equiv n_B/n_A$ als kleinen Parameter aufgefasst und von den Taylorreihenentwicklungen $1/(1-\varepsilon) \approx 1+\varepsilon$ sowie $\ln(1-\varepsilon) \approx -\varepsilon$ Gebrauch gemacht. Die vereinfachte Mischungsentropie (5.114) kennzeichnen wir mit dem Index d, der für ver**d**ünnt (englisch: **d**ilute) steht. Die Abhängigkeit dieser Größe von n_B ist in Abbildung 5.19 dargestellt.

Damit können wir, aufbauend auf Gleichung (5.86), die Entropie einer verdünnten Mischung zweier idealer Gase in symbolischer Form wie folgt aufschreiben:

$$S = n_A s_A(T, p) + n_B s_B(T, p) + \Sigma_d(n_A, n_B). \tag{5.115}$$

Die explizite Form der Entropie ist in Anhang D ausgeschrieben. Wir fassen dieses Resultat in der folgenden Weise zusammen:

Entropie einer verdünnten Mischung idealer Gase: Die Entropie einer verdünnten Mischung idealer Gase ist gleich der Summe der Entropien ihrer Bestandteile zuzüglich einer nur von den Stoffmengen der Gase jedoch nicht von Temperatur und Druck abhängigen Größe Σ_d, die als Mischungsentropie bezeichnet wird und im Fall zweier Gase mit $n_B \ll n_A$ die Form $\Sigma_d(n_A, n_B) = n_B R[1 - \ln(n_B/n_A)]$ besitzt.

Die freie Enthalpie $G = H - TS$ der Mischung können wir auf der Grundlage der Gleichung (5.90) in der symbolischen Form

$$G = n_A g_A(T, p) + n_B g_B(T, p) - T\Sigma_d(n_A, n_B). \tag{5.116}$$

schreiben. Die explizite Form dieses Ausdruckes ist ebenfalls in Anhang D gegeben. Auch dieses Resultat fassen wir zusammen:

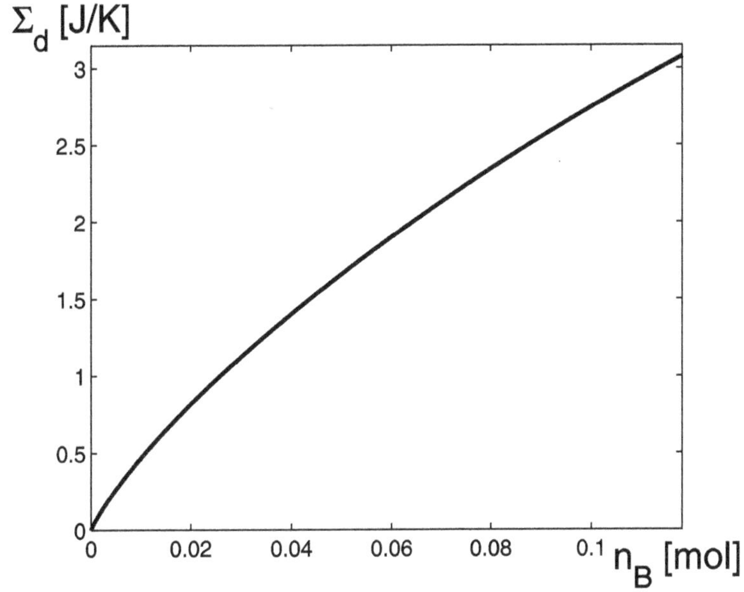

Abbildung 5.19 – Mischungsentropie bei geringer Konzentration: Im Fall $n_B \ll n_A$ ist die Mischungsentropie durch den Näherungsausdruck $\Sigma_d = n_B R[1 - \ln(n_B/n_A)]$ gegeben. Der Anstieg der Mischungsentropie im Punkt $n_B = 0$ ist unendlich groß. (Es ist leicht, eine Suppe zu versalzen, aber schwierig eine versalzene Suppe zu entsalzen.) Die Kurve ist für $n_A = 1\,mol$ gezeichnet.

Freie Enthalpie einer verdünnten Mischung idealer Gase: Die freie Enthalpie einer verdünnten Mischung idealer Gase ist gleich der Summe der freien Enthalpien ihrer Bestandteile abzüglich des Terms $T\Sigma_d$ wobei Σ_d die Mischungsentropie für den Sonderfall eines verdünnten Systems darstellt.

C – Entropie und freie Enthalpie einer verdünnten idealen Lösung

Eine Flüssigkeit, die aus mindestens zwei mischbaren Stoffen besteht, wird als *Lösung* bezeichnet. Gilt für die Stoffe $n_B \ll n_A$, so spricht man von einer *verdünnten Lösung*. Der Stoff A wird als Lösungsmittel, der Stoff B als gelöster Stoff bezeichnet. Eine Lösung heißt ideal, wenn ihr Volumen und ihre innere Energie gleich der Summe der Volumina und inneren Energien ihrer Komponenten sind. Gießt man 10 cm^3 Milch in einen großen Behälter mit Kaffee, so vergrößert sich sein Volumen um 10 cm^3. Milcharmer Kaffee ist demnach in guter Näherung eine ideale Lösung. Gießt man 10 cm^3 Alkohol in einen großen Behälter mit Wasser, so vergrößert sich sein Volumen hingegen nur um etwa 9 cm^3. Eine Alkohol-Wasser Mischung wird demzufolge weniger gut durch das Modell der idealen Lösung beschrieben. Da man bei der Entwicklung einer neuen Theorie stets mit dem einfachsten Fall beginnen sollte, wollen wir die für unseren Schnapsbrennprozess verwendete Maische trotzdem als eine ideale Lösung aus Wasser und Alkohol betrachten.

Ausgangspunkt für die Berechnung der Entropie einer verdünnten idealen Lösung ist die Beobachtung, dass die Entropie eines idealen Gases mit temperaturunabhängiger spezifischer Wär-

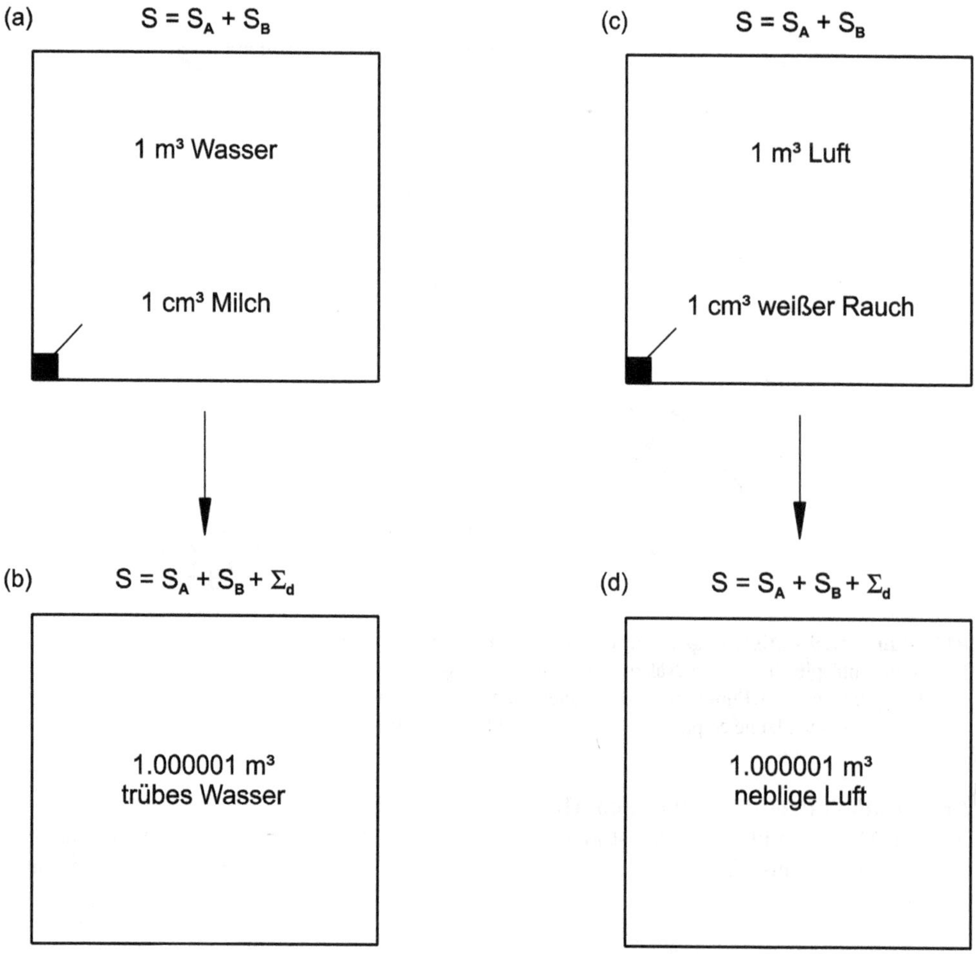

Abbildung 5.20 – Mischungsentropie bei verdünnten Lösungen und Gasmischungen: Ein außenstehender Beobachter kann nicht unterscheiden, ob sich zwei Flüssigkeiten (a) zu einer verdünnten Lösung (b) oder zwei Gase (c) zu einer verdünnten Gasmischung (d) vermischen. Deshalb ist es gerechtfertigt, die Mischungsentropie einer verdünnten Gasmischung $\Sigma_d = n_B R[1 - \ln(n_B/n_A)]$ auch für verdünnte Lösungen zu verwenden.

mekapazität

$$S = n[s_0 + c_p \ln(T/T_0) - R\ln(p/p_0)] \tag{5.117}$$

bei unveränderlichem Druck p und der Normierung $p_0 = p$ die Form

$$S = n[s_0 + c\ln(T/T_0)] \tag{5.118}$$

(mit $c = c_p$) annimmt. Dieser Ausdruck stimmt mit der Gleichung für die Entropie einer inkompressiblen Flüssigkeit überein, den wir im Abschnitt 5.1 hergeleitet hatten. Die Temperaturabhängigkeit der Entropien einer idealen Lösung und einer Mischung idealer Gase, jeweils mit konstanter Wärmekapazität, sind demzufolge nicht unterscheidbar! Wie Abbildung 5.20 zeigt, sind auch die Vermischungsprozesse bei einer Lösung und bei Gasen visuell nicht unterscheidbar. In Anbetracht dieser Beobachtungen liegt es nahe, die Mischungsentropie einer Lösung durch den gleichen Ausdruck zu beschreiben, den wir für die Mischung idealer Gase hergeleitet haben.

Dieser Hypothese folgend, wollen wir die Entropie einer verdünnten idealen Lösung analog zu (5.115) in der Form

$$S = n_A s_A(T) + n_B s_B(T) + \Sigma_d(n_A, n_B) \tag{5.119}$$

schreiben, wobei s_A und s_B die molaren Entropien einer inkompressiblen Flüssigkeit sind. Der vollständige Ausdruck ist in Anhang D ausgeschrieben.

Wem dieser Analogieschluss nicht ganz geheuer ist, der sei an dieser Stelle auf ein Gedankenexperiment von Enrico Fermi (Fermi 1956) verwiesen, welches auf eine andere Weise zum gleichen Resultat für die Mischungsentropie führt. Da die Mischungsentropie nur von den Stoffmengen, jedoch nicht von Druck und Temperatur abhängt, können wir sie bestimmen, indem wir die Temperatur des Systems so weit erhöhen, dass die gesamte Lösung verdampft. Sie lässt sich dann für genügend hohe Temperaturen als Mischung zweier idealer Gase auffassen, deren Mischungsentropie wir sowohl im allgemeinen Fall (Abschnitt 5.6B) als auch im Fall einer verdünnten Mischung (Gleichung 5.114) kennen. Anschließend kühlen wir die Mischung gedanklich wieder ab, bis sie vollständig kondensiert ist. Die Mischungsentropie, die nur von den Stoffmengen, jedoch nicht von Druck und Temperatur abhängt, ändert sich dabei nicht, so dass wir mit diesem Gedankengang auch die Mischungsentropie für die verdünnte Lösung bestimmt haben. Wir fassen das Resultat in folgendem Satz zusammen:

Entropie einer verdünnten idealen Lösung: Die Entropie einer verdünnten idealen Lösung ist gleich der Summe der Entropien ihrer Bestandteile zuzüglich einer nur von den Stoffmengen des Lösungsmittels und der gelösten Substanz jedoch nicht von Temperatur und Druck abhängigen Größe Σ_d, die als Mischungsentropie bezeichnet wird und im Fall zweier Substanzen mit $n_B \ll n_A$ die Form $\Sigma_d(n_A, n_B) = n_B R\,[1 - \ln(n_B/n_A)]$ besitzt.

Die Enthalpie der Lösung ist auf Grund der Additivität von Volumen und innerer Energie gleich

$$H = n_A\,[h_{0A} + c_A(T - T_0)] + n_B\,[h_{0B} + c_B(T - T_0)]\,, \tag{5.120}$$

woraus wir die freie Enthalpie $G = H - TS$ der Mischung in der symbolischen Form

$$G = n_A g_A(T) + n_B g_B(T) - T\Sigma_d(n_A, n_B). \tag{5.121}$$

ableiten. Die explizite Form dieses Ausdruckes ist ebenfalls in Anhang D gegeben. Auch dieses Resultat fassen wir zusammen.

Freie Enthalpie einer verdünnten idealen Lösung: Die freie Enthalpie einer verdünnten idealen Lösung ist gleich der Summe der freien Enthalpien ihrer Bestandteile abzüglich des Terms $T\Sigma_d$, wobei Σ_d die Mischungsentropie für den Sonderfall eines verdünnten Systems darstellt.

D – Entropie und freie Enthalpie einer siedenden verdünnten idealen Lösung

Wir kommen jetzt zur Endmontage unseres theoretischen Werkzeuges, indem wir die Ausdrücke (5.115), (5.116), (5.119), (5.121) für Entropie und freie Energie von Gasphase beziehungsweise Flüssigphase zusammenfassen. Das Ergebnis für die Entropie lautet

$$\begin{aligned} S = & n_{A1}s_{A1}(T) + n_{B1}s_{B1}(T) + \Sigma_{d1}(n_{A1}, n_{B1}) \\ & + n_{A2}s_{A2}(T,p) + n_{B2}s_{B2}(T,p) + \Sigma_{d2}(n_{A2}, n_{B2}). \end{aligned} \tag{5.122}$$

Für die freie Enthalpie erhalten wir in symbolischer Schreibweise

$$\begin{aligned} G = & n_{A1}g_{A1}(T) + n_{B1}g_{B1}(T) - T\Sigma_{d1}(n_{A1}, n_{B1}) \\ & + n_{A2}g_{A2}(T,p) + n_{B2}g_{B2}(T,p) - T\Sigma_{d2}(n_{A2}, n_{B2}). \end{aligned} \tag{5.123}$$

Die vollständigen expliziten Ausdrücke für S und G sind im Anhang D angegeben.

E – Ergebnis und Diskussion

Bei gegebenen Werten von T und p sowie konstanten Gesamtstoffmengen n_A und n_B besitzt unser System zwei unbekannte Parameter, die die Verteilung von Wasser und Alkohol auf die beiden Phasen beschreiben und die wir in Anlehnung an die Reaktionslaufzahl bei der Ammoniakherstellung mit ξ und η bezeichnen. Wir definieren die Parameter durch die Relationen

$$n_{A1} = (1-\xi)n_A, \qquad n_{A2} = \xi n_A \tag{5.124}$$

$$n_{B1} = (1-\eta)n_B, \qquad n_{B2} = \eta n_B \tag{5.125}$$

und können nun die freie Enthalpie $G(T,p,\xi,\eta)$ zusätzlich als Funktion dieser beiden Parameter auffassen. So beschreibt etwa $\xi = 0$ und $\eta = 1$ einen Zustand, in dem das gesamte Wasser flüssig und der gesamte Alkohol gasförmig sind. Streng genommen handelt es sich bei den Größen ξ und η nicht um Zustandskoordinaten, denn sie können im Gegensatz zu den beiden wirklichen Zustandskoordinaten U und V (oder T und p) nicht von außen beeinflusst werden. Vielmehr stellen sich ξ und η im thermodynamischen Gleichgewicht auf bestimmte Werte ein, ähnlich den inneren Energien U_1 und U_2 bei der Bildung eines thermischen Verbundes in Abschnitt 4.2 (siehe auch die Abbildungen 2.5 und 4.1). Ebenso wie es in jenem Abschnitt sinnvoll war, Nichtgleichgewichtszustände mit verschiedenen Teilenergien U_1 und U_2 aber konstanter Gesamtenergie $U = U_1 + U_2$ zu vergleichen, ist es jetzt sinnvoll, sämtliche Werte von ξ und η bei konstanten Gesamtstoffmengen in die Betrachtung einzubeziehen. Durch Einbeziehung dieser Nichtgleichgewichtszustände erweitert sich die Dimension unserer Zustandsvektoren zeitweilig von zwei ($X = (T,p)$) auf vier ($X = (T,p,\xi,\eta)$).

Um den Gleichgewichtszustand unseres Systems zu bestimmen, müssen wir demzufolge bei festgehaltenen Werten von Temperatur und Druck das Minimum der freien Enthalpie bezüglich

ξ und η ermitteln. Die Bedingungen hierfür lauten

$$\frac{\partial G}{\partial \xi} = \left(\frac{\partial G}{\partial n_{A1}}\right)\frac{dn_{A1}}{d\xi} + \left(\frac{\partial G}{\partial n_{A2}}\right)\frac{dn_{A2}}{d\xi} = 0 \tag{5.126}$$

$$\frac{\partial G}{\partial \eta} = \left(\frac{\partial G}{\partial n_{B1}}\right)\frac{dn_{B1}}{d\eta} + \left(\frac{\partial G}{\partial n_{B2}}\right)\frac{dn_{B2}}{d\eta} = 0 \tag{5.127}$$

Bei der Bildung der partiellen Ableitungen setzen wir stillschweigend voraus, dass während der Differenziation jeweils alle außer der zu differenzierenden Größe konstant gehalten werden. Die Ableitungen der Stoffmengen nach den Laufzahlen können wir unter Verwendung der Definitionsgleichungen (5.124) als $dn_{A1}/d\xi = -n_A$, $dn_{A2}/d\xi = n_A$ (und analog für n_B) ausdrücken. Die Gleichgewichtsbedingungen nehmen dann die Form

$$\frac{\partial G}{\partial n_{A1}} = \frac{\partial G}{\partial n_{A2}} \tag{5.128}$$

$$\frac{\partial G}{\partial n_{B1}} = \frac{\partial G}{\partial n_{B2}} \tag{5.129}$$

an. Die Ableitung der freien Enthalpie nach einer Stoffmenge bezeichnet man als *chemisches Potenzial* und kennzeichnet sie oft mit dem Symbol μ. Die Bedingungen (5.128) und (5.129), symbolisch als $\mu_{A1} = \mu_{A2}$ und $\mu_{B1} = \mu_{B2}$ geschrieben, besagen dann, dass die chemischen Potenziale eines Stoffes im thermodynamischen Gleichgewicht in beiden Phasen gleich sein müssen. Mit dem chemischen Potenzial haben wir als kostenloses Nebenprodukt unserer Berechnung die neben Temperatur und Druck dritte Größe kennengelernt, die einen Ausgleichsvorgang, nämlich den Konzentrationsausgleich, kennzeichnet.

Wir rechnen die Ableitungen (5.128) und (5.129) für die in Gleichung (5.123) gegebene freie Enthalpie unter Verwendung der Hilfsrelationen $\partial\Sigma_d/\partial n_A = Rn_B/n_A$ und $\partial\Sigma_d/\partial n_B = -R\ln(n_B/n_A)$ aus und erhalten nach einigen elementaren Umformungen die beiden Gleichungen

$$RT\cdot(y-x) = g_{A2}(T,p) - g_{A1}(T) \tag{5.130}$$

$$-RT\cdot(\ln y - \ln x) = g_{B2}(T,p) - g_{B1}(T). \tag{5.131}$$

Hier haben wir, wie in der Praxis üblich, die Größen ξ und η durch die *Stoffmengenanteile* x und y ausgedrückt. Dabei haben wir statt der exakten Beziehungen $x = n_{B1}/(n_{A1}+n_{B1})$ und $y = n_{B2}/(n_{A2}+n_{B2})$ die für verdünnte Systeme $(n_{B1} \ll n_{A1})$ und $(n_{B2} \ll n_{A2})$ geltenden Relationen in der Form $x = (1-\eta)n_B/(1-\xi)n_A$ und $y = \eta n_B/\xi n_A$ verwendet.

Die Gleichungen (5.130) und (5.131) bilden ein nichtlineares System zur Bestimmung der Größen $x(T,p)$ (Alkoholgehalt der Maische) und $y(T,p)$ (Alkoholgehalt des Dampfes). Für unseren Zweck ist es allerdings praktischer, den Alkoholgehalt der Maische x und den Druck p als gegebene Größen anzusehen und (5.130), (5.131) als System zur Bestimmung der Siedetemperatur $T(p,x)$ sowie des Alkoholgehaltes im Dampf $y(p,x)$ zu interpretieren.

Eine analytische Lösung dieser Gleichungen ist für den allgemeinen Fall $x \in [0,1]$ und $y \in [0,1]$ nicht möglich. Da unser Ausdruck für die freie Enthalpie ohnehin nur für verdünnte Systeme $(x \ll 1,\ y \ll 1)$ gilt, ist es ausreichend, wenn wir eine Näherungslösung dieser Gleichungen für kleine Stoffmengenanteile finden. Wir wissen bereits, dass für Normaldruck $p_0 = 1.013\,bar$ $T(p_0,0) \approx 100°C$ gilt, das heißt Maische ohne Alkohol siedet wie reines Wasser. Ferner wissen wir, dass $y(p_0,0) = 0$ erfüllt sein muss. In Worten: Ist die Maische alkoholfrei, so ist auch der Dampf alkoholfrei. Wir entwickeln deshalb die gesuchten Funktionen für kleine Stoffmengenanteile in eine Taylorreihe, verwenden die Abkürzung $T_0 = 100°C$ und schreiben

$$T(p_0,x) = T_0 - \alpha x \tag{5.132}$$

$$y(p_0,x) = 0 + \beta x. \tag{5.133}$$

Unsere Aufgabe beschränkt sich nun auf die Bestimmung der Entwicklungskoeffizienten α und β. Nach einer etwas längeren Rechnung, deren Einzelheiten wir in Anhang E angeben, gewinnen wir explizite Ausdrücke für α und β, die wir in (5.132) und (5.133) einsetzen, um das gesuchte Resultat

$$T(p_0,x) = T_0 - \frac{RT_0^2}{\Delta h_A(T_0,p_0)}\left\{\exp\left[\frac{g_{B1}(T_0) - g_{B2}(T_0,p_0)}{RT_0}\right] - 1\right\}x \tag{5.134}$$

$$y(p_0,x) = \exp\left[\frac{g_{B1}(T_0) - g_{B2}(T_0,p_0)}{RT_0}\right]x \tag{5.135}$$

zu erhalten. Hierbei haben wir die Abkürzung $\Delta h_A(T_0,p_0) = T_0\,[s_{A2}(T_0,p_0) - s_{A1}(T_0)]$ für die Verdampfungsenthalpie des Wassers eingeführt.

Wir setzen nun die gegebene Alkoholkonzentration der Maische $x = 0.02$ (2%) ein. Nach einer Reihe technisch kniffliger aber inhaltlich bedeutungsarmer Rechenschritte, die wir in Anhang E erläutern, sowie nach Verwendung von Stoffparametern von reinem Wasser und reinem Alkohol erhalten wir das Endergebnis

$$T = 99.6°C \tag{5.136}$$

$$y = 0.0344 = 3.44\% \text{ (entspricht 8.34 Massenprozent)} \tag{5.137}$$

für die Siedetemperatur und die Alkoholkonzentration im Dampf. Damit ist unsere eingangs gestellte Frage beantwortet und die thermodynamische Grundlage des Schnapsbrennens identifiziert. Sie besteht im höheren Alkoholgehalt der Dampfphase (8.34%) gegenüber der Flüssigphase (5%).

So erfreulich es ist, Siedetemperatur und Alkohlgehalt beim Schnapsbrennen berechnet zu haben, so ernüchternd ist ein Vergleich unserer berechneten Werte mit der Realität. Die experimentell für ein Wasser-Alkohol-System mit einem Stoffmengenanteil von $x = 0.02$ bestimmten Daten (Landolt-Börnstein 1975, Seite 38) lauten

$$T = 95.9°C \tag{5.138}$$

$$y = 0.29 = 29\% \text{ (entspricht 51 Massenprozent)}, \tag{5.139}$$

der Alkoholgehalt in der Dampfphase ist also wesentlich größer als von unserer Theorie vorhergesagt. Dies ist eine gute Nachricht für alle Brennmeister, aber leider ein schlechtes Zeugnis für unsere Theorie. In Wirklichkeit verdeutlicht der große Unterschied zwischen der Vorhersage unserer Theorie und der Realität, dass es sich bei einer Wasser-Alkohol-Mischung selbst bei kleinen Konzentrationen nicht um eine ideale Mischung handelt, wie von uns angenommen. Auch sehen wir, wie wichtig es für die chemische Verfahrenstechnik ist, realitätsnahe Ausdrücke für Entropie und freie Enthalpie von Mischungen zu ermitteln.

F – Weiterführende Anregungen

Nach dieser mühevollen Rechnung lohnt es sich, einen Blick auf das reale Zustandsdiagramm des Zweistoffsystems Wasser-Alkohol zu werfen, welches in Abbildung 5.21 dargestellt ist. Der Schnittpunkt der gestrichelten vertikalen Linie mit der *Siedekurve* $T(x)$ gibt die Siedetemperatur der Maische bei einem gegebenen Alkoholanteil x an. Gleichzeitig können wir anhand des Schnittpunktes der gestrichelten horizontalen Linie mit der *Taukurve* $T(y)$ den Alkoholgehalt y der Dampfphase ablesen. Die Effektivität des Schnapsbrennens, das ein Beispiel für einen Destillationsprozess darstellt, beruht darauf, dass die Siedekurve und die Taukurve bei geringem Alkoholanteil in waagerechter Richtung weit auseinandergezerrt sind. Dadurch lässt sich schon in einem einzigen Destillationsschritt aus einer relativ alkoholarmen Flüssigphase eine relativ alkoholreiche Gasphase erzeugen.

Will man den Alkoholgehalt noch weiter erhöhen, so muss man den Dampf kondensieren lassen und das flüssige Kondensat wieder destillieren. Führt man diesen Prozess, der in Abbildung 5.21 als punktierte Linie dargestellt ist, mehrfach durch, so spricht man von einer

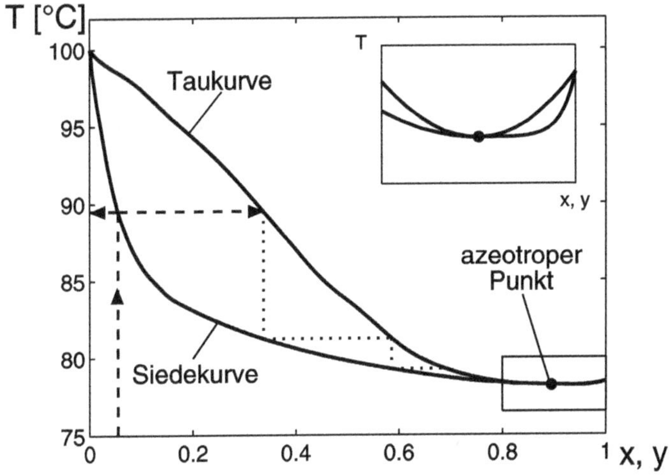

Abbildung 5.21 – Grundlage des Schnapsbrennens: Zustandsdiagramm des Zweistoffsystems Wasser-Alkohol (Ethanol). Dargestellt sind die Siedetemperatur $T(x)$ eines Wasser-Alkohol-Gemisches als Funktion des Stoffmengenanteils x von Alkohol in der Flüssigphase (Siedekurve) sowie die Kondensationstemperatur $T(y)$ eines Wasserdampf-Alkoholdampf-Gemisches als Funktion des Stoffmengenanteils y von Alkohol in der Gasphase (Kondensationskurve). Die hier vorgestellte Theorie verdünnter idealer Mischungen beschreibt näherungsweise die Anstiege von Siede- und Taukurve in der Nähe des Punktes $x = y = 0$. Das System Wasser-Alkohol besitzt einen azeotropen Punkt bei $x = y \approx 0.96$ und $T \approx 78°C$, an dem flüssige und gasförmige Phase die gleiche Zusammensetzung besitzen und an dem die Siedetemperatur des Systems niedriger ist als die seiner beiden Bestandteile. Zahlenwerte aus Gmehling & Onken (1977). Die Ausschnittsvergrößerung ist nicht maßstabsgerecht.

mehrstufigen Destillation. Für weitergehende Informationen über diesen in der Praxis wichtigen Prozess empfehlen wir das Studium von Lehrbüchern der Verfahrenstechnik. Zustandsdiagramme besitzen jedoch nicht nur für Flüssigkeiten eine große praktische Bedeutung. Das *Eisen-Kohlenstoff-Diagramm*, welches die verschiedenen Zustände flüssigen und festen Eisens beschreibt, ist eines der wichtigsten Werkzeuge der Metallurgie.

Das Zustandsdiagramm des Systems Wasser-Alkohol besitzt eine Besonderheit. Dabei handelt es sich um einen sogenannten *azeotropen Punkt*, an dem die Flüssigphase und die Gasphase die gleiche Alkoholkonzentration besitzen. Die Existenz dieses Punktes hat zur Folge, dass es unmöglich ist, den Alkoholgehalt durch mehrstufige Destillation auf über $x \approx 0.9$ zu steigern.

Abschließend wollen wir das Ergebnis (5.134) noch aus einer etwas allgemeineren Perspektive betrachten. Hierzu schreiben wir es unter Verwendung der in Anhang E, Gleichung (E.12), angegebenen Formel in der vereinfachten Form

$$T(p_0,x) = T_0 - \frac{RT_0^2}{\Delta h_A}\left[\exp\left(1 - \frac{p_0}{p_s}\right) - 1\right]x \tag{5.140}$$

$$y(p_0,x) = \exp\left(1 - \frac{p_0}{p_s}\right)x \tag{5.141}$$

auf. Ist der Sättigungsdampfdruck p_s des gelösten Stoffes bei der Siedetemperatur T_0 des reinen Lösungsmittels größer als der des Lösungsmittels, so folgt aus Gleichung (5.141) $y > x$ (die Gasphase ist reicher an gelöstem Stoff als die Flüssigphase) und $T < T_0$ (die Siedetemperatur der Lösung ist kleiner als die des reinen Lösungsmittels).

Interessant ist aber auch der entgegengesetzte Fall, wo der gelöste Stoff einen geringeren Dampfdruck besitzt als das Lösungsmittel. Ein extremes Beispiel für diesen Fall ist die Lösung eines festen Stoffes, zum Beispiel eines Salzes, in Wasser. Das feste Salz besitzt einen vernachlässigbaren Dampfdruck; es gilt $p_s \to 0$. Daraus folgt $\exp(1 - p_0/p_s) \to 0$ und

$$T(p_0,x) = T_0 + \frac{RT_0^2 x}{\Delta h_A} \tag{5.142}$$

$$y(p_0,x) = 0. \tag{5.143}$$

Die Konzentration des gelösten Stoffes in der Gasphase ist Null und der Siedepunkt erhöht sich. Ein analoges Phänomen ist die *Gefrierpunkterniedrigung*, die beispielsweise dazu führt, dass Meerwasser bei $0°C$ noch flüssig ist.

6 Zusammenfassung und Rückblick

Wir haben im vorliegenden Buch einen weiten Weg von den mathematischen Grundlagen bis zur praktischen Anwendung der Entropie zurückgelegt. Nun wollen wir unsere Schritte aus der Vogelperspektive betrachten und unsere wichtigsten Erkenntnisse in Form der folgenden zehn Aussagen zusammenfassen:

1. Die Gleichgewichtszustände jedes thermodynamischen Systems lassen sich mittels der Ordnungsrelation $\prec$ sortieren, die als adiabatische Erreichbarkeit bezeichnet wird.

2. Der Gleichgewichtszustand Y eines thermodynamischen Systems ist ausgehend vom Gleichgewichtszustand X adiabatisch erreichbar, geschrieben $X \prec Y$ (sprich „X liegt vor Y"), wenn es möglich ist, das System unter Zuhilfenahme einer Apparatur und eines Gewichts so aus dem Zustand X in den Zustand Y zu überführen, dass die Apparatur am Ende der Zustandsänderung in ihren Ausgangszustand zurückkehrt (oder rückführbar ist), während das Gewicht seine Lage im Schwerefeld geändert haben kann.

3. Die Gesamtheit aller physikalischen Erfahrungen über die adiabatische Erreichbarkeit von Gleichgewichtszuständen thermodynamischer Systeme lässt sich in 15 mathematischen Axiomen über die Eigenschaften der Ordnungsrelation $\prec$ zusammenfassen.

4. Aus diesen Axiomen lässt sich ohne weitere mathematische oder physikalische Annahmen, insbesondere ohne Verwendung der Begriffe Temperatur und Wärme, das folgende Entropieprinzip ableiten, aus dem wiederum die Aussagen 6–10 folgen.

5. **Entropieprinzip:** Jedem Gleichgewichtszustand X eines thermodynamischen Systems lässt sich eine Entropie S zuordnen. Die Entropie ist monoton [aus $X \prec\prec Y$ folgt $S(X) < S(Y)$, aus $X \stackrel{A}{\sim} Y$ folgt $S(X) = S(Y)$], additiv [$S((X,Y)) = S(X) + S(Y)$], extensiv [$S(tX) = tS(X)$] und konkav [$S(tX + (1-t)Y) \geq tS(X) + (1-t)S(Y)$].

6. Eine adiabatische Zustandsänderung mit dem Anfangszustand X und dem Endzustand Y heißt irreversibel, wenn $S(X) < S(Y)$ und reversibel, wenn $S(X) = S(Y)$.

7. Jedes einfache System mit der Entropie $S(U,V)$ (U = innere Energie, V = Volumen) besitzt eine intensive Zustandsgröße $T = (\partial U/\partial S)_V$, die als Temperatur bezeichnet wird; zwei einfache Systeme sind genau dann miteinander im thermischen Gleichgewicht, wenn ihre Temperaturen übereinstimmen.

8. Die in einem einfachen System für eine quasistatische Zustandsänderung durch $Q = \int T(S)dS$ definierte Größe heißt Wärme.

9. Zweiter Hauptsatz der Thermodynamik nach Clausius: Es gibt keine Zustandsänderung, deren einziges Ergebnis die Übertragung von Wärme von einem Körper niederer Temperatur auf einen Körper höherer Temperatur ist.

10. Zweiter Hauptsatz der Thermodynamik nach Kelvin und Planck: Es gibt keine Zustandsänderung, deren einzige Ergebnisse das Abkühlen eines Körpers und das Heben eines Gewichts sind.

Abschließend wollen wir einen Blick auf die zu Beginn aufgestellten Fragen werfen. Wir können zufrieden feststellen, dass wir die Fragen nach der Nutzung des Golfstromes sowie der Eisherstellung mit den Berechnungen aus Abschnitt 5.1 beziehungsweise Abschnitt 5.2 bereits beantwortet haben. Mit dem erlernten Wissen fällt es uns nicht schwer, nun auch Antworten auf die verbleibenden Fragen zu geben.

Ein Gletscher fließt, weil der hohe Druck auf seiner Unterseite das Eis zum Schmelzen bringt. Diese Erscheinung haben wir im Zusammenhang mit dem Schlittschuhlaufen in Abschnitt 5.3 unter Zuhilfenahme der Clapeyron-Gleichung erklärt. Allerdings ist dies nicht der einzige Grund für den Fließprozess, bei dem es sich in Wirklichkeit um ein kompliziertes Wechselspiel von Gefrierpunkterniedrigung und den nichtlinearen rheologischen Eigenschaften des Eises handelt.

Der Tod eines Tauchers beim zu schnellen Auftauchen ist darauf zurückzuführen, dass die Löslichkeit der Atemluft im Blut stark vom Druck abhängt. Beim Tauchen in großer Tiefe ist der thermodynamische Gleichgewichtszustand des aus Luft und Blut zusammengesetzten Zweikomponenten-Zweiphasensystems (vgl. Abschnitt 5.7) zugunsten des im Blut gelösten Sauerstoffs verschoben. Taucht der Taucher schnell auf, so ändert sich der Druck, die Löslichkeit des Sauerstoffs im Blut sinkt und das überschüssige Gas entweicht aus dem Blut wie Kohlensäure aus einer Limonadenflasche. Dadurch werden die Lungenbläschen zerstört und der Taucher stirbt. Der thermodynamische Aspekt dieses tragischen Vorganges ließe sich im Prinzip mit den gleichen mathematischen Methoden beschreiben wie der Prozess des Schnapsbrennens. Im einfachsten Fall würden wir das System Blut-Sauerstoff als ein Wasser-Sauerstoff-Zweistoffsystem beschreiben und die freien Enthalpien der aus Wasser und gelöstem Sauerstoff bestehenden flüssigen Phase sowie der aus Wasserdampf und Sauerstoff bestehenden Gasphase bestimmen. Durch Minimierung der freien Enthalpie des Gesamtsystems könnten wir dann bei gegebener Temperatur die Sauerstoffkonzentration im Wasser $x(p)$ als Funktion des Druckes berechnen. Näheres kann der interessierte Leser in dem Thermodynamik-Lehrbuch von Enrico Fermi (Fermi 1956) erfahren.

Ähnlich gelagert ist das Problem des Aufschäumens von Cola beim Öffnen einer warmen Flasche. Die Löslichkeit von Kohlendioxid in Wasser ist temperaturabhängig und nimmt mit wachsender Temperatur ab. Mit der gleichen Methode wie soeben beschrieben, könnten wir Cola als ein Gemisch von Wasser und Kohlendioxid mit einer flüssigen und einer gasförmigen Phase betrachten. Durch Minimierung der freien Enthalpie ähnlich wie beim Schnapsbrennen, würden wir bei gegebenem Druck die Gleichgewichtskonzentration $x(T)$ des im Wasser gelösten Kohlendioxids als Funktion der Temperatur erhalten und feststellen, dass diese mit wachsender Temperatur sinkt. Wir wollen bei dieser Gelegenheit zum wiederholten Mal daran erinnern, dass es ohne Entropie keine freie Enthalpie gäbe und dieses Problem unlösbar wäre.

Zuletzt wenden wir uns der Frage zu, warum Salz das Wasser aus einer Gurke zieht. Bei dieser Erscheinung handelt es sich um *Osmose*. Wird eine Flüssigkeit wie Wasser durch eine Membran geteilt, die für die Flüssigkeit durchlässig aber für einen gelösten Stoff wie etwa Salz undurchlässig ist, so bildet sich auf der dem Salz zugewandten Seite der Membran ein Überdruck aus, den man als osmotischen Druck bezeichnet. Dieser Druck lässt sich durch Minimierung der freien Energie des Systems berechnen. Einzelheiten sind in dem Lehrbuch Fermi (1956) erläutert. Wieso erklärt die Osmose das Verhalten einer mit Salz bestreuten Gurke? Die Beantwortung dieser kleinen Denkaufgabe überlassen wir den Leserinnen und Lesern zum Abschied.

7 Literaturhinweise

7.1 Zitierte Arbeiten

APPL M. 1999
Ammonia – Principles and Industrial Practice. *Wiley-VCH*, Weinheim.

AVERY W.H., C. WU 1994
Renewable Energy from the Ocean, A Guide to OTEC. *Oxford University Press*, Oxford.

CARATHÉODORY C. 1909
Untersuchung über die Grundlagen der Thermodynamik. *Mathematische Annalen*, **67**, 355–386.

CARNOT S. 1824 (Wiederauflage 1990)
Réflexions sur la puissance motrice du feu et sur les machines propres a développer cette puissance. *Éditions Jacques Gabay*, Sceaux.

CARNOT S. 1909
Betrachtungen über die bewegende Kraft des Feuers und die zur Entwicklung dieser Kraft geeigneten Maschinen. Ostwalds Klassiker der exakten Wissenschaften, Band 37. *Geest & Portig*, Leipzig.

CALLEN H. 1985
Thermodynamics and an Introduction to Thermostatistics. *John Wiley and Sons*, New York.

ENGEMANN S., H. REICHERT, H. DOSCH, J. BILGRAM, V. HONKIMÄKI, A. SNIGIREV 2004
Interfacial Melting of Ice in Contact with SiO_2. *Phys. Rev. Lett*, **92**, 205701.

FEYNMAN R.P., R.B. LEIGHTON, M. SANDS 1963
The Feynman Lectures on Physics, Band I. *Addison Wesley*, Reading.

FERMI E. 1956
Thermodynamics. *Dover*, New York.

GMEHLING J., U. ONKEN 1977
Chemistry Data Series, Vol. I, Part 1. Vapor-Liquid Equilibrium Data Collection *DECHEMA*, Frankfurt.

GILES R. 1964
Mathematical Foundations of Thermodynamics. *Pergamon*, Oxford.

LANDOLT-BÖRNSTEIN 1974
Zahlenwerte und Funktionen aus Naturwissenschaften und Technik, Band 3 – Thermodynamisches Gleichgewicht siedender Gemische. *Springer-Verlag*, Berlin.

LIEB E.H., J. YNGVASON 1999
The Physics and Mathematics of the Second Law of Thermodynamics. *Phys. Rep.*, **310**, 1–96.

LIEB E.H., J. YNGVASON 2000
A Fresh Look at Entropy and the Second Law of Thermodynamics. *Phys. Today*, **4**, 32–37.

MORAN M.J., H.N. SHAPIRO 1995
Fundamentals of Engineering Thermodynamics. *John Wiley and Sons*, New York.

PLANCK M. 1964
Vorlesungen über Thermodynamik. *Walter de Gruyter & Co.*, Berlin

ROSENBERG R. 2005
Why is Ice Slippery? *Phys. Today*, **12**, 50–55.

7.2 Anregungen zum Selbststudium

Das vorliegende Buch beruht auf der Veröffentlichung Lieb & Yngvason (1999), die im Internet frei verfügbar ist. Diese Publikation umfasst die Formulierung der in Anhang A angegebenen Axiome, die Herleitung des Entropieprinzips sowie strenge mathematische Beweise sämtlicher hier qualitativ wiedergegebenen Folgerungen aus dem Entropieprinzip. Die Arbeit nimmt hinsichtlich ihrer logischen Schärfe, mathematischen Exaktheit und sprachlichen Eleganz eine Spitzenstellung in der thermodynamischen Literatur ein und kann ohne Übertreibung als Bibel der Thermodynamik bezeichnet werden. Ihr technischer Schwierigkeitsgrad liegt wesentlich über dem des vorliegenden Buches. Gleichwohl sollten selbst diejenigen Leser, die sich nicht für mathematische Beweise interessieren, schon wegen der ansprechenden Einleitung und der Zusammenfassung unbedingt einen Blick in dieses Werk werfen. Eine von den gleichen Autoren verfasste populärwissenschaftliche Kurzfassung (Lieb & Yngvason 2000) ist in der Zeitschrift *Physics Today* erschienen. Diese Arbeit ist ohne Illustrationen im Internet abrufbar. Ihr Schwierigkeitsgrad ist unter dem des vorliegenden Buches angesiedelt. Sie eignet sich deshalb als Einstieg sowie als Wiederholung des hier dargelegten Stoffes.

Für die traditionelle Formulierung des Zweiten Hauptsatzes der Thermodynamik und die weit verbreitete Herleitung der Entropie über die Analyse des Carnot-Prozesses sei auf zwei Klassiker verwiesen. Dabei handelt es sich zum einen um die Kapitel 44-46 in dem Lehrbuch „THE FEYNMAN LECTURES ON PHYSICS“ (Feynman 1963), welches sich durch bildhafte Sprache, klare Diktion, unterhaltsamen Stil, und eine physikalisch tiefgründige Darstellung auszeichnet. Dieses Lehrbuch ist für leistungsfähige Schüler der gymnasialen Oberstufe verständlich. Zum anderen handelt es sich um das Lehrbuch „THERMODYNAMICS“ (Fermi 1956), welches neben den Grundlagen der Thermodynamik einschließlich der Entropie eine Reihe von Anwendungen wie zum Beispiel verdünnte Lösungen, reagierende Gase und das Massenwirkungsgesetz enthält. Dieses Buch ist vom technischen Schwierigkeitsgrad mit dem vorliegenden vergleichbar und damit für Studenten natur- und ingenieurwissenschaftlicher Studiengänge sehr zu empfehlen. Eine Präsentation der Thermodynamik, die methodisch eine Stellung zwischen der traditionellen Form und der Lieb-Yngvason-Theorie einnimmt, ist in dem Lehrbuch Callen (1985) zu finden, welches sich bei Physikern großer Beliebtheit erfreut. Für eine ausführliche Diskussion technischer Anwendungen einschließlich Kraftwerksprozessen, Kälteanlagen, Verbrennungsmotoren, Gasturbinen und feuchter Luft sei auf das Lehrbuch Moran & Shapiro (1995) verwiesen.

Die Arbeit „RÉFLEXIONS SUR LA PUISSANCE MOTRICE DU FEU ET SUR LES MACHINES PROPRES A DÉVELOPPER CETTE PUISSANCE“ von Sadi Carnot (1824) (Deutsche Ausgabe: Carnot 1909), in der der universelle Wirkungsgrad von Wärmekraftmaschinen hergeleitet wird, ist auf Grund ihres visionären Charakters für historisch Interessierte lesenswert. Sie ist jedoch auf Grund ihrer aus heutiger Sicht etwas verwickelten Logik im Detail relativ schwierig nachzuvollziehen. Hervorzuheben ist weiterhin die Publikation Carathéodory (1909). Diese Arbeit war der erste Versuch, die Thermodynamik auf ein solides mathematisches Fundament zu stellen. Sie bildet somit einen frühen Vorläufer der Lieb-Yngvason-Theorie. Schließlich sei auf die Monografie Giles (1964) verwiesen, die der Lieb-Yngvason-Theorie methodisch und inhaltlich am nächsten steht.

Anhang A: Axiome für die Herleitung des Entropieprinzips

Wir geben im Folgenden den vollständigen Satz der Axiome an, aus denen das Entropieprinzip hergeleitet wird. Die Axiome werden ohne Änderungen aus der englischen Originalarbeit (Lieb & Yngvason 1999) entnommen und sollen hier weder erläutert noch kommentiert werden. Ihre Auflistung erfolgt mit dem Ziel, die logischen Grundpfeiler der Thermodynamik in kompakter Form zusammenzufassen sowie den Leser zum Studium der Originalarbeit anzuregen.

Allgemeine Axiome

A-1 Reflexivität: $X \overset{A}{\sim} X$.

A-2 Transitivität: Wenn $X \prec Y$ und $Y \prec Z$, dann gilt $X \prec Z$.

A-3 Konsistenz: Wenn $X \prec X'$ und $Y \prec Y'$, dann gilt $(X,Y) \prec (X',Y')$.

A-4 Skalierungsinvarianz: Wenn $X \prec Y$ dann gilt $tX \prec tY$ für alle $t > 0$.

A-5 Trennung und Wiedervereinigung: Für $0 < t < 1$ gilt $X \overset{A}{\sim} (tX,(1-t)X)$.

A-6 Stabilität: Gilt für zwei Zustände Z_0 und Z_1 und eine Folge $\varepsilon \to 0$ die Beziehung $(X,\varepsilon Z_0) \prec (Y,\varepsilon Z_1)$, dann gilt auch $X \prec Y$.

A-7 Konvexe Kombination: Es seien X und Y Zustände in dem gleichen konvexen Zustandsraum Γ. Wenn $t \in [0,1]$, dann gilt $(tX,(1-t)Y) \prec tX + (1-t)Y$.

Axiome für einfache Systeme

Es sei Γ der Zustandsraum eines einfachen Systems, wobei Γ eine konvexe Teilmenge des $\mathbf{R}^{n+1}$ mit $n > 0$ ist.

E-1 Irreversibilität: Für jedes $X \in \Gamma$ existiert ein $Y \in \Gamma$ so dass $X \prec\prec Y$.

E-2 Lipschitz-stetige Tangentialebene: Der Vorwärtssektor $A_X = \{Y \in \Gamma : X \prec Y\}$ jedes Zustandes $X \in \Gamma$ besitzt im Punkt X eine eindeutige Tangentialebene. Der Anstieg dieser Ebene ist eine lokal Lipschitz-stetige Funktion von X.

E-3 Zusammenhängender Rand: Der Rand ∂A_X des Vorwärtssektors ist zusammenhängend.

Axiome bezüglich des thermischen Gleichgewichts

T-1 Thermischer Verbund: Für zwei beliebige einfache Systeme mit den Zustandsräumen Γ_1 und Γ_2 existiert ein weiteres System, genannt thermischer Verbund. Der thermische Verbund besitzt den Zustandsraum

$$\Delta_{12} = \{(U,V_1,V_2) : U = U_1 + U_2 \, mit \, (U_1,V_1) \in \Gamma_1 \, und \, (U_2,V_2) \in \Gamma_2\}. \tag{A.1}$$

Ferner gilt

$$\Gamma_1 \times \Gamma_2 \ni ((U_1,V_1),(U_2,V_2)) \prec (U_1 + U_2,V_1,V_2) \in \Delta_{12}. \tag{A.2}$$

T-2 Thermische Trennung: Für jeden Punkt $(U_1,V_1,V_2) \in \Delta_{12}$ existiert mindestens ein Zustandspaar $(U_1,V_1) \in \Gamma_1$, $(U_2,V_2) \in \Gamma_2$ mit $U = U_1 + U_2$ so dass

$$(U,V_1,V_2) \overset{A}{\sim} ((U_1,V_1),(U_2,V_2)). \tag{A.3}$$

Ist (U,V) der Zustand eines einfachen Systems und $\lambda \in [0,1]$, dann gilt

$$(U,(1-\lambda)V,\lambda V) \overset{A}{\sim} (((1-\lambda)U,(1-\lambda)V,(\lambda U,\lambda V)) \in \Gamma^{(1-\lambda)} \times \Gamma^{(\lambda)}. \tag{A.4}$$

T-3 Nullter Hauptsatz: Wenn $X \overset{T}{\sim} Y$ und $Y \overset{T}{\sim} Z$, dann gilt $X \overset{T}{\sim} Z$.

T-4 Transversalität: Wenn Γ der Zustandsraum eines einfachen Systems ist und $X \in \Gamma$, dann existieren Zustände $X_0 \overset{T}{\sim} X_1$ mit der Eigenschaft $X_0 \prec\prec X \prec\prec X_1$.

T-5 Universeller Temperaturbereich: Es seien Γ_1 und Γ_2 Zustandsräume einfacher Systeme. Für jedes $X \in \Gamma_1$ und jedes V in der Projektion von Γ_2 auf den Raum seiner Arbeitskoordinaten existiert ein $Y \in \Gamma_2$ mit solchen Arbeitskoordinaten V, dass $X \overset{T}{\sim} Y$.

Axiome für Mischungen und chemische Reaktionen

Zwei Zustandsräume Γ und Γ' heißen verbunden (geschrieben $\Gamma \prec \Gamma'$) wenn es Zustandsräume $\Gamma_0, \Gamma_1, \Gamma_2, ..., \Gamma_N$ und Zustände $X_i \in \Gamma_i$ und $Y_i \in \Gamma_i$ für $i = 1,...,N$ sowie Zustände $\widetilde{X} \in \Gamma$ und $\widetilde{Y} \in \Gamma'$ gibt, so dass $(\widetilde{X},X_0) \prec Y_1$, $X_i \prec Y_{i+1}$ für $i = 1,...,N-1$ und $X_N \prec (\widetilde{Y},Y_0)$ gilt.

M Senkenfreiheit: Wenn Γ mit Γ' verbunden ist, dann ist auch Γ' mit Γ verbunden, das heißt $\Gamma \prec \Gamma' \Longrightarrow \Gamma' \prec \Gamma$.

Vergleichbarkeitsprinzip

Der logische Zusammenhang zwischen den oben genannten Axiomen und dem Entropieprinzip (vgl. Abschnitt 3.4) ist in Abbildung A.1 dargestellt. Das in Abbildung A.1 ebenfalls enthaltene Vergleichbarkeitsprinzip lautet wie folgt:

Vergleichbarkeitsprinzip (VP): In einem Zustandsraum sind zwei Zustände X und Y stets vergleichbar, d.h. es gilt entweder $X \prec Y$ oder $Y \prec X$.

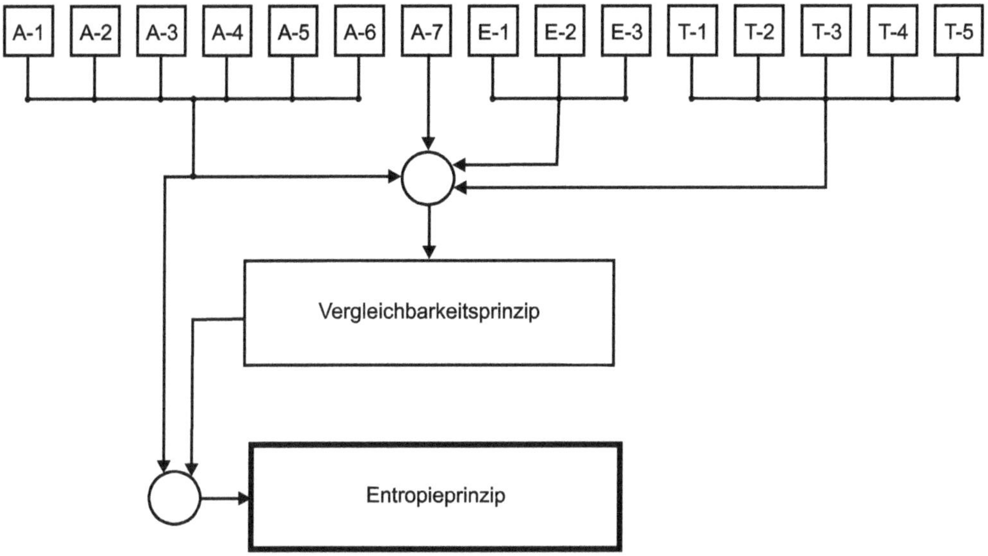

Abbildung A.1 – Die logische Struktur des Entropieprinzips: Überblick über den Zusammenhang zwischen den Axiomen der Thermodynamik, dem Vergleichbarkeitsprinzip und dem Entropieprinzip. Das Entropieprinzip kann aus den Axiomen A-1 bis A-6 und dem Vergleichbarkeitsprinzip hergeleitet werden. Zur Herleitung des Vergleichbarkeitsprinzips sind sämtliche Axiome erforderlich. Das Mischungsaxiom ist nicht eingezeichnet, Einzelheiten siehe Lieb & Yngvason (1999).

Anhang B: Irreversible und reversible Wärmeübertragung

In zahlreichen technischen Prozessen wird „Wärme“ von einem Reservoir auf einen Arbeitsstoff, wie beispielsweise Ammoniak in Abschnitt 5.4, übertragen. (Zur Erinnerung: Ein Reservoir ist ein einfaches thermodynamisches System, dessen Arbeitskoordinate sich nicht ändert.) Diese Wärmeübertragung ist im Allgemeinen ein irreversibler Prozess, wovon wir uns anhand der Abbildung B.1 überzeugen wollen.

Ein Reservoir mit der Temperatur T_H gebe die Energie Q_H an einen Arbeitsstoff ab. Der Arbeitsstoff, dessen Druck konstant gehalten werde, verwandle sich aus einer Flüssigkeit in ein Gas. Während der Verdampfung bleibt die Temperatur T des Arbeitsstoffes konstant. Bevor wir analysieren können, ob die Zustandsänderung irreversibel oder reversibel ist, müssen wir uns vergewissern, dass es sich um eine adiabatische Zustandsänderung handelt. Denn die Begriffe Irreversibilität und Reversibilität sind, wie in Abschnitt 4.1 ausgeführt, nur für adiabatische Zustandsänderungen definiert. Wir haben es mit einem zusammengesetzten System zu tun, welches aus dem Reservoir und dem Arbeitsstoff besteht. Außerhalb des Systems finden keinerlei Änderungen statt, also handelt es sich tatsächlich um eine adiabatische Zustandsänderung.

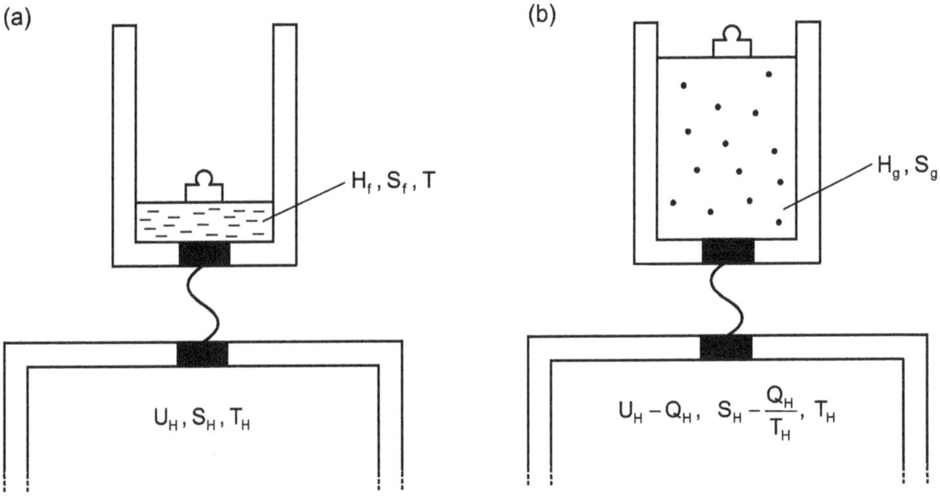

Abbildung B.1 – Irreversible und reversible Wärmeübertragung: Wird die Energie Q_H aus einem Reservoir mit der Temperatur T_H entnommen und zur Verdampfung einer Flüssigkeit bei der Temperatur T verwendet, so handelt es sich im Allgemeinen um einen irreversiblen Prozess. Im Grenzfall $T_H \to T$ ist der Vorgang jedoch reversibel und läuft unendlich langsam ab.

Wie wir in Abschnitt 5.1C nachgewiesen haben, verringert sich die Entropie des Reservoirs im Ergebnis der Energieabgabe um den Betrag Q_H/T_H. Dabei hatten wir angenommen, dass das Reservoir so groß ist, dass sich seine Temperatur nicht ändert. Gleichzeitig wächst die Entropie des Arbeitsstoffes beim Übergang vom flüssigen in den gasförmigen Aggregatzustand um den Betrag $S_g - S_f$. Die Änderung der Entropie des Gesamtsystems beträgt daher $\Delta S = -Q_H/T_H + (S_g - S_f)$. Im Zweiphasengebiet ist die Entropie gemäß Abschnitt 5.3 (Gleichung 5.38) eine lineare Funktion der Enthalpie. Deshalb können wir die Entropiedifferenz durch $S_g - S_f = (H_g - H_f)/T$ ausdrücken. Die Enthalpieänderung beim Verdampfen ist auf Grund der Energieerhaltung gleich der aufgenommenen Energie $H_g - H_f = Q_H$. Daraus erhalten wir die gesuchte Änderung der Entropie des Gesamtsystems in der Form

$$\Delta S = \left(\frac{1}{T} - \frac{1}{T_H}\right) Q_H. \tag{B.1}$$

Da Energie stets vom Ort höherer zum Ort niederer Temperatur übergeht, ist der in Klammern stehende Ausdruck stets positiv. Die berechnete Entropieänderung ist somit in Übereinstimmung mit dem Entropiesatz nicht negativ. Also handelt es sich bei der Wärmeübertragung im Allgemeinen um einen irreversiblen Vorgang.

Je kleiner die Temperaturdifferenz bei der Wärmeübertragung, desto geringer ist die produzierte Entropie, wie wir an der obigen Gleichung erkennen können. Umso länger dauert allerdings auch der Übertragungsvorgang. Im Grenzfall einer verschwindenden Temperaturdifferenz ($T \to T_H$) strebt die Entropieproduktion gegen Null. Dann sprechen wir von isothermer Wärmeübertragung. Isotherme Wärmeübertragung ist eine *reversible* Zustandsänderung! Sie bildet das thermodynamische Gegenstück zur reibungsfreien Bewegung in der Mechanik (Feynman et al. 1963). Da der Wärmestrom jedoch im Grenzfall $T \to T_H$ verschwindet, dauert isotherme Wärmeübertragung unendlich lange und stellt deshalb ein idealisiertes Konzept dar.

Anhang C: Eigenschaften der Mischungsentropie

Die Mischungsentropie zweier idealer Gase

$$\Sigma(n_A, n_B) = -R\left(n_A \ln \frac{n_A}{n} + n_B \ln \frac{n_B}{n}\right) \tag{C.1}$$

mit $n = n_A + n_B$ besitzt folgende Eigenschaften:

- Sie ist positiv, $\Sigma \geq 0$.
- Sie ist eine monoton wachsende Funktion der Stoffmengen n_A und n_B.
- Sie ist extensiv, $\Sigma(\lambda n_A, \lambda n_B) = \lambda \Sigma(n_A, n_B)$.
- Ihre Höhenlinien sind konvex.
- $\Sigma = 0$ wenn entweder $n_A = 0$ oder $n_B = 0$.
- Wenn $n_A = n_B = n/2$ dann wächst sie gemäß $\Sigma = nR \ln 2$.

Woher kommt der Name *Mischungs*entropie? Die Antwort gibt Abbildung C.1. Sie zeigt zwei Gase, die sich bei einer gegebenen Temperatur T und gegebenem Druck p zunächst durch eine dünne Wand getrennt in einem Behälter befinden. Die Entropie des Systems ist in diesem Zustand offenbar durch die Summe

$$S_1 = n_A s_A(T,p) + n_B s_B(T,p) \tag{C.2}$$

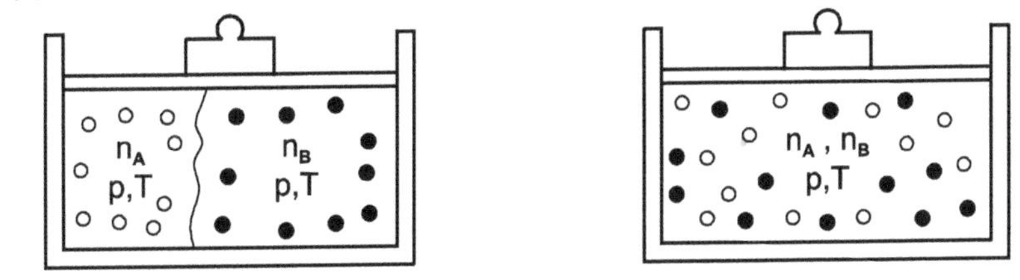

Abbildung C.1 – Interpretation der Mischungsentropie: Bei der Vermischung zweier Gase entsteht Entropie, die als Mischungsentropie bezeichnet wird.

gegeben. Nun wird die Wand entfernt, die Gase vermischen sich. Im Endzustand liegt eine homogene Mischung vor, für deren Entropie wir die Formel (5.87)

$$S_2 = n_A s_A(T,p) + n_B s_B(T,p) + \Sigma(n_A, n_B) \tag{C.3}$$

abgeleitet haben. Die Differenz $S_2 - S_1$ ist gleich der Mischungsentropie. Da die Mischungsentropie stets positiv und der Mischungsprozess eine adiabatische Zustandsänderung ist, handelt es sich bei der Vermischung zweier Gase um eine irreversible Zustandsänderung.

Anhang D: Entropie und freie Enthalpie einer verdünnten Mischung idealer Gase sowie einer verdünnten idealen Lösung

Die Entropie einer verdünnten Mischung zweier idealer Gase ($n_B \ll n_A$), deren symbolische Form in Gleichung (5.115) angegeben ist, lautet

$$\begin{aligned} S(T,p,n_A,n_B) = & \, n_A \left[s_{0A} + c_{pA} \ln(T/T_0) - R \ln(p/p_0)\right] + \\ & n_B \left[s_{0B} + c_{pB} \ln(T/T_0) - R \ln(p/p_0)\right] + \\ & R \; n_B \left[1 - \ln(n_B/n_A)\right]. \end{aligned} \tag{D.1}$$

Die freie Enthalpie, deren symbolische Form in Gleichung (5.116) angegeben ist, besitzt in expliziter Schreibweise die Form

$$\begin{aligned} G(T,p,n_A,n_B) = & \, n_A \left\{h_{0A} + c_{pA}(T - T_0) - T\left[s_{0A} + c_{pA} \ln(T/T_0) - R \ln(p/p_0)\right]\right\} + \\ & n_B \left\{h_{0B} + c_{pB}(T - T_0) - T\left[s_{0B} + c_{pB} \ln(T/T_0) - R \ln(p/p_0)\right]\right\} - \\ & RT \, n_B \left[1 - \ln(n_B/n_A)\right]. \end{aligned} \tag{D.2}$$

Die Entropie einer verdünnten idealen Lösung ($n_B \ll n_A$), deren symbolische Form in Gleichung (5.119) angegeben ist, lautet

$$\begin{aligned} S(T,n_A,n_B) = & \, n_A \left[s_{0A} + c_A \ln(T/T_0)\right] + \\ & n_B \left[s_{0B} + c_B \ln(T/T_0)\right] + \\ & R \; n_B \left[1 - \ln(n_B/n_A)\right]. \end{aligned} \tag{D.3}$$

Die freie Enthalpie, deren symbolische Form in Gleichung (5.121) angegeben ist, besitzt in expliziter Schreibweise die Form

$$\begin{aligned} G(T,n_A,n_B) = & \, n_A \left\{h_{0A} + c_{pA}(T - T_0) - T\left[s_{0A} + c_A \ln(T/T_0)\right]\right\} + \\ & n_B \left\{h_{0B} + c_{pB}(T - T_0) - T\left[s_{0B} + c_B \ln(T/T_0)\right]\right\} - \\ & RT \, n_B \left[1 - \ln(n_B/n_A)\right] \end{aligned} \tag{D.4}$$

Die Entropie eines aus zwei Komponenten A und B, zum Beispiel Wasser und Alkohol, sowie aus zwei Phasen 1 und 2 (flüssig und gasförmig) bestehenden Systems, deren symbolische Form in Gleichung (5.122) angegeben ist, lautet

$$\begin{aligned} S(T,p,n_{A1},n_{A2},n_{B1},n_{B2}) = {} & n_{A1}\left[s_{0A1} + c_A \ln(T/T_0)\right] + \\ & n_{B1}\left[s_{0B1} + c_B \ln(T/T_0)\right] + \\ & R\ \, n_{B1}\left[1 - \ln(n_{B1}/n_{A1})\right] + \\ & n_{A2}\left[s_{0A2} + c_{pA} \ln(T/T_0) - R\ln(p/p_0)\right] + \\ & n_{B2}\left[s_{0B2} + c_{pB} \ln(T/T_0) - R\ln(p/p_0)\right] + \\ & R\ \, n_{B2}\left[1 - \ln(n_{B2}/n_{A2})\right]. \end{aligned} \qquad \text{(D.5)}$$

Die freie Enthalpie, deren symbolische Form in Gleichung (5.123) angegeben ist, besitzt in expliziter Schreibweise die Form

$$\begin{aligned} & G(T,p,n_{A1},n_{A2},n_{B1},n_{B2}) \\ & = n_{A1}\left\{h_{0A1} + c_A(T - T_0) - T\left[s_{0A1} + c_A \ln(T/T_0)\right]\right\} + \\ & \ \ n_{B1}\left\{h_{0B1} + c_B(T - T_0) - T\left[s_{0B1} + c_B \ln(T/T_0)\right]\right\} - \\ & \ \ RT\, n_{B1}\left[1 - \ln(n_{B1}/n_{A1})\right] \\ & \ \ n_{A2}\left\{h_{0A2} + c_{pA}(T - T_0) - T\left[s_{0A2} + c_{pA} \ln(T/T_0) - R\ln(p/p_0)\right]\right\} + \\ & \ \ n_{B2}\left\{h_{0B2} + c_{pB}(T - T_0) - T\left[s_{0B2} + c_{pB} \ln(T/T_0) - R\ln(p/p_0)\right]\right\} - \\ & \ \ RT\, n_{B2}\left[1 - \ln(n_{B2}/n_{A2})\right]. \end{aligned} \qquad \text{(D.6)}$$

Diese Gleichung bildet die Grundlage für die Analyse des Schnapsbrennens.

Anhang E: Nebenrechnungen zur Analyse des Schnapsbrennens

Nach Einsetzen des Ansatzes (5.132) und (5.133) in die Gleichungen (5.130) und (5.131) werden die rechten Seiten bezüglich der Größe x in eine Taylorreihe bis zur ersten Ordnung entwickelt:

$$g_{A1}(T) \approx g_{A1}(T_0) - \left(\frac{\partial g_{A1}}{\partial T}\right)_{T=T_0} \alpha x = g_{A1}(T_0) + s_{A1}(T_0)\alpha x \tag{E.1}$$

$$g_{A2}(T, p_0) \approx g_{A2}(T_0, p_0) - \left(\frac{\partial g_{A2}}{\partial T}\right)_{T=T_0} \alpha x = g_{A2}(T_0, p_0) + s_{A2}(T_0, p_0)\alpha x \tag{E.2}$$

(und analog für g_{B1} sowie g_{B2}). Dabei haben wir von der Beziehung $\partial g/\partial T = -s$ Gebrauch gemacht, die aus der Gibbsschen Fundamentalgleichung für die freie Enthalpie $dG = -SdT + Vdp$ folgt. Setzen wir diese Reihenentwicklungen in Gleichung (5.130) ein, so erhalten wir

$$R(T_0 - \alpha x)(\beta - 1)x = g_{A2}(T_0, p_0) + s_{A2}(T_0, p_0)\alpha x - g_{A1}(T_0) - s_{A1}(T_0)\alpha x. \tag{E.3}$$

Die linke Seite enthält sowohl Beiträge erster als auch zweiter Ordnung in x. Vernachlässigen wir die quadratischen Terme, so nimmt die linke Seite die Form $RT_0(\beta - 1)x$ an. Der erste und dritte Term auf der rechten Seite heben sich auf, weil die freie Enthalpie bei einem Phasenübergang konstant bleibt. Die Differenz $s_{A2}(T_0, p_0) - s_{A1}(T_0)$ ist gleich der Verdampfungsenthalpie Δh_A von Wasser geteilt durch T_0. Somit wird aus Gleichung (E.3)

$$\beta - 1 = \frac{\alpha \Delta h_A}{RT_0^2}. \tag{E.4}$$

Nun setzen wir die zu (E.1) analoge Beziehung für die freien Enthalpien des Alkohols in Gleichung (5.131) ein und bekommen

$$-R(T_0 - \alpha x)\ln\beta = g_{B2}(T_0, p_0) + s_{B2}(T_0, p_0)\alpha x - g_{B1}(T_0) - s_{B1}(T_0)\alpha x. \tag{E.5}$$

Die Gleichung enthält sowohl Terme nullter als auch erster Ordnung in x. Durch Koeffizientenvergleich bei den Termen nullter Ordnung erhalten wir

$$-RT_0 \ln\beta = g_{B2}(T_0, p_0) - g_{B1}(T_0), \tag{E.6}$$

doch die hier auftauchende Differenz der freien Enthalpien verschwindet nicht, weil T_0 nicht die Siedetemperatur von reinem Alkohol bei p_0 ist! Lösen wir diese Gleichung nach β auf und setzen das Ergebnis in Gleichung (E.4) ein, so ergibt sich die gesuchte Lösung

$$\alpha = \frac{RT_0^2}{\Delta h_A}\left\{\exp\left[\frac{g_{B1}(T_0) - g_{B2}(T_0,p_0)}{RT_0}\right] - 1\right\} \tag{E.7}$$

$$\beta = \exp\left[\frac{g_{B1}(T_0) - g_{B2}(T_0,p_0)}{RT_0}\right], \tag{E.8}$$

welche eingesetzt in (5.132) das Endresultat (5.134) liefert.

Kennt man alle in die Berechnung der Entropie und freien Enthalpie eingehenden Stoffparameter, und zwar h_{0A1}, h_{0A2}, h_{0B1}, h_{0B2}, s_{0A1}, s_{0A2}, s_{0B1}, s_{0B2}, c_A, c_B, c_{pA} c_{pB}, so lassen sich daraus die Größen α und β und damit die Siedetemperatur sowie die Alkoholkonzentration in der Dampfphase als Funktion von x berechnen. In der Praxis sind die oben genannten Stoffparameter allerdings nicht in dieser Form tabelliert. Es hat sich vielmehr bewährt, für reine Stoffe wie beispielsweise Wasser und Alkohol Stoffdaten wie Enthalpien, Entropien und Volumina entlang der Dampfdruckkurve anzugeben. So entnimmt man etwa aus einer Tabelle die Verdampfungsenthalpie von 2257 kJ/kg für reines Wasser bei $T_0 = 100°C$ und Normaldruck, woraus eine molare Verdampfungsenthalpie von

$$\Delta h_A = 4.104 \times 10^4 J/mol \tag{E.9}$$

folgt. Für reinen Alkohol beträgt der Dampfdruck bei $T_0 = 100°C$

$$p_s = 2.184\,bar. \tag{E.10}$$

Diese beiden Zahlen reichen aus, um die gesuchten Größen zu berechnen.

Die freie Enthalpie des gasförmigen Alkohols können wir wie folgt umformen:

$$\begin{aligned} g_{B2}(T_0,p_0) &= g_{B2}(T_0,p_s + (p_0 - p_s)) \\ &\approx g_{B2}(T_0,p_s) + \left(\frac{\partial g}{\partial p}\right)_{p=p_s}(p - p_s) \\ &= g_{B2}(T_0,p_s) + v_{B2}(T_0,p_s)(p_0 - p_s) \\ &\approx g_{B2}(T_0,p_s) + \frac{RT_0}{p_s}(p_0 - p_s). \end{aligned} \tag{E.11}$$

Der erste Schritt dieser Umformung ist eine Taylorreihenentwicklung, der zweite die Anwendung der Relation $\partial g/\partial p = v$ und der dritte die genäherte Beschreibung des spezifischen Volumens $v_{B2}(T_0,p_s)$ durch die Zustandsgleichung des idealen Gases. Damit erhält die in (E.7) stehende Differenz die Form

$$g_{B1}(T_0) - g_{B2}(T_0,p_0) = g_{B1}(T_0) - g_{B2}(T_0,p_s) - RT_0\left(1 - \frac{p_0}{p_s}\right). \tag{E.12}$$

Die ersten beiden Terme auf der rechten Seite heben sich auf, weil sich die freie Enthalpie beim Phasenübergang nicht ändert. Dies ergibt

$$\frac{g_{B1}(T_0) - g_{B2}(T_0,p_0)}{RT_0} = \left(1 - \frac{p_0}{p_s}\right). \tag{E.13}$$

Anhang F: Erläuterung der Beispiele zur Entropieproduktion im Alltag

Ei abschrecken

Wir betrachten das Ei als inkompressible Substanz mit der Masse $m = 70\,g$ und der spezifischen Wärmekapazität $c = 4184\,J/kgK$, die gleich der von Wasser ist. Das Wasser im Topf behandeln wir als Reservoir, welches eine viel größere Masse besitzt als das Ei und dessen Temperatur $T_C = 10°C$ sich deshalb nicht ändert. Während des Abschreckens kühle sich das Ei von seiner Anfangstemperatur $T_H = 100°C$ auf $T_C = 10°C$ ab und verringere dabei seine innere Energie um den Betrag $Q = mc(T_H - T_C)$. Um den gleichen Betrag wachse die innere Energie des kalten Wassers im Topf an. Gemäß Gleichung (5.6) verringert das Ei seine Entropie beim Abkühlen um den Betrag

$$\sigma_H = mc \ln \frac{T_H}{T_C} = 80.84 \frac{J}{K}. \tag{F.1}$$

Für die Zunahme der Entropie des Wassers im Kochtopf können wir den Näherungsausdruck (5.8) verwenden, den wir in Abschnitt 5.1 für den Fall einer vernachlässigbar kleinen Temperaturänderung hergeleitet haben. Wir erhalten

$$\sigma_C = \frac{Q}{T_C} = mc\left(\frac{T_H}{T_C} - 1\right) = 93.11 \frac{J}{K}. \tag{F.2}$$

Die Entropiezunahme des aus Ei und Wasser bestehenden Gesamtsystems ergibt sich nun zu

$$\Delta S = \sigma_C - \sigma_H = 12.27 \frac{J}{K}. \tag{F.3}$$

Platzen eines Reifens

Wir betrachten ein zusammengesetztes System, welches aus der im Reifen befindlichen Luft sowie aus der Außenluft bestehe und eine adiabatische Zustandsänderung durchlaufe. Die durch die Wucht der Explosion herumfliegenden Reifenfetzen symbolisieren wir durch ein Gewicht, dessen potenzielle Energie im Schwerefeld der Erde sich um den Betrag W erhöhen möge.

Die im Reifen befindliche Luft sei ein ideales Gas mit der Masse $m = 20\,g$. Bei einer effektiven molaren Masse von Luft von $28.9\,g/mol$ entspricht dies einer Stoffmenge $n = 1.730\,mol$. Die Luft enspanne sich beim Platzen von einem Anfangsdruck $p = 2.2\,bar$ auf den Enddruck $p_0 \approx 1\,bar$, der gleich dem Außendruck ist. Ihre Temperatur ist am Anfang und am Ende der Zustandsänderung gleich der Außentemperatur T_0, da wir die Außenluft als großes Reservoir mit konstanter Temperatur ansehen. (Während des Ausdehnungsvorganges muss die Temperatur jedoch nicht konstant sein!) Gemäß Gleichung (5.24) vergrößert sich die Entropie der Reifenluft um den Betrag

$$\sigma_R = nR \ln \frac{p}{p_0} = 11.34 \frac{J}{K}. \tag{F.4}$$

Ihre innere Energie ändert sich hingegen nicht, da die innere Energie eines idealen Gases nur von der Temperatur abhängt und diese zu Beginn und am Ende der Zustandsänderung gleich ist. Die innere Energie der Außenluft muss folglich um den Betrag W absinken, denn unser zusammengesetztes System verrichtet am Gewicht die Arbeit W. Da es sich bei der Außenluft um ein Reservoir handelt (zur Erinnerung: ein Reservoir besitzt nur eine einzige Koordinate, die Energiekoordinate) muss gleichzeitig seine Entropie um den Betrag

$$\sigma_A = \frac{W}{T_0} \tag{F.5}$$

absinken. Die Entropieänderung des zusammengesetzten Systems beträgt somit

$$\Delta S = nR \ln \frac{p}{p_0} - \frac{W}{T_0}. \tag{F.6}$$

Gemäß dem Entropiesatz gilt für die Entropieänderung bei einer adiabatischen Zustandsänderung $\Delta S \geq 0$. Daraus folgt, dass die beim Platzen des Reifens verrichtete Arbeit die Ungleichung $W \leq nRT_0 \ln(p/p_0)$ erfüllen muss. Die maximale Arbeit ergibt sich, wenn wir das Ungleichungsdurch ein Gleichheitszeichen ersetzen. In diesem Fall handelt es sich um eine reversible Zustandsänderung, denn es gilt $\Delta S = 0$. Allerdings ist ein „reversibler Reifenplatzer" wenig realistisch, denn er erfolgt unendlich langsam. Im entgegengesetzten Extremfall $W = 0$ verrichtet der platzende Reifen keine Arbeit. Dann ist die produzierte Entropie gemäß Gleichung (F.6) maximal und besitzt den Wert $nR \ln(p/p_0) = 11.34 J/K$. Wir kommen somit zu dem Schluss, dass die beim Platzen eines Reifens produzierte Entropie im Intervall

$$0 \leq \Delta S \leq 11.34 \frac{J}{K} \tag{F.7}$$

liegen muss.

Aufguss in der Sauna

Wir betrachten $m = 300\,g$ Wasser mit einer spezifischen Wärmekapazität $c = 4184\,J/kgK$, welches durch Berührung mit heißen Steinen schlagartig von $T_C = 20°C$ auf $T = 100°C$ erwärmt wird und verdampft. Die Masse der Steine sei so groß, dass sich ihre Temperatur $T_H = 200^oC$ durch die Energieabgabe an das verdampfende Wasser nicht ändere.

Die Berechnung der Entropiezunahme des Wassers erfolgt in zwei Schritten. Zuerst ermitteln wir auf der Grundlage der Gleichung (5.6) für die Entropie einer inkompressiblen Substanz die Entropieerhöhung des flüssigen Wassers beim Übergang von $20°C$ auf $100°C$. Das Ergebnis lautet

$$\sigma_{C1} = mc \ln \frac{T}{T_C} = 302.8 \frac{J}{K}. \tag{F.8}$$

Beim Verdampfen steigt die Entropie des Wassers gemäß (5.41) (Entropie eines Zweiphasensystems) noch einmal um den Betrag

$$\sigma_{C2} = \frac{m\Delta h}{T} = 1815\frac{J}{K} \tag{F.9}$$

an, wobei $\Delta h = 2257\,kJ/kg$ die Verdampfungsenthalpie des Wassers bei Normaldruck ist. Damit beträgt die Entropiezunahme des Wassers $\sigma_C = \sigma_{C1} + \sigma_{C2} = 2118\,J/K$.

Die Entropie der Steine nimmt um den Betrag

$$\sigma_H = \frac{\Delta H}{T_H} = 1643\frac{J}{K} \tag{F.10}$$

ab, wobei $\Delta H = mc(T - T_C) + m\Delta h = 777.5\,kJ$ die von den Steinen abgegebene und vom Wasser aufgenommene Enthalpie ist. Die Entropiezunahme des aus Wasser und Steinen bestehenden Gesamtsystems ergibt sich nun zu

$$\Delta S = \sigma_H - \sigma_C = 475\frac{J}{K}. \tag{F.11}$$

Verteilung von Parfümduft

Wir betrachten $m_P = 1\,g$ Parfüm im verdampften Zustand, welches sich mit $m_L = 50\,kg$ (etwa $50\,m^3$) Luft vermischt. Das Parfüm bestehe der Einfachheit halber aus reinem Alkohol mit der molaren Masse $M_P = 46\,g/mol$. Die effektive molare Masse der Luft betrage $M_L = 28.9\,g/mol$. Die Stoffmengen der beiden Substanzen sind demzufolge $n_P = 0.02174\,mol$ und $n_L = 1730\,mol$. Die Entropieproduktion des Systems ist gemäß Gleichung (5.86) für die Mischung zweier idealer Gase gleich der Mischungsentropie, denn wir nehmen an, dass sich Temperatur und Druck während des Vermischungsprozesses nicht ändern. Wir erhalten somit unter Berücksichtigung von $n = n_P + n_L$

$$\Delta S = \Sigma(n_P, n_L) = -R\left(n_P \ln\frac{n_P}{n} + n_L \ln\frac{n_L}{n}\right) = 2.220\frac{J}{K}. \tag{F.12}$$

Wir haben die Entropieerhöhung des Parfüms beim Verdampfen aus unserer Betrachtung ausgeklammert. Deshalb ist der berechnete Zahlenwert eine untere Schranke für die Entropieproduktion.

Auflösung von Salz

Wir betrachten $m_S = 1\,g$ Salz, welches sich in $m_W = 1\,kg$ Wasser auflöst und vermischt. Wir klammern die Entropieerhöhung des Salzes beim Auflösen aus unserer Betrachtung aus und konzentrieren uns auf den Prozess der Vermischung. Deshalb bildet der im Folgenden berechnete Zahlenwert für die Entropieproduktion eine untere Schranke. Das Kochsalz (NaCl) besitzt eine molare Masse von $58.45\,g/mol$ und liegt deshalb in einer Stoffmenge $n_S = 0.01712\,mol$

vor. Die Stoffmenge des Wassers (molare Masse $18\,g/mol$) beträgt $55.55\,mol$. Da $n_S \ll n_W$, liegt eine verdünnte Lösung vor. Die Entropieproduktion des Systems ist gemäß Gleichung (5.119) für eine verdünnte ideale Lösung gleich der Mischungsentropie Σ_d, denn wir nehmen an, dass sich Temperatur und Druck während des Vermischungsprozesses nicht ändern. Wir erhalten somit

$$\Delta S = \Sigma_d(n_S, n_W) = -Rn_S\left(1 - \ln\frac{n_S}{n_W}\right) = 1.293\frac{J}{K}. \tag{F.13}$$

Sachverzeichnis

www.ingramcontent.com/pod-product-compliance
Lightning Source LLC
Chambersburg PA
CBHW080239230326
41458CB00096B/2686

* 9 7 8 3 4 8 6 7 6 0 4 5 3 *